现代农业装备应用技术

◎靳　伟　蔡思彤　刘　英　主编

中国农业科学技术出版社

图书在版编目（CIP）数据

现代农业装备应用技术 / 靳伟，蔡思彤，刘英主编．北京：中国农业科学技术出版社，2024. 10. -- ISBN 978-7-5116-7110-3

Ⅰ．S22

中国国家版本馆 CIP 数据核字第 20245PZ821 号

责任编辑 刁 毓
责任校对 马广洋
责任印制 姜义伟 王思文

出 版 者 中国农业科学技术出版社
北京市中关村南大街 12 号 邮编：100081
电 话 （010）82106641（编辑室）（010）82106624（发行部）
（010）82109709（读者服务部）
网 址 https：// castp.caas.cn
经 销 者 各地新华书店
印 刷 者 中煤（北京）印务有限公司
开 本 185 mm × 260 mm 1/16
印 张 18.5
字 数 437 千字
版 次 2024 年 10 月第 1 版 2024 年 10 月第 1 次印刷
定 价 66.00 元

内容简介

本教材融入最新职业教育理念，将思政元素根植其中，以体现“能力本位”为设计思路，按照技术技能人才成长特点和教学规律，以行动导向六步法（任务准备→任务筹划→任务实施→任务演练→任务检测→任务评价）教学模式为依据，在精炼展示理论知识的基础上重点解读核心技能知识，引导学生建立岗位工作逻辑。教材在每个任务的最后还提供了模拟自测题库，学生可以根据自身学习需要扫描二维码进行在线学习和在线测试。

本教材主要内容包括内燃机与拖拉机、电动机、土壤耕作机械、播种施肥机械、中耕及植物保护机械、收获机械、智慧农机、草地种植机械与设备、牧草收获机械和青贮饲料收获机械，共 10 个项目。

本教材可供高等职业院校农业机械、作物生产与经营管理、草业技术、园林技术等相关专业师生使用，也可作为草业相关岗位的培训教材。

《现代农业装备应用技术》
编委会

主　编　靳　伟（青海农牧科技职业学院）
蔡思彤（青海农牧科技职业学院）
刘　英（甘肃畜牧工程职业技术学院）

副主编　徐少南（青海农牧科技职业学院）
袁有义（青海农牧科技职业学院）
马　靖（江苏大学）

参　编　张家一（青岛恒星科技学院）
何丽楠（青岛恒星科技学院）
闫国苍（青海农牧科技职业学院）
张东杰（青海农牧科技职业学院）
王晓蒙（青海农牧科技职业学院）
柴万宏（培黎职业学院）
杨晓龙（青海农牧科技职业学院）
周雪平（青海农牧科技职业学院）
李永金（青海农牧科技职业学院）
闫　润（江苏农林职业技术学院）

前言

我国不仅是一个农业大国，还拥有广阔的天然草原。在我国，农业机械化生产和牧业机械化生产已成为主导。目前农机科研机构、开设农机专业的高校、农村农机大户、农机服务组织、农业专业合作社以及设施农业设备操作人员数量不断增加。为了确保相关从业人员能够熟练掌握机具的结构、使用维护方法和安全操作常识，进而保障农业机械化生产中机具的高效、安全运用，降低农机损坏率与安全事故发生率，推动我国农业和牧业机械产品技术水平的提升，当前亟须培养大量的农业生产和牧业生产机械专业技术人才。本教材将为培养这方面专业技术人才提供有力的支持。

本教材以培养在农事活动中熟练应用现代农业装备及简单的保养和维修维护等“三农”技能型人才为依托，依据专业课程的教学时数和教学大纲要求，由多所高校教师共同编写而成。本教材融入最新职业教育理念，将思政元素根植其中，以体现“能力本位”为设计思路，按照技术技能人才成长特点和教学规律，以行动导向六步法（任务准备→任务筹划→任务实施→任务演练→任务检测→任务评价）教学模式为依据，在精炼展示理论知识的基础上重点解读核心技能知识，引导学生建立岗位工作逻辑。教材在每个任务的最后还提供了模拟自测题库，学生可以根据自身学习需要通过扫描二维码进行在线学习和在线测试。

本教材参照高等院校农业机械化、作物生产与经营管理技术、草业技术专业人才的培养目标，以农作物的生产过程和牧草农作管理过程为主线，选取农作物和牧草种植、管理、收获加工、饲料转化等过程中所用的典型机械设备，系统介绍了各机械设备的构造和工作原理，并对机械设备的主要工作部件的结构和功能等作了详细阐述，同时，对不同工序的农业技术要求和工艺类型也作了相应介绍。教材内容具有较强的系统性和科学性。

本教材共分 2 个模块 10 个项目。编写分工如下：靳伟编写模块一项目一、项目五和模块二项目九；何丽楠编写模块一项目三和项目六；张家一编写模块一项目四和项目七；蔡思彤和刘英共同编写模块二项目八；袁有义编写模块一项目二；徐少南、马靖、闫国苍、张东杰、王晓蒙、柴万宏、杨晓龙、周雪平、李永金和闫润共同编写模块二项目十。

本教材在编写过程中得到了青海农牧科技职业学院各级领导的大力支持和无私帮助，在此一并表示衷心的感谢！此外，也向本教材所引用参考文献的各位原创者表示衷心感谢！

由于编者水平有限，书中如有错误和不妥之处，恳请读者批评指正！

《现代农业装备应用技术》编写组

2024 年 2 月

目录

模块一　农业通用机械应用技术

模块一

农业通用机械应用技术

项目一 内燃机与拖拉机

项目导读

为给农业生产过程中所需的各类农业机械提供合适的动力源，内燃机与拖拉机是必须认识和掌握的动力机械。为了全面培养农机装备驾驶及操作方面的高素质技术技能人才，本教材从柴油机、汽油机等内燃机的使用与维护及拖拉机相关的基础知识和技术技能等内容来进行介绍，以达到相应培养目标。本教材要求学生能够掌握柴油机和汽油机的工作过程、结构和各个系统之间的联系，发动机的磨合、技术保养和燃油的使用，拖拉机的各个系统和工作装置等方面；要求学生熟练应用各种农业动力源，并能为农业机具选择合适的动力源。

知识目标

①熟悉柴油机、汽油机的工作过程、构造及区别。

②掌握发动机的磨合、技术保养、燃料的使用及维修的相关知识。

③掌握拖拉机的传动系统、行走系统、转向系统、制动系统及工作装置的相关知识。

④熟悉农用电动机的构造与工作原理。

技能目标

①掌握内燃机正确的保养方法，特别是预防性的保养。

②根据内燃机反应的情况，及时做好调整和修理。

③根据内燃机出现的故障，进行故障排除及简单的维修。

④对拖拉机的四大系统、一大装置进行必要的保养和维护维修。

⑤对拖拉机出现的简单隐患及故障，进行必要的维修。

素质目标

①树立安全意识。熟知工作安全常识，以保障个人人身安全。

②提升自我管理能力。遵守工作纪律，能恰当有效地利用时间，按时完成各项任务。

③提升团队合作能力。能认知自己在团队中的角色，主动承担工作任务，尊重他人的意见，遵从集体决策。

④提升独立思考能力。能积极学习知识，领悟所学内容，独立思考，梳理知识，建立自己可靠的知识基础，活学活用解决新的问题。

⑤提升交流沟通能力。能主动与小组成员、同学、老师、陌生人接触，通过聆听、交谈、交流等方式获取信息，有效地进行交流沟通。

⑥树立严谨求实的工作态度。能够严格按规范、一丝不苟地完成每一项检查工作。

思政目标

①懂农牧业、爱农牧民、做农牧人、干农牧事，增强投身“三农”的自豪感。

②发扬精益求精的工匠精神，对内燃机中各零件做到拆解清晰、装配合理，不能马虎，一定精益求精地完成每个螺栓和垫片的安装。

③了解中华人民共和国成立后的第一代女拖拉机手梁军的故事和第一辆拖拉机“东方红”的故事，激发爱国情怀。

任务一　柴油机

任务导入

在农业生产过程中，耕作机械、种植机械、田间管理机械、收获机械都离不开动力源，一般都是以柴油机作为主要动力源。现在有一柴油机发生故障，表现为柴油机能正常起动，但动力不足，时快时慢，怀疑是柴油机内部出现了故障。根据上述故障表现，对柴油机进行故障诊断并维修。

任务工单

班级:________________　姓名:________________　学号:______________

任务名称	柴油机
任务描述	根据实际情况，填写本任务的内容、目的、流程和方法。 任务内容:____________________________________ ____________________________________。 任务目的:____________________________________ ____________________________________。 任务流程:____________________________________ ____________________________________。 任务方法:____________________________________ ____________________________________。

（续表）

<table>
<tr><td>获取信息</td><td colspan="4">要完成任务，需要掌握相关的知识。请收集资料，回答以下问题。
1. 什么是内燃机？内燃机的分类有哪些？具体是什么？

2. 发动机的常用术语，如上止点、下止点、活塞行程等是什么意思？

3. 描述柴油机的工作过程。

4. 柴油机的组成有哪些？

5. 具体描述柴油机的构造。</td></tr>
<tr><td>制订计划</td><td colspan="4"></td></tr>
<tr><td rowspan="6">任务实施</td><td colspan="4">按照预先制订的工作计划，完成本任务，并记录任务实施过程。</td></tr>
<tr><td>序号</td><td>完成的任务</td><td>遇到的问题</td><td>解决办法</td></tr>
<tr><td></td><td></td><td></td><td></td></tr>
<tr><td></td><td></td><td></td><td></td></tr>
<tr><td></td><td></td><td></td><td></td></tr>
<tr><td></td><td></td><td></td><td></td></tr>
</table>

任务准备

- **知识准备**

内燃机，是一种动力机械，它是通过使燃料在机器内部燃烧，并将其放出的热能直接转换为动力的热力发动机。

内燃机按照所使用燃料的不同可以分为汽油机和柴油机。使用汽油为燃料的内燃机称为汽油机；使用柴油为燃料的内燃机称为柴油机。汽油机转速高，质量小，噪声小，起动容易，制造成本低；柴油机压缩比大，热效率高，经济性能和排放性能都比汽油机好。

一、柴油机的工作过程

柴油机是内燃机的一种，将柴油喷射到气缸内与空气混合，燃烧得到热能，将热能转变为机械能的热力发动机，即依靠燃料燃烧时的燃气膨胀推动活塞做直线运动，通过曲柄连杆机构使曲轴旋转，从而输出机械功。

1. 单缸四冲程柴油机的工作过程

曲轴转两周，活塞经过进气行程、压缩行程、做功行程和排气行程四个行程完成一个工作循环的内燃机称为四冲程内燃机。

（1）进气行程

进气行程如图 1-1（a）所示，曲轴转过第一个半周，曲轴运转带动活塞由上止点向下止点运动，排气门关闭，进气门开启。活塞运动过程中，活塞顶部空间逐渐增大，压力降低，新鲜空气经进气门被吸入气缸。进气行程终了时，进气门关闭，此时气缸内气体压力为 0.080 0～0.096 5 MPa，温度为 300～350 K（27～77 ℃）。

（2）压缩行程

压缩行程如图 1-1（b）所示，曲轴转第二个半周，推动活塞由下止点向上止点运动，此时，进、排气门均关闭，气缸内气体被压缩，温度和压力不断升高。压缩终了时，气缸内气体压力为 3～5 MPa，温度为 750～1 000 K（477～727 ℃）[柴油自燃温度为 600 K（327 ℃）]。

（3）做功行程

做功行程如图 1-1（c）所示，在压缩行程终了时，喷油嘴将高压柴油呈雾状喷入气缸，与高温、高压气体混合成可燃混合气，并在高温下自行着火燃烧，放出大量的热量。此时，进、排气门仍关闭，气缸内温度和压力急剧升高，压力高达 6～9 MPa，温度为 1 800～2 300 K（1 527～2 027 ℃）。高温、高压气体推动活塞向下运动，通过连杆带动曲轴转第三个半周，对外做功。当活塞运动到下止点时，做功过程结束。做功终了时，气缸内气体压力为 0.2～0.5 MPa，温度为 1 050～1 400 K（777～1 127 ℃）。

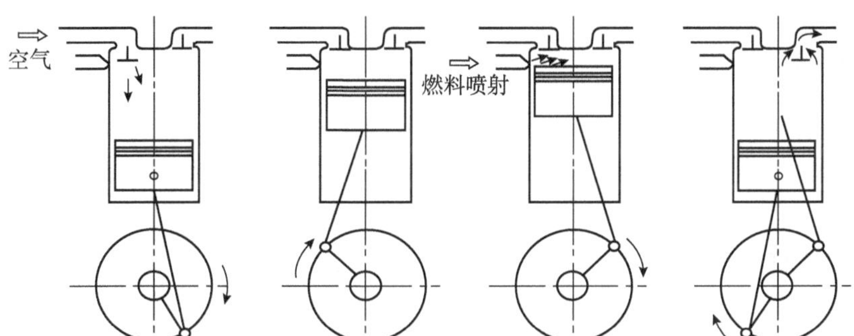

（a）进气行程　（b）压缩行程　（c）做功行程　（d）排气行程

图 1-1　四冲程柴油机工作循环示意图

（4）排气行程

排气行程如图 1-1（d）所示，曲轴转过第四个半周，带动活塞从下止点向上止点运动。此时，排气门开启，进气门关闭。在气体压力差及活塞的推动下，废气经排气门排出。排气终了时，气缸内气体压力为 0.10～0.12 MPa，温度为 700～900 K（427～627 ℃）。

排气行程结束后，活塞完成了四个行程，柴油机完成了一个工作循环。下一循环接续上个循环，使柴油机不断运转，对外输出机械能。

2. 多缸柴油机的工作顺序

多缸柴油机具有两个或两个以上的气缸。工作时，各缸的做功过程按照一定的顺序交替进行，可使曲轴均匀地旋转，这个顺序称为柴油机的工作顺序。拖拉机上普遍采用四缸内燃机，曲轴每转两周，四个缸按工作顺序轮流做功一次，各缸依次完成一个工作循环。

四缸四冲程柴油机的工作顺序有 1-3-4-2（表 1-1）和 1-2-4-3（表 1-2）两种。

表 1-1　工作顺序 1-3-4-2

曲轴转角 /°	第一缸	第二缸	第三缸	第四缸
0～180	做功	排气	压缩	进气
180～360	排气	进气	做功	压缩
360～540	进气	压缩	排气	做功
540～720	压缩	做功	进气	排气

表 1-2　工作顺序 1-2-4-3

曲轴转角 /°	第一缸	第二缸	第三缸	第四缸
0～180	做功	压缩	排气	进气
180～360	排气	做功	进气	压缩
360～540	进气	排气	压缩	做功
540～720	压缩	进气	做功	排气

二、柴油机的组成

柴油机由两大机构和四大系统组成，即由曲柄连杆机构、配气机构、燃料供给系统、润滑系统、冷却系统和起动系统组成。柴油机是通过压燃方式点燃燃料的，不需要点火系统。

1. 曲柄连杆机构

曲柄连杆机构是发动机实现工作循环、完成能量转换的主要运动部件，曲柄连杆机构的主要结构可以分为三组：机体组、活塞连杆组和曲轴飞轮组，如图 1-2 所示。在做功行程中，活塞承受燃气压力在气缸内做直线运动，通过连杆转换成曲轴的旋转运动，并从曲轴对外输出动力。而在进气、压缩和排气行程中，飞轮释放能量，又把曲轴的旋转运动转化成活塞的直线运动。总的来说，曲柄连杆机构是发动机用来产生并传递动力的机构，通过它把燃料燃烧后发出的热能转变为机械能。

（1）机体组

机体组是构成发动机的骨架，是发动机各机构和各系统的安装基础，其内、外安装着发动机的所有主要零件和附件，承受着各种载荷。因此，机体组必须有足够的强度和刚度。机体组主要由气缸体、曲轴箱、气缸盖和气缸垫等零件组成，如图 1-3 所示。

①气缸体。水冷发动机的气缸体和上曲轴箱常铸成一体，称为气缸体，如图 1-4

所示。气缸体一般由灰铸铁铸成，不过有些小型发动机的气缸体也会采用铝合金材料铸造。在气缸体内部铸有冷却水套和润滑油道等。

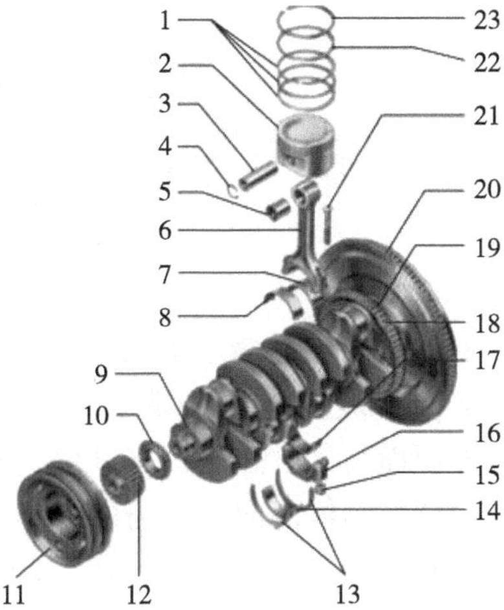

1—油环；2—活塞；3—活塞销；4—卡环；5—连杆小头轴瓦；6—连杆；7—连杆大头上轴瓦；8—主轴承上轴瓦；9—曲轴；10—曲轴链轮；11—曲轴带轮；12—曲轴正时齿带轮；13—止推片；14—主轴承下轴瓦；15—连杆螺母；16—连杆盖；17—轴瓦；18—连杆大头下轴瓦；19—转速传感器脉冲轮；20—飞轮；21—连杆螺栓；22—第二道气环；23—第一道气环。

图 1-2　曲柄连杆机构

（a）气缸体　（b）气缸盖罩　（c）油底壳　（d）气缸垫

图 1-3　机体组的组成

②气缸盖。气缸盖是结构复杂的箱形零件，如图 1-5 所示。其上加工有进、排气门座孔，气门导管孔，火花塞安装孔（汽油机）或喷油器安装孔。在气缸盖内还铸有水套、进排气道和燃烧室或燃烧室的一部分。若凸轮轴安装在气缸盖上，则气缸盖上还加工有凸轮轴承孔或凸轮轴承座及其润滑油道。

小学士　气缸体分类

小学士　气缸盖

水冷式发动机的气缸盖有整体式、分块式和单体式三种结构形式。在多缸发动机中，若全部气缸共用一个气缸盖，则称该气缸盖为整体式气缸盖；若每两缸一盖或三缸一盖，则称该气缸盖为分块式气缸盖；若每缸一盖，则为单体式气缸盖。风冷发动机均为单体式气缸盖。

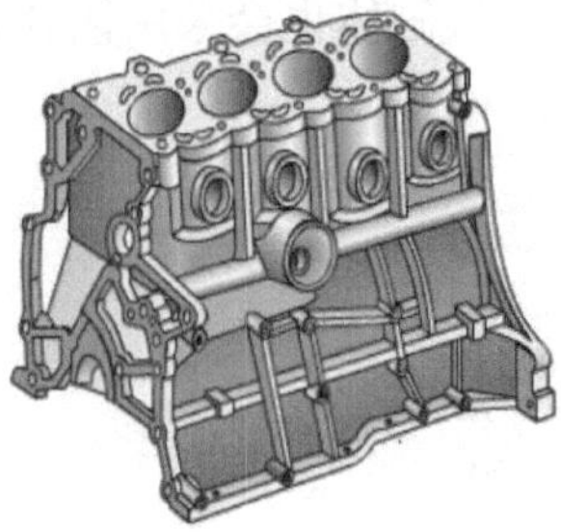

图 1-4 气缸体

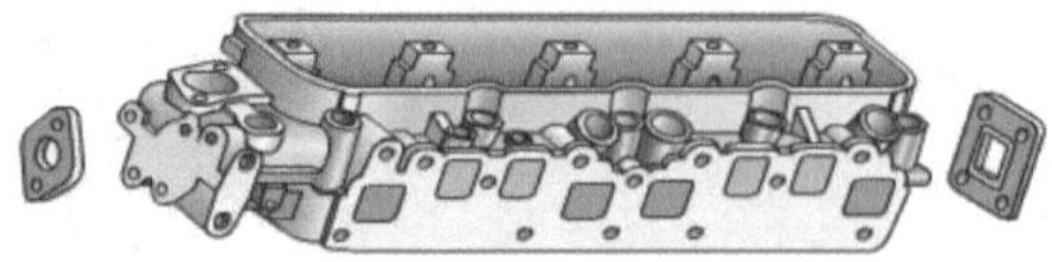

图 1-5 气缸盖

③油底壳（图 1-6）。油底壳的功用是储存机油和封闭机体或曲轴箱。用薄钢板冲压或铝铸造，内装有稳油挡板，底部还装有放油螺塞。

④气缸垫。气缸垫是机体顶面与气缸盖底面之间的密封件，如图 1-7 所示，其作用是保持气缸密封不漏气，保持由机体流向气缸盖的冷却液和机油不泄漏。气缸垫承受拧紧气缸盖螺栓时的压力，并受到气缸内高温、高压燃烧气体的作用以及机油和冷却液的腐蚀。

图 1-6 油底壳

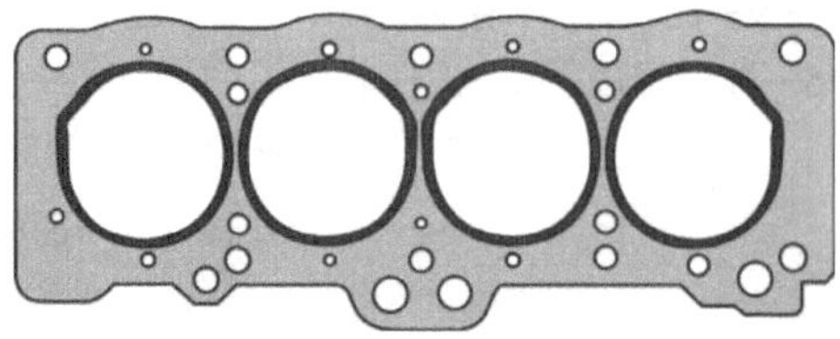

图 1-7 气缸垫

气缸垫应该具有足够的强度，并且耐压、耐热和耐腐蚀。另外，还需要有一定的弹性，以补偿机体顶面与气缸盖底面的粗糙和不平，以及发动机工作时气缸盖受气体压力出现的变形。

按所用材料的不同，气缸垫可分为金属－石棉衬垫、金属－复合材料衬垫和全金属衬垫等多种。金属－复合材料衬垫和全金属衬垫均属于无石棉气缸衬垫，因没有石棉夹层，故可消除衬垫中气囊的产生，也减少了工业污染，是当前的主要发展方向。

（2）活塞连杆组

活塞连杆组将活塞的直线往复运动变为曲轴的旋转运动，同时将作用于活塞上的力转变为曲轴的对外输出转矩，以驱动拖拉机车轮转动。它是发动机的传动件，即把燃烧气体的压力传给曲轴，使曲轴旋转并输出动力。活塞连杆组主要由活塞、活塞环、活塞销、连杆及连杆轴瓦等组成，如图 1-8 所示。

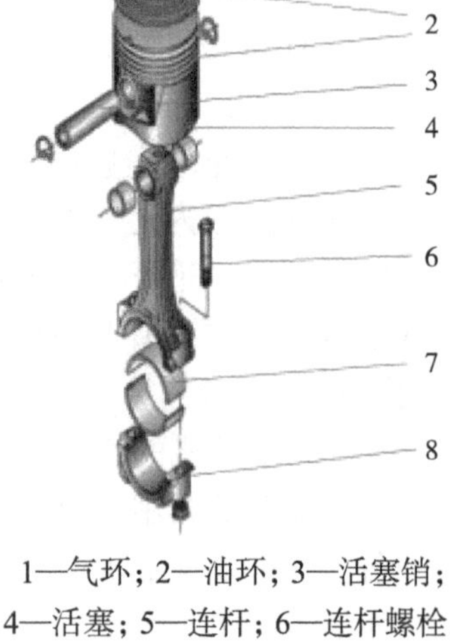

1—气环；2—油环；3—活塞销；4—活塞；5—连杆；6—连杆螺栓；7—连杆轴瓦；8—连杆盖。

图 1-8 活塞连杆组

①活塞。活塞承受气体压力，并通过活塞销将压力传给连杆，驱使曲轴旋转。此外，活塞顶部还是燃烧室的组成部分。现代拖拉机发动机不论是汽油机还

是柴油机都广泛采用铝合金活塞，只在极少数拖拉机发动机上采用铸铁或耐热钢活塞。

小学士

活塞

②活塞环。活塞环分气环和油环两种，如图 1-9 所示。气环的主要功用是密封和传热，保证活塞与气缸壁间的密封，防止气缸内的可燃混合气和高温燃气漏入曲轴箱，并将活塞顶部接收的热传给气缸壁，避免活塞过热。油环的主要功用是刮除飞溅到气缸壁上的多余机油，并在气缸壁上涂布一层均匀的油膜。活塞环工作时受到气缸中高温、高压燃烧气体的作用，并在润滑不良的条件下在气缸内高速滑动。由于气缸壁面的形状误差，使活塞环在上下滑动的同时还在环槽内产生径向移动，这不仅加剧了环与环槽的磨损，而且还使活塞环受到交变弯曲应力的作用而容易折断。

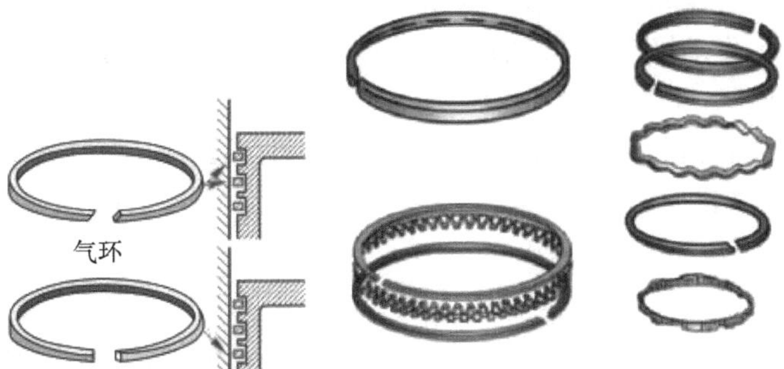

图 1-9　活塞环

③活塞销。活塞销用来连接活塞和连杆，并将活塞承受的力传给连杆。活塞销在高温条件下将承受很大的周期性冲击负荷，且由于活塞销在销孔内摆动角度不大，难以形成润滑油膜，因此润滑条件较差。为此活塞销必须有足够的刚度、强度和耐磨性，质量尽可能小，销与销孔应该有适当的配合间隙和良好的表面质量。在一般情况下，活塞销的刚度尤为重要，如果活塞销发生弯曲变形，则可能使活塞销座损坏，如图 1-10 所示。

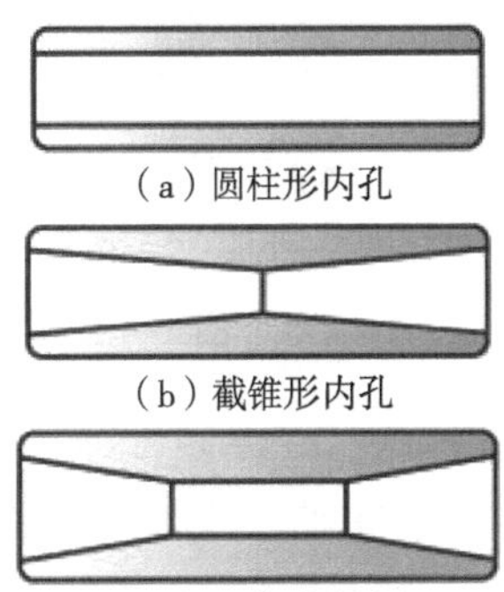

（a）圆柱形内孔

（b）截锥形内孔

（c）组合形内孔

图 1-10　活塞销结构

活塞销的材料一般为低碳钢或低碳合金钢，如 20 钢、20Mn、15Cr、20Cr 或 20MnV 等。活塞销外表面渗碳淬硬，再经精磨和抛光等精加工，这样既提高了表面硬度和耐磨性，又保证有较高的强度和冲击韧性。

④连杆组。连杆组包括连杆体、连杆盖、连杆螺栓和连杆轴承等零件，如图 1-11 所示。习惯上常常把连杆体、连杆盖和连杆螺栓合起来称作连杆，有时也称连杆体为连杆。

连杆组的功用是将活塞承受的力传给曲轴，并将活塞的往复运动转变为曲轴的旋转运动。连杆小头与活塞销连接，同活塞一起做往复运动；连杆大头与曲轴连接，同曲轴一起做旋转运动，因此在发动机工作时连杆做复杂的平面运动。连杆组主要受压缩、拉伸和弯曲等交变载荷，最大压缩载荷出现在做功行程上止点附近，最大拉伸载荷出现在进气行程上止点附近。在压缩载荷和连杆组做平面运动产生的横向惯性力的共同作用下，连杆体可能发生弯曲变形。

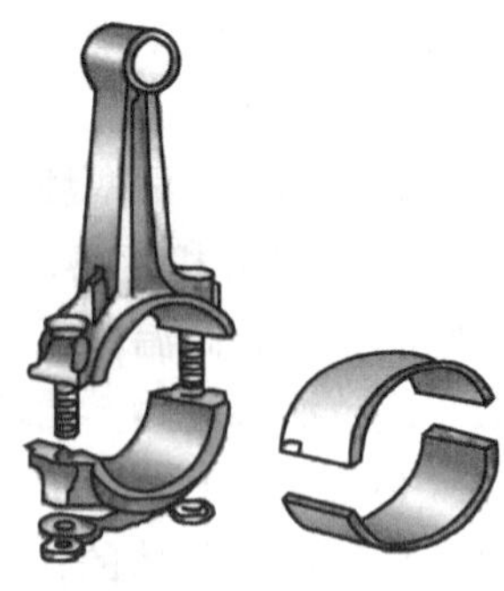

图 1-11　连杆组

连杆体和连杆盖由优质中碳钢或中碳合金钢，如 45 钢、40Cr、42CrMo 或 40MnB 等模锻或辊锻而成。连杆螺栓通常用优质合金钢 40Cr 或 35CrMo 制造，一般均经喷丸处理以提高连杆组零件的强度。纤维增强铝合金连杆以质量轻、综合性能好而备受关注。在相同强度和刚度的情况下，纤维增强铝合金连杆比用传统材料制造的连杆要轻 30%。

连杆由小头、杆身和大头构成，如图 1-12 所示。

⑤连杆轴承。发动机滑动轴承有连杆衬套、连杆轴承、主轴承和曲轴止推轴承等。

（3）曲轴飞轮组

曲轴飞轮组主要由曲轴、飞轮、正时齿轮（正时带轮或正时链轮）、带轮及曲轴扭转减震器等组成，如图 1-13 所示。

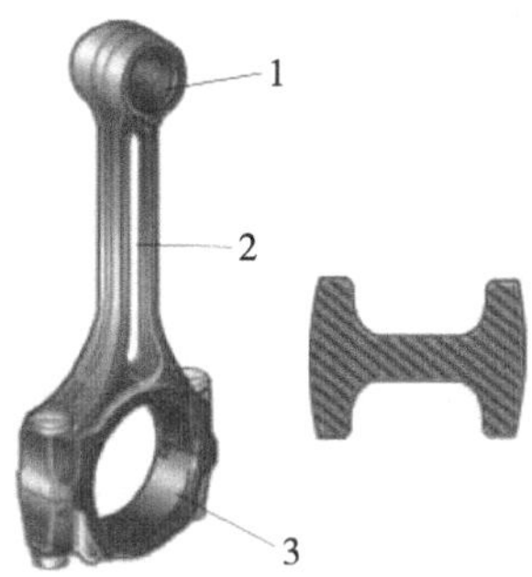

1—小头；2—杆身；3—大头。

图 1-12　连杆

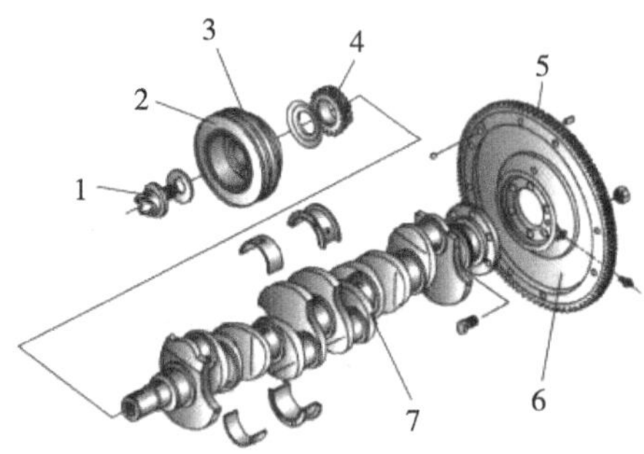

1—起动爪；2—扭转减震器；3—带轮；4—正时齿轮；5—齿圈；6—飞轮；7—曲轴。

图 1-13　曲轴飞轮组

①曲轴。曲轴的功用是把活塞、连杆传来的气体压力转变为转矩，用以驱动拖拉机的传动系统和发动机的配气机构以及其他辅助装置。曲轴在周期性变化的气体压力、惯性力及其力矩的共同作用下工作，承受弯曲和扭转交变载荷。因此，曲轴应有足够的抗弯曲、抗扭转的疲劳强度和刚度，轴颈应有足够大的承压表面和耐磨性，曲轴的质量应尽量小，对各轴颈的润滑应充分。

小学士

曲轴

②飞轮。对于四行程发动机来说，每四个活塞行程做功一次，即只有做功行程做功，而排气、进气和压缩三个行程都要消耗功。因此，曲轴对外输出的转矩呈周期性变化，曲轴转速也不稳定。为了改善这种状况，在曲轴后端装置飞轮，如图 1-14 所示。

飞轮是转动惯量很大的盘形零件，其作用如同一个能量存储器。在做功行程中发动机传输给曲轴的能量，除对外输出外，还有部分能量被飞轮吸收，从而使曲轴的转速不会升高很多。在排气、进气和压缩三个行程中，飞轮将其储存的能量放出来补偿这三个行程所消耗的功，从而使曲轴转速不致降低太多。

图 1-14　飞轮

除此之外，飞轮还有下列功用：飞轮是摩擦式离合器的主动件；在飞轮轮缘上镶嵌有供起动发动机用的飞轮齿圈；在飞轮上还刻有上止点记号，用来校准点火定时或喷油定时及调整气门间隙。

飞轮记号：在飞轮轮缘上做有记号（刻线或销孔），供寻找压缩上止点用（四缸发动机为 1 缸或 4 缸压缩上止点，六缸发动机为 1 缸或 6 缸压缩上止点）；当飞轮上的记号与外壳上的记号对正时，正好是压缩上止点，如奥迪 100 汽车的飞轮上有数字“0”标记。

飞轮安装：飞轮与曲轴在制造时一起进行过动平衡实验，在拆装时为了不破坏它们之间的平衡关系，飞轮与曲轴之间应有严格不变的相对位置，通常用定位销和不对称布置的螺栓来定位。

2. 配气机构

配气机构的功用是根据发动机的工作顺序和工作过程，定时开启与关闭进气门和排气门，使可燃混合气或空气进入气缸，并使废气从气缸内排出，实现换气过程。配气机构大多采用顶置气门式配气机构，一般由气门组、气门传动组组成，如图 1-15 所示。

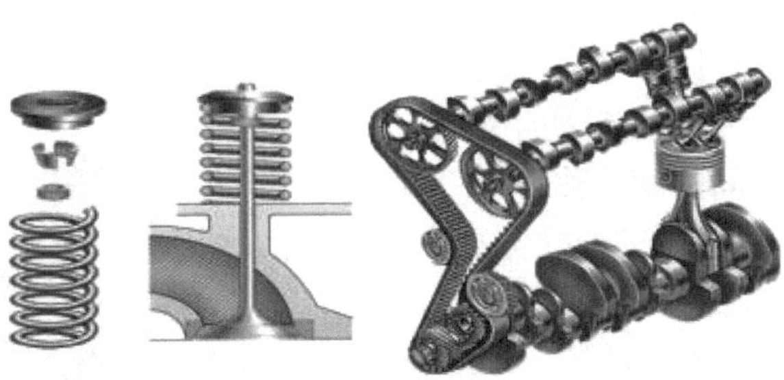

图 1-15　配气机构

（1）凸轮轴的位置

凸轮轴的位置有下置式、中置式和上置式 3 种，如图 1-16 所示。

（2）气门驱动形式

气门的驱动形式主要包括摇臂驱动、摆臂驱动和直接驱动 3 种类型。

（3）配气定时及气门间隙

①配气定时（配气相位）。以曲轴转角表示的进、排气门开闭时刻及其开启的持续时间称为配气定时，如图 1-17 所示。

进气门在进气行程上止点之前开启谓之早开。从进气门开到上止点，曲轴所转过的角度称为进气提前角，记作 α。进气门在进气行程下止点之后关闭谓之晚关。从进气行程下止点到进气门关闭，曲轴转过的角度称作进气迟后角，记作 β。整个进气过程持续的时间或进气持续角为 $180°+\alpha+\beta$ 曲轴转角，一般 $\alpha=0°\sim30°$，$\beta=30°\sim80°$ 曲轴转角。

（a）凸轮轴下置　（b）凸轮轴中置　（c）凸轮轴上置

图 1-16　凸轮轴位置

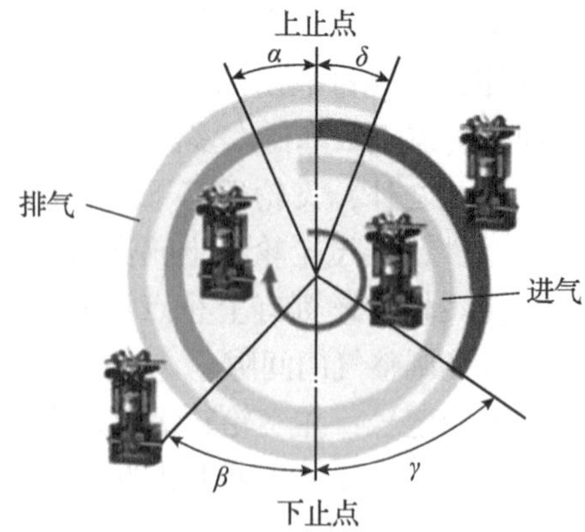

图 1-17　配气定时

排气门在做功行程结束之前，即在做功行程下止点之前开启，谓之排气门早开。从排气门开启到下止点，曲轴转过的角度称作排气提前角，记作 γ。排气门在排气行程结束之后，即在排气行程上止点之后关闭，谓之排气门晚关。从上止点到排气门关闭，曲轴转过的角度称作排气迟后角，记作 δ。整个排气过程持续时间或排气持续角为 $180°+\gamma+\delta$ 曲轴转角，一般 $\gamma=40°\sim80°$，$\delta=0°\sim30°$ 曲轴转角。

由于进气门早开和排气门晚关，致使活塞在上止点附近出现进、排气门同时开启的现象，称为气门重叠。重叠期间的曲轴转角称为气门重叠角，它等于进气提前角与排气迟后角之和，即 $\alpha+\delta$。

②气门间隙（图 1-18）

在冷态下，当发动机气门处于关闭状态时，气门与传动件之间的间隙称为气门间隙。发动机工作时，气门及其传动件，如挺柱、推杆等都将因受热膨胀而伸长。如果气门与其传动件之间，在冷态时不预留间隙，则在热态下气门及其传动件会膨胀伸长而顶开气门，破坏气门与气门座之间的密封，造成气缸漏气，从而使发动机功率下降、起动困难，甚至不能正常工作。为此，在装配发动机时，在气门与其传动件之间需预留适当的间隙，即气门间隙。气门间隙既不能过大，也不能过小。间隙过小，不能完全消除上述弊病；间隙过大，在气门与气门座以及各传动件之间将产生撞击和响声。最适当的气门间隙由发动机制造厂根据试验确定。

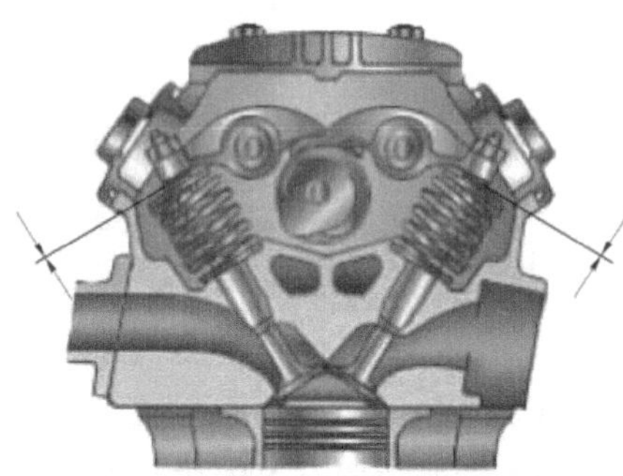

图 1-18　气门间隙

（4）配气机构的结构

①气门组。气门的工作条件非常恶劣。首先，气门直接与高温燃烧气体接触，受热严重，且散热困难，因此温度很高。其次，气门承受气体压力和气门弹簧力的作用，且气门落座时会受到配气机构运动件的惯性力的冲击。最后，气门在润滑条件很差的情况下以极快的速度启闭，并在气门导管内做高速往复运动。

②气门传动组

由于气门驱动形式和凸轮轴位置不同，气门传动组的零件组成差别很大。凸轮轴承受周期性的冲击载荷。凸轮与挺柱之间的接触应力很大，相对滑动速度也很高，因此，凸轮工作表面的磨损比较严重。

a. 凸轮轴。凸轮轴承受周期性的冲击载荷。凸轮与挺柱之间的接触应力很大，相对滑动速度也很快，因此，凸轮工作表面的磨损比较严重。凸轮轴是通过凸轮轴轴颈支承在凸轮轴轴承孔内的，因此凸轮轴轴颈数目的多少是影响凸轮轴支承刚度的重要因素。如果凸轮轴刚度不足，工作时将发生弯曲变形，这会影响配气定时。

小学士

气门组

b. 挺柱。挺柱是凸轮的从动件，其功用是将来自凸轮的运动和作用力传给推杆或气门，同时还承受凸轮所施加的侧向力，并将其传给机体或气缸盖。制造挺柱的材料有碳钢、合金钢、镍铬合金铸铁和冷激合金铸铁等。挺柱可分为机械挺柱和液力挺柱两大类，每一类中又有平面挺柱和滚子挺柱等多种结构形式。

小学士

气门传动组

c. 推杆。推杆处于挺柱和摇臂之间，其功用是将挺柱传来的运动和作用力传给摇臂。

d. 摇臂。摇臂的功用是将推杆与凸轮传来的运动和作用力，改变方向后传给气门使其开启。

3. 燃料供给系统

柴油机燃油供给装置由柴油箱、输油泵、低压油管、滤清器、喷油泵、高压油管和喷油器及回油管等组成。柴油箱储有经过沉淀和滤清的柴油，输油泵将柴油从油箱中吸出，并以一定的压力送至柴油滤清器；经柴油滤清器滤去杂质后，柴油流进喷油泵的低压油腔；喷油泵工作时，柴油从低压油腔进入高压泵腔内并提高压力到 10 MPa 以上，打开出油阀经高压油管输送到喷油器，以一定的压力喷入燃烧室与空气混合，形成可燃混合气而燃烧做功。输油泵供应的多余燃油以及喷油器顶部回油孔流出的少量燃油都经回油管流回油箱。

整个供油系统分为两条油路。一条是从柴油箱到喷油泵入口，这段油路中的油压一般为 0.15～0.30 MPa，称为低压油路，主要完成柴油储存、输送和滤清等任务。为保证喷油泵有充分的燃料供应，要求输油泵的供油量大于喷油泵的供油量，所以始终有多余的燃油经喷油泵进油室的一端限压阀和回油管，流回输油泵的进口或直接流回柴油箱。另一条是从喷油泵到喷油器，其油压一般在 10 MPa 以上，这段油路称为高压油路。其作用是增大柴油压力，使柴油呈雾状喷入燃烧室，与空气混合形成可燃混合气。由喷油器针阀偶件的缝隙渗漏的燃油经回油管流回油箱，如图 1-19 所示。

为了在发动机起动时排除整个油路中的空气，将柴油充满喷油泵的低压油路，在输油泵上安装有手动输油泵。

（1）输油泵

输油泵的功用是保证低压油路中柴油的正常流动，克服柴油滤清器和管路中的阻力，并以一定的压力向喷油泵输送足够量的柴油，输油量应为全负荷最大油量的 3～4 倍。

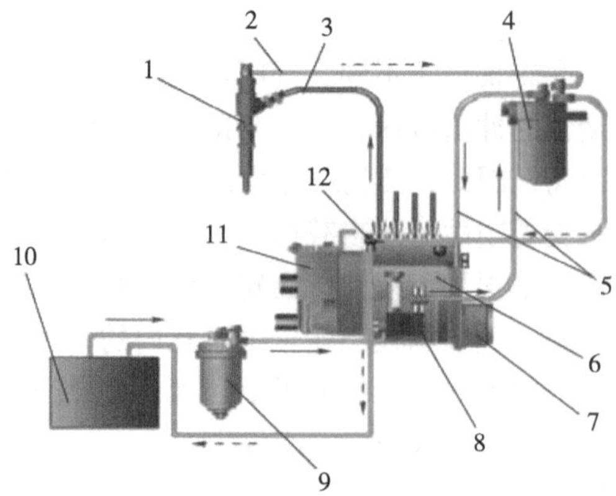

1—喷油器；2—回油管；3—高压油管；4—燃油滤清器；5—低压油管；6—喷油泵；
7—喷油提前器；8—输油泵；9—油水分离器；10—燃油箱；11—调速器；12—限压阀。

图 1-19 柴油机燃油供给系统示意图

输油泵的类型很多，常见的有活塞式、转子式、滑片式和齿轮式等几种。活塞式输油泵工作可靠，应用广泛。

输油泵

直列柱塞式喷油泵

（2）直列柱塞式喷油泵

喷油泵总成是柴油机燃油供给系统中很重要的总成部件，常称为柴油机的心脏。柴油机燃油供给的计量、正时、加压、雾化、分配、控制开始喷射和停止喷射等都是由喷油泵完成的，必须经过精密加工、装配和调试后才可装机使用。

（3）调速器

调速器是一种自动调节装置，它根据柴油机负荷的变化，自动增减喷油泵的供油量，使柴油机能够以稳定的转速运行。

调速器

（4）喷油器

喷油器是柴油机燃油供给系统中实现燃油喷射的重要部件，其功用是根据柴油机混合气形成的特点，将燃油雾化成细微的油滴，并将其喷射到燃烧室特定的部位。喷油器应满足不同类型的燃烧室对喷雾特性的要求。一般说来，喷注应有一定的贯穿距离和喷雾锥角，以及良好的雾化质量，而且在喷油结束时不发生滴漏现象。喷油器分为开式和闭式两种，拖拉机柴油机大多采用闭式喷油器，其常见的形式有两种：孔式喷油器和轴针式喷油器。

（5）柴油滤清器

柴油滤清器的功用是滤除柴油中的杂质、水分和石蜡，以减小喷油泵和喷油器各精密偶件的磨损。

柴油滤清器

4. 润滑系统

润滑系统的功用是向做相对运动的零件表面输送定量的清洁润滑油，以实现液体摩擦，减小摩擦阻力，减轻机件的磨损，并对零件表面进行清洗和冷却。润滑系统通常由润滑油道、机油泵、机油滤清器和阀门等组成，如图 1-20 所示。

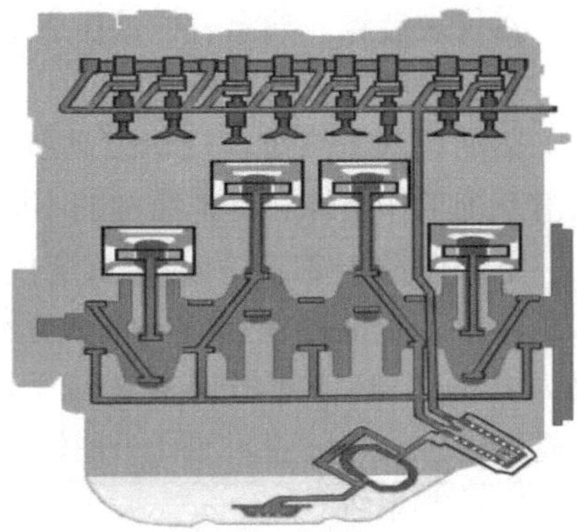
图 1-20　润滑系统

（1）润滑系统的功用

润滑系统的功用就是在发动机工作时连续不断地把数量足够、温度适当的洁净机油输送到全部传动件的摩擦表面，并在摩擦表面之间形成油膜，实现液体摩擦，从而减小摩擦阻力、降低功率消耗、减轻机件磨损，以达到提高发动机工作可靠性和耐久性的目的。

①润滑作用：润滑运动零件表面，减少摩擦阻力和磨损，降低发动机的功率消耗。

②清洗作用：机油在润滑系统内不断循环，清洗摩擦表面，带走磨屑和其他异物。

③冷却作用：机油在润滑系统内循环，带走摩擦产生的热量，起到冷却的作用。

④密封作用：在运动零件之间形成油膜，提高它们的密封性，有利于防止漏气或漏油。

⑤防锈蚀作用：在零件表面形成油膜，对零件表面起保护作用，防止腐蚀生锈。

⑥液压作用：机油可用作液压油，起液压作用，如液压挺杆。

⑦减振缓冲作用：在运动零件表面形成油膜，吸收冲击并减少振动，起减振缓冲作用。

（2）润滑系统的润滑方式

由于发动机传动件的工作条件不尽相同，因此，对负荷及相对运动速度不同的传动件采用不同的润滑方式。

①压力润滑。压力润滑是以一定的压力把机油供入摩擦表面的润滑方式。这种方式主要用于主轴承、连杆轴承及凸轮轴承等负荷较大的摩擦表面的润滑。

②飞溅润滑。利用发动机工作时运动件溅起来的油滴或油雾润滑摩擦表面的润滑方式，称飞溅润滑。该方式主要用来润滑负荷较轻的气缸壁面和配气机构的凸轮、挺柱、气门杆以及摇臂等零件的工作表面。

③润滑脂润滑。通过润滑脂嘴定期加注润滑脂来润滑零件的工作表面，如水泵和发电机轴承等。

（3）润滑系统的组成

各类型发动机润滑系统的组成大体相同，一般包括以下几个基本装置。

①油底壳、机油泵、油管、油道、限压阀等。油底壳用于封闭曲轴箱作为储油槽的外壳，防止杂质进入，并收集和储存由发动机各摩擦表面流回的润滑油，散去部分热量，防止润滑油氧化。油底壳多由薄钢板冲压而成，形状较为复杂的一般采用铸铁或铝合金浇铸成型。

②滤清装置。集滤器、机油滤清器等，用来清除机油中的杂质，保证机油清洁度。

③冷却装置。机油散热器、机油冷却器等，用来冷却机油，保持油温正常，保证润滑可靠。

④仪表装置。油温表、油压表等，用来检测润滑系统的工作情况。

（4）润滑系统的润滑油路

柴油机润滑系统与汽车发动机润滑系统组成及油路布置方案大致相同，只是由于润滑系统工作条件和具体结构的不同而稍有区别。

下面以图 1-21 所示的北京现代悦动轿车 1.6 L 汽油发动机的润滑油路为例。发动机工作时，机油经集滤器→机油滤清器，经机油滤清器的机油由油泵泵出分两路，一路为主油道→主轴承→连杆轴承→活塞销喷溅至活塞；另一路为主油道的垂直油道→凸轮轴轴颈→气缸盖回油孔→曲轴箱。

5. 冷却系统

冷却系统的功用是将受热零件吸收的部分热量及时散发出去，保证发动机在最适宜的温度状态下工作。水冷发动机的冷却系统通常由冷却水套、水泵、风扇、水箱和节温器等组成，如图 1-22 所示。

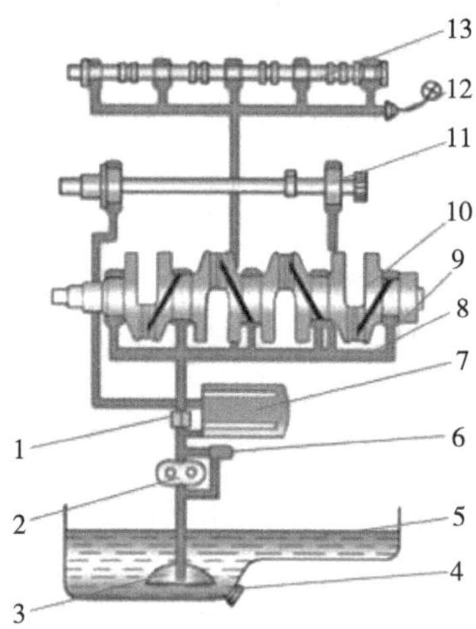

1—旁通阀；2—机油泵；3—集滤器；4—放油塞；5—油底壳；6—安全阀；7—机油滤清器；8—主油道；9—分油道；10—曲轴；11—中间轴；12—限压阀；13—凸轮轴。

图 1-21　发动机润滑油路

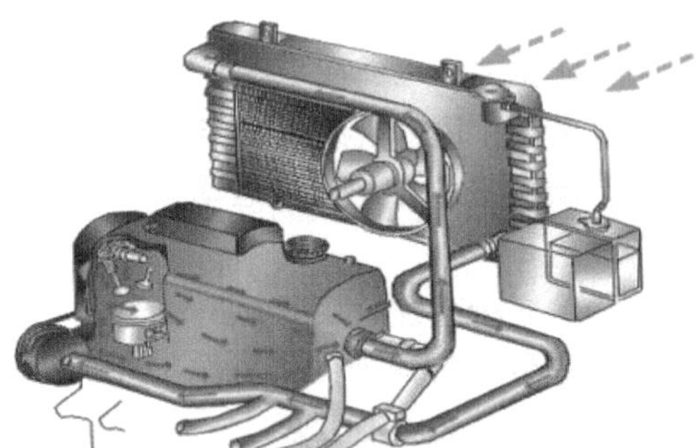

图 1-22　冷却系统

发动机工作时，由于燃料的燃烧，气缸内气体温度高达 2 200～2 800 K（1 927～2 527 ℃），使发动机零部件温度升高，特别是直接与高温气体接触的零件，若不及时冷却，则难以保证发动机正常工作。冷却系统的功用就是使发动机在所有的工况下都保持在适当的温度范围内。

冷却系统按照冷却介质的不同可以分为风冷系统和水冷系统，把发动机中高温零件的热量直接散入大气中而进行冷却的装置称为风冷系统；把这些热量先传给冷却液后再散入大气而进行冷却的装置称为水冷系统。由于水冷系统冷却均匀、效果好，而且发动机的运转噪声小，因此目前在柴油发动机上广泛采用的是水冷系统。

柴油发动机上采用的水冷系统大多是强制循环式水冷系统，即利用水泵强制水在冷却系统中进行循环流动。图 1-23 所示为柴油发动机冷却系统组成示意图。

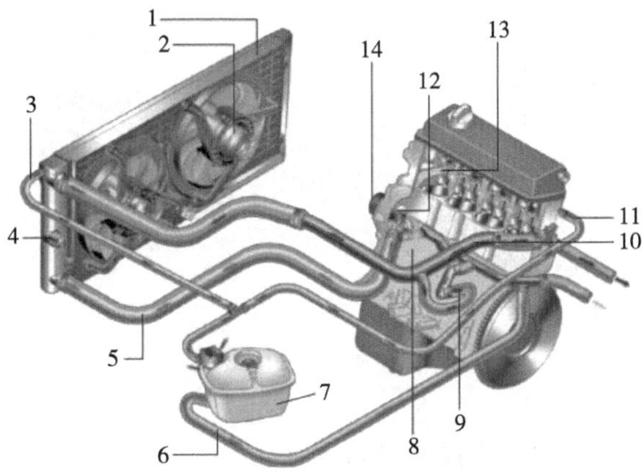

1—散热器；2—电动风扇；3—过热蒸气排出管；4—电动风扇双速热敏开关；5—发动机进水管；
6—冷却液下橡胶软管；7—冷却液膨胀箱；8—气缸体水套；9—节气门热水管；
10—冷却液上橡胶软管；11—过热蒸气排出管；12—水泵；13—气缸盖水套；14—齿形带轮。

图 1-23　发动机冷却系统组成示意图

冷却液在水冷系统中的循环路径如图 1-24 所示。通常，冷却液在冷却系统内的循环流动路线有两条，一条为大循环，另一条为小循环。所谓大循环，是指水温高时，水经过散热器而进行的循环流动；而小循环就是水温低时，水不经过散热器而进行的循环流动，从而使水温升高。冷却液在水泵中增压后经分水管进入发动机的机体水套。冷却液从水套壁周围流过，并从水套壁吸热而升温；然后向上流入气缸盖水套，从气缸盖水套壁吸热之后经节温器或直接流回水泵（小循环），或经散热器进水软管流入散热器，在散热器中，冷却液向流过散热器周围的空气散热而降温；最后，冷却液经散热器出水软管返回水泵（大循环），如此循环。在拖拉机行驶或冷却风扇工作时，空气从散热器周围高速流过，以增强对冷却液的冷却。不论是铜制或不锈钢制的分水管，还是直接铸在机体上的分水道，都沿纵向开有出水孔，并与机体水套相通。离水泵越远，出水孔越大，其数目通常与气缸数相同。分水管或分水道的作用是使多缸发动机各气缸的冷却强度均匀一致。

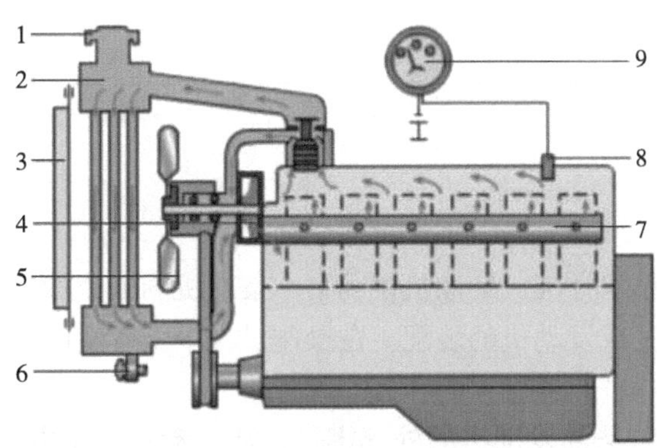

1—散热器盖；2—散热器；3—百叶窗；4—水泵；5—风扇；6—放水阀；
7—分水管；8—水温传感器；9—水温表。

图 1-24　冷却液在强制循环水冷却系统中的流动

6. 起动系统

要使发动机由静止状态过渡到工作状态，必须先用外力转动发动机的曲轴，使活塞做往复运动，气缸内的可燃混合气燃烧膨胀做功，推动活塞向下运动使曲轴旋转，发动机才能自行运转，工作循环才能自动进行。因此，曲轴在外力作用下开始转动到发动机开始自动怠速运转的全过程，称为发动机的起动过程。完成起动过程所需的装置称为发动机的起动系统，如图 1-25 所示。

小学士 冷却液与散热器

小学士 水泵与风扇

小学士 节温器

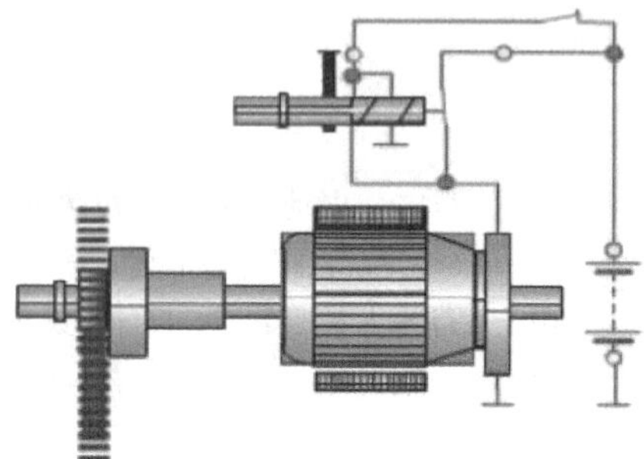

图 1-25 起动系统

- **材料准备**

实训辅助手册、行业规范与技术标准、柴油机说明书、柴油机图纸。

- **工具准备**

现代农业装备实训室、单缸柴油发动机、四缸柴油发动机、工具箱、实训服、手套、零件拆解摆台桌、毛巾、清洁剂。

- **人员准备**

人员分组，每组 6 人，明确职责分工（表 1-3）。

表 1-3 任务分工

任务角色	任务内容
组长：	任务：
组员 1：	任务：
组员 2：	任务：
组员 3：	任务：
组员 4：	任务：
组员 5：	任务：

任务实施

借助行业规范与技术标准、柴油机说明书、柴油机图纸，拆解一台四缸柴油发动机并完成发动机的装配。在操作过程中正确使用工具箱中的各种工具。

知识补充 柴油机

第一步，拆解四缸柴油发动机的外部零件，如起动机、发电机、进气管、排气管等。

第二步，拆解四缸柴油发动机的两大机构、四大系统。两大机构：曲柄连杆机构、配气机构。四大系统：燃料供给系统、润滑系统、冷却系统和起动系统。

第三步，拆解过程中，两大机构、四大系统中零件相互装配。

第四步，按照拆解的顺序，反向将发动机进行正确的装配。

第五步，检查在装配过程中，是否有遗漏的零件没有安装，如有，则重新进行拆解和装配。

第六步，装配过程中，参照实训辅助手册、行业规范与技术标准、柴油机说明书、柴油机图纸等。

任务检测

请扫描二维码答题。

项目一任务一
任务检测

任务评价

根据学生对柴油机学习了解的认真程度及任务报告的完成情况进行考核评价（表 1-4）。

表 1-4　柴油机考核评价细则

<table>
<tr><td colspan="2">姓名：</td><td colspan="2">班级：</td><td colspan="2">组别：</td><td rowspan="3">教师签字：</td></tr>
<tr><td colspan="2">自评：
□合格　□不合格</td><td colspan="2">互评：
□合格　□不合格</td><td colspan="2">师评：
□合格　□不合格</td></tr>
<tr><td colspan="2">日期：</td><td colspan="2">日期：</td><td colspan="2">日期：</td></tr>
<tr><td colspan="7">考核评分细则</td></tr>
<tr><td>序号</td><td>考核项目</td><td>考核标准</td><td>考核方式</td><td>分值</td><td>评分要求</td><td>得分</td></tr>
<tr><td>1</td><td>柴油机基本工作原理</td><td>□准确说出工作原理</td><td rowspan="2">现场考核、问答考核</td><td>10</td><td>未完成扣 10 分</td><td></td></tr>
<tr><td>2</td><td>单缸四冲程柴油机的工作过程</td><td>□准确说出工作过程顺序</td><td>10</td><td>未完成扣 10 分</td><td></td></tr>
<tr><td>3</td><td>多缸柴油机的工作顺序</td><td>□进气行程
□压缩行程
□做功行程
□排气行程</td><td>现场考核、问答考核</td><td>20</td><td>未完成一项扣 5 分</td><td></td></tr>
<tr><td>4</td><td>柴油机的两大机构和四大系统</td><td>□曲柄连杆机构
□配气机构
□燃料供给系统
□润滑系统
□冷却系统
□起动系统</td><td>现场考核、问答考核</td><td>30</td><td>未完成一项扣 5 分</td><td></td></tr>
<tr><td>5</td><td>任务报告</td><td>□完成认真，内容正确
□绘制的形态图特征明显
□各部位标注正确</td><td>评阅考核</td><td>20</td><td>根据情况酌情扣分</td><td></td></tr>
</table>

（续表）

<table>
<tr><th>序号</th><th>考核项目</th><th>考核标准</th><th>考核方式</th><th>分值</th><th>评分要求</th><th>得分</th></tr>
<tr><td>6</td><td>学习态度</td><td>□具有团队协作精神
□具备科学严谨的态度
□观察认真，发言积极
□遵纪守时，爱护公物</td><td>自评、互评和师评相结合</td><td>10</td><td>根据情况酌情扣分</td><td></td></tr>
<tr><td colspan="4">合计</td><td>100</td><td></td><td></td></tr>
<tr><td>自我评价与总结</td><td colspan="6"></td></tr>
<tr><td>教师点评</td><td colspan="6"></td></tr>
</table>

任务二　汽油机

任务导入

在农业生产过程中，汽油机一般为各种小型农机具的动力源，如小型微耕机、发电机、小型喷雾机等。现有一小型微耕机装有汽油机做动力源，已经工作一年多。当关闭发动机约 30 min 后，需要多次起动，发动机才能运转，并且排气管发出“突突”的声音。经初步检查，冷却液、进气温度等均在正常范围内。怀疑是燃油系统出现故障的可能性较大，需进一步检查确认。

任务工单

班级：______________ 姓名：______________ 学号：______________

<table>
<tr><td>任务名称</td><td>汽油机</td></tr>
<tr><td>任务描述</td><td>根据实际情况，填写本任务的内容、目的、流程和方法。
任务内容：____
____。
任务目的：____
____。
任务流程：____
____。
任务方法：____
____。</td></tr>
</table>

（续表）

<table>
<tr><td>获取信息</td><td colspan="4">要完成任务，需要掌握相关的知识。请收集资料，回答以下问题。
1. 描述汽油机的工作过程。

2. 汽油机的组成有哪些？

3. 汽油机供给系统装置包括哪些？具体阐述。

4. 油压调节器的作用是什么？

5. 汽油机与柴油机在结构上有哪些区别？具体阐述。</td></tr>
<tr><td>制订计划</td><td colspan="4"></td></tr>
<tr><td rowspan="6">任务实施</td><td colspan="4">按照预先制订的工作计划，完成本任务，并记录任务实施过程。</td></tr>
<tr><td>序号</td><td>完成的任务</td><td>遇到的问题</td><td>解决办法</td></tr>
<tr><td></td><td></td><td></td><td></td></tr>
<tr><td></td><td></td><td></td><td></td></tr>
<tr><td></td><td></td><td></td><td></td></tr>
<tr><td></td><td></td><td></td><td></td></tr>
</table>

任务准备

- **知识准备**

汽油机是以汽油为燃料，通过化油器及燃油喷射器的作用，使汽油与空气混合成可燃混合气，进入气缸中，被压缩后由火花塞产生的电火花点燃，气体燃烧、膨胀，推动活塞运动而做功的点燃式发动机。

一、汽油机的工作过程

1. 四冲程汽油机的工作过程

四冲程汽油机的工作循环由 4 个活塞行程组成，即进气行程、压缩行程、做功行程和排气行程，如图 1-26 所示。

（1）进气行程

进气门开启，排气门关闭，活塞由上止点向下止点移动；活塞上方的气缸容积增大，产生真空度，气缸内压力降到进气压力以下；在真空吸力作用下，通过汽油喷射装置雾化的汽油，与空气混合形成可燃混合气，由进气道和进气门吸入气缸内。进气过程一直延续到活塞过了下止点且进气门关闭为止。然后，上行的活塞开始压缩气体。

（2）压缩行程

进、排气门全部关闭，压缩缸内可燃混合气，混合气温度升高，压力上升。活塞临近上止点前，可燃混合气压力上升到0.6～1.2 MPa，温度可达603～703 K（330～430℃）。

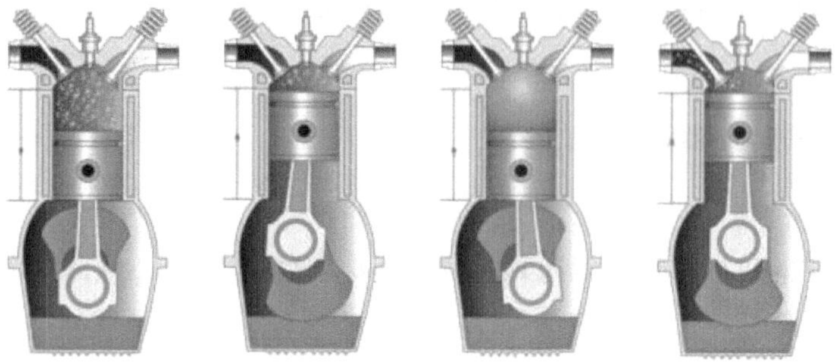

（a）进气行程　（b）压缩行程　（c）做功行程　（d）排气行程

图 1-26　四冲程汽油机工作示意图

（3）做功行程

在压缩行程接近上止点时，装在气缸盖上方的火花塞发出电火花，点燃所压缩的可燃混合气。可燃混合气燃烧后放出大量的热量，缸内燃气压力和温度迅速上升，最高燃烧压力可达3～6 MPa，燃烧温度可达2 473～2 773 K（2 200～2 500℃）。高温高压燃气推动活塞快速向下止点移动，通过曲柄连杆机构对外做功。做功行程开始时，进、排气门均关闭。

（4）排气行程

做功行程接近终了时，排气门开启，由于这时缸内压力高于大气压力，故高温废气被迅速排出气缸（高温废气以当地声速通过排气门排出），这一阶段属于自由排气阶段。随着排气过程的进行，逐渐进入强制排气阶段，即活塞越过下止点向上止点移动，强制将缸内废气排出，活塞到达上止点附近时，排气过程结束。排气终了时，气缸内气体压力稍高于大气压力，为0.105～0.115 MPa，废气温度为873～1 173 K（600～900℃）。由于燃烧室占有一定容积，因此在排气终了时，不可能将废气彻底排除干净，而将剩余部分废气，称为残余废气。

四冲程汽油机经过进气、压缩、做功、排气四个行程完成一个工作循环。在这个过程中，活塞上下往复运动四个行程，相应的曲轴旋转两周。

2. 二冲程汽油机的工作过程

发动机气缸体上有三个孔，即进气孔、排气孔和换气孔，这三个孔分别在一定时刻由活塞关闭。其工作循环包含以下两个行程。

（1）第一行程

活塞自下止点向上移动，三个气孔同时关闭后，进入气缸的混合气被压缩，在进气孔露出时，可燃混合气进入曲轴箱。

（2）第二行程

活塞压缩到上止点附近时，火花塞点燃可燃混合气，燃气膨胀推动活塞下移做功，这时进气孔关闭，密闭在曲轴箱内的可燃混合气被压缩；当活塞接近下止点时排气孔开启，废气冲出；随后换气孔开启，受预压的可燃混合气冲入气缸，驱除废气，进行换气。

二、汽油机的组成

汽油机由两大机构和五大系统组成，即由曲柄连杆机构、配气机构、燃料供给系统、润滑系统、冷却系统、点火系统和起动系统组成。本任务仅讲解燃料供给系统和点火系统。图 1-27 所示为往复活塞式发动机基本结构。

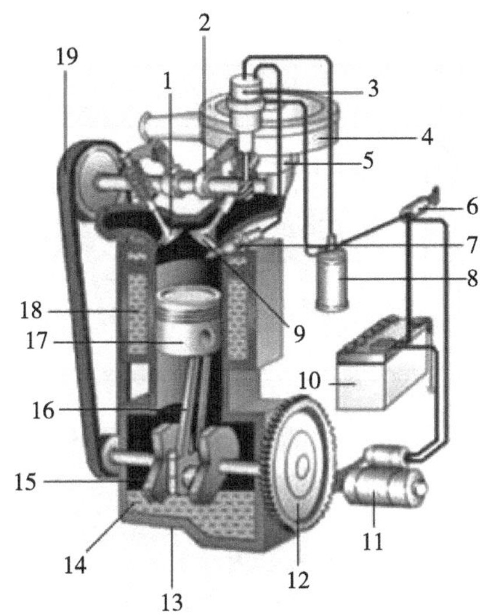

1—排气门；2—凸轮轴；3—分电器；4—空气滤清器；5—化油器；6—点火开关；7—火花塞；8—点火线圈；9—进气门；10—蓄电池；11—起动机；12—飞轮鼓起动齿轮；13—油壳；14—润滑油；15—曲轴；16—连杆；17—活塞；18—冷却水；19—正时皮带（正时链条）。

图 1-27　往复活塞式发动机基本结构

1. 燃油供给系统

汽油机燃料供给系统的功用是根据发动机的要求，配制出一定数量和浓度的混合气，供入气缸，并将燃烧后的废气从气缸内排到大气中去；柴油机燃料供给系统的功用是把柴油和空气分别供入气缸，在燃烧室内形成混合气并燃烧，最后将燃烧后的废气排出。图 1-28 所示为汽油喷射式汽油机燃料供给系统。

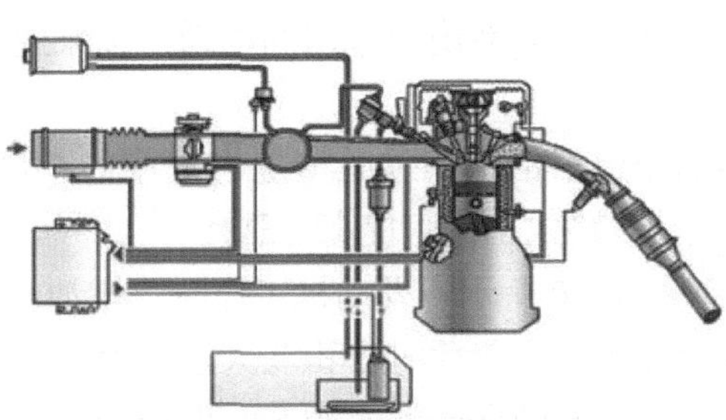

图 1-28　汽油喷射式汽油机燃料供给系统

（1）汽油机燃料供给系统的功用

汽油机燃油供给系统的功用是根据汽油机的不同工况，向气缸输送不同浓度和不同数量的可燃混合气，并及时排出废气。

（2）汽油机燃油供给系统的组成

汽油机燃油供给系统包括汽油箱、电动汽油泵、汽油滤清器、油压调节器、喷油器以及输油管路等，用以完成汽油的储存、过滤、输送和喷射任务。发动机工作时，电动汽油泵源源不断地将汽油从汽油箱泵出，经汽油滤清器滤去水分和杂质，经压力调节器调压、稳压后，以一定压力将汽油送至喷油器，由电子控制单元（Electronic Control Unit, ECU）根据发动机负荷工况按照特定方式，将汽油喷入进气管或气缸内，与空气混合成特定浓度的混合气，如图 1-29 所示。

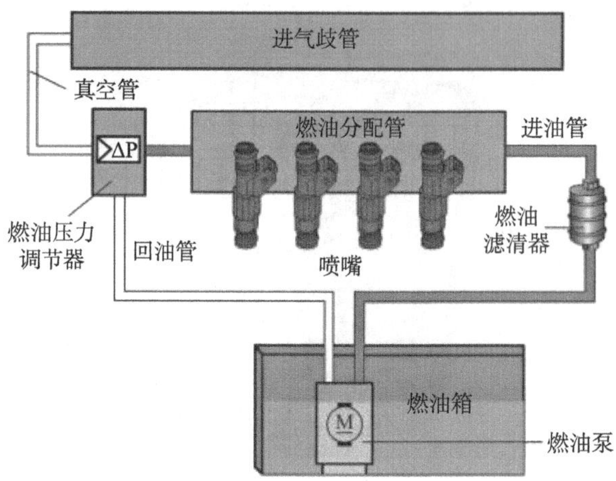

图 1-29　汽油机燃油供给系统

小学士

汽油箱

①汽油箱。汽油箱的作用是储存汽油。汽油箱的数目及容量随车型而定，普通汽车只有一个汽油箱，越野汽车及长途运输汽车则常有两个汽油箱，分为主、副汽油箱，以适应使用要求。

②电动汽油泵。电动汽油泵的作用是将汽油增压，并源源不断地泵入供油管道，供给各喷油器。汽油喷射式发动机用的电动汽油泵的主要安装形式有装在供油管路中（外置式）或汽油箱中（内置式）两种。前者布置范围较大，不需要专门设计汽油箱，安装和拆卸方便；但油泵吸油段长，易产生气阻，工作噪声也较大，此外要求油泵绝对不能泄漏，新型车辆上已较少使用这种形式。后者燃油管路简单，噪声低，对燃油泄漏要求不高，是当前的主要趋势。在电控汽油喷射系统中应用的电动汽油泵通常有两种类型，即滚柱式电动汽油泵和叶片式电动汽油泵。

③燃油滤清器。燃油滤清器的作用就是清除汽油中的杂质，防止燃油系统堵塞，减少机件的磨损，确保发动机稳定工作，提高可靠性。

燃油滤清器的结构如图 1-30 所示，发动机工作时，燃油在汽油泵的作用下，经过进油管进入滤清器的沉淀杯中。由于此时容积变大、流速变小，比油重的水及杂质颗粒便沉淀于杯的底部，轻的杂质随燃油流向滤芯，而清洁的燃油从滤芯的微孔渗入滤芯的内部，然后经油管流出。滤芯有多孔陶瓷和纸质两种。纸质滤芯由经树脂处理过的微孔滤纸制成，滤清效率高，成本低廉，更换方便，因此得到广泛应用。燃油滤清器的滤芯应根据车辆行驶里程、使用燃油质量等情况及时更换，确保发动机稳定行驶，提高可靠性。

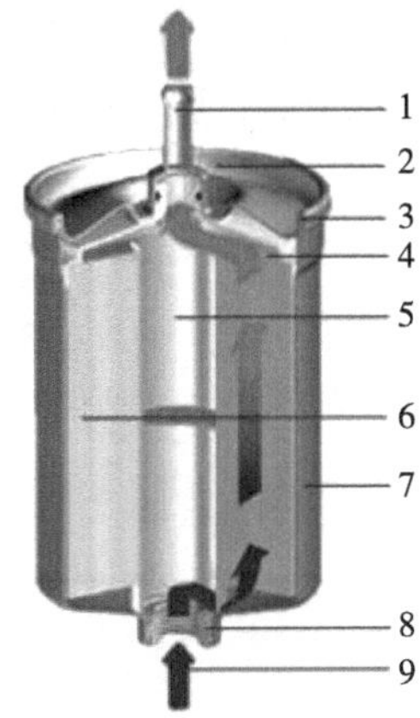

1—清油出口；2—滤清器盖；3—双层咬口；4—支撑弹簧；5—支撑管；6—滤纸；7—镀钢外壳；8—螺纹接口；9—污油进口。

图 1-30　燃油滤清器

④燃油分配管。燃油分配器又称为燃油导轨或者油轨，是一种机械装置，安装在进气歧管上，位于喷油器处。它的主要功能是保证提供足够的燃油流量并均匀地分配给各缸的喷油器，同时实现各喷油器的安装和连接。另外，它还可能会对燃油压力脉动、燃油高温汽化等产生影响。

⑤喷油器。喷油器是电磁式的，其功用是按照电控单元的指令将一定数量的汽油适时地喷入进气道或进气管内，并与其中的空气混合形成可燃混合气。喷油器按用途分为单点喷射用和多点喷射用；按电磁线圈电阻大小分为低阻式（2～5 Ω）和高阻式（12～17 Ω）；按驱动方式分为电流驱动式和电压驱动式；按喷口形式分为轴针式和孔式。

轴针式喷油器主要由针阀、回位弹簧、滤网、电磁线圈及壳体组成，如图 1-31 所示，平时针阀在回位弹簧的作用下将喷油孔封住，当 ECU 的喷油控制信号将喷油器和电源回路接通，电流流过电磁线圈时，针阀才在电磁力的吸引作用下克服弹簧压力、摩擦力和自身重力，从静止往上升起，汽油从喷嘴喷出。

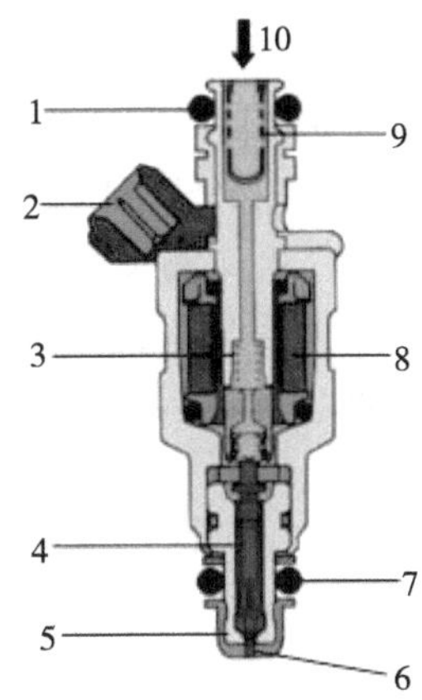

1，7—“O”形密封圈；2—线束插座；3—回位弹簧；4—针阀阀体；5—针阀阀座；6—轴针；8—电磁线圈；9—燃油滤网；10—进油口。

图 1-31　轴针式喷油器结构

喷油器的通电、断电由电控单元控制。电控单元以电脉冲的形式向喷油器输出控制电流。当电脉冲从零升起时，喷油器因通电而开启；电脉冲回落到零时，喷油器又因断电而关闭。电脉冲从升起到回落所持续的时间称为脉冲宽度。若电控单元输出的脉冲宽度短，则喷油持续时间短，喷油量少；若电控单元输出的脉冲宽度长，则喷油持续时间长，喷油量多。一般喷油器针阀升程约为 0.1 mm，而喷油持续时间为 2～10 ms。

⑥燃油压力调节器。油压调节器的功用是调节喷油器的燃油压力，使燃油供给系统的压力与进气管压力之差，即喷油压力保持恒定，其结构如图 1-32 所示。油压大小由弹簧和气室真空度二者协调，当油压高过标准值时，高压燃油会顶动膜片上移，球阀打开，多余的燃油会经回油管反流回油箱；当压力低过标准值时，弹簧会下压膜片将球阀关闭，停止回油。压力调节器内部有一个膜片，起到控制压力阀打开和关闭的

作用。当油压低于一定值时，压力阀关闭，由油泵加压使油路内压力增加；当增加到超过规定压力后，膜片打开，过压的燃油通过回油管路流回油箱，起到减压的作用。

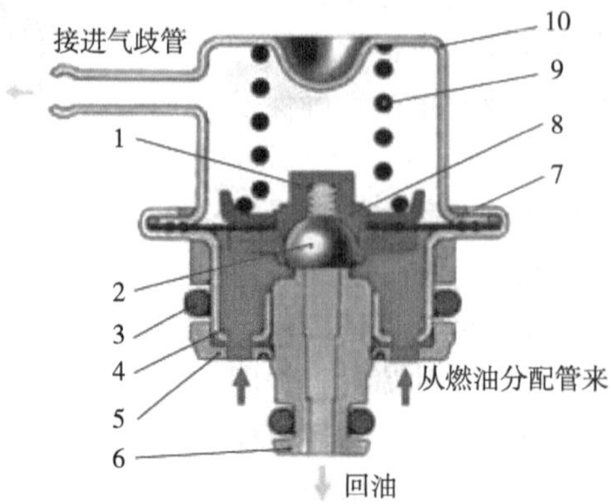

1—小弹簧；2—钢球；3—“O”形密封圈；4—壳体；5—下盖；
6—回油管嘴；7—膜片；8—阀座；9—大弹簧；10—上盖。

图 1-32 燃油压力调节器结构

喷油器的喷油量除取决于喷油持续时间外，还与喷油压力有关。在相同的喷油持续时间内，喷油压力越大，喷油量越多，反之亦然。因此，只有保持喷油压力恒定不变，才能使喷油量在各种负荷下都只取决于喷油持续时间或电脉冲宽度，以实现电控单元对喷油量的精确控制。

2. 点火系统

在汽油机中，气缸内的可燃混合气是由电火花点燃的，为此在汽油机的气缸盖上装有火花塞，火花塞头部伸入燃烧室内。能够按时在火花塞电极间产生电火花的全部设备称为点火系统。点火系统通常由蓄电池、发电机、分电器、点火线圈和火花塞等组成，如图 1-33 所示。

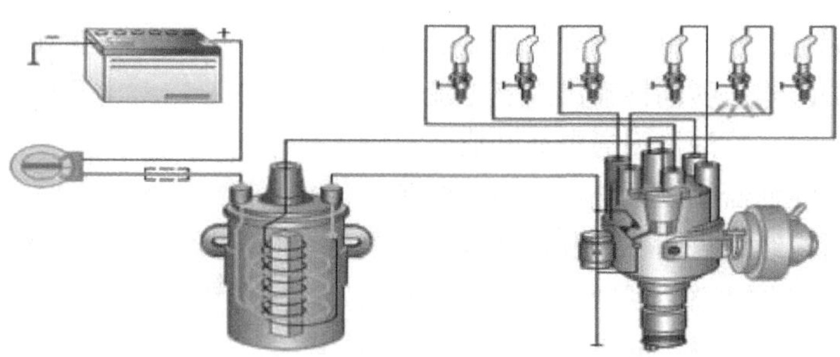

图 1-33 点火系统

（1）点火系统的功用和类型

点火系统的功用是按照汽油机的工作要求，在规定的时刻产生高压电动势，使火花塞电极间产生强烈电火花，点燃可燃混合气，使汽油机做功。

点火系统分为蓄电池点火系统、磁电机点火系统和晶体管点火系统。小型汽油机通常采用磁电机点火系统。

（2）磁电机点火系统的组成与工作过程

磁电机点火系统由磁电机、高压线和火花塞等组成。

①磁电机。磁电机用以产生高压电动势，使火花塞产生电火花。常用的磁电机是旋转磁极式磁电机，分为转子式和飞轮式两种。小型汽油机多采用飞轮式磁电机，这种磁电机按产生高压电动势的方式又分为有触点式和无触点式。

②火花塞。火花塞是使高压电在电极间产生电火花的装置。它由中心电极、侧电极、绝缘体及壳体等组成。

中心电极在绝缘体中与壳体绝缘，侧电极与壳体相通。中心电极与侧电极的端部之间留有 0.5～0.7 mm 的火花间隙。壳体下部有螺纹，以便使火花塞旋紧，在气缸盖上面“搭铁”。中心电极上有接头螺母与高压线连接。由磁电机产生的高压电流通过高压线导入火花塞中心电极，在两极间的间隙跳火后，经侧电极搭铁。国产火花塞按传热能力分为热型、中型和冷型。热型火花塞绝缘体下端长、吸热多、散热慢，适合于压缩比小、转速低的汽油机；冷型火花塞绝缘体下端短，适用于压缩比大、转速高的汽油机；中型火花塞介于二者之间。

- **材料准备**

实训辅助手册、行业规范与技术标准、汽油机说明书、汽油机图纸。

- **工具准备**

现代农业装备实训室、单缸汽油发动机、四缸汽油发动机、工具箱、实训服、手套、零件拆解摆台桌、毛巾、清洁剂。

- **人员准备**

人员分组，每组 6 人，明确职责分工（表 1-5）。

表 1-5　任务分工

任务角色	任务内容
组长：	任务：
组员 1：	任务：
组员 2：	任务：
组员 3：	任务：
组员 4：	任务：
组员 5：	任务：

任务实施

借助行业规范与技术标准、汽油机说明书、汽油机图纸，拆解一台四缸汽油发动机并完成发动机的装配。在操作过程中正确使用工具箱中的各种工具。

第一步，拆解四缸汽油发动机的外部零件，如起动机、发电机、进气管、排气管等。

第二步，拆解四缸汽油发动机的两大机构、五大系统。两大机构：曲柄连杆机构、配气机构。五大系统：燃料供给系统、润滑系统、冷却系统、起动系统和点火系统。

第三步，拆解过程中，两大机构、五大系统中零件相互装配。

第四步，按照拆解的顺序，反向将发动机进行正确的装配。

第五步，检查在装配过程中，是否有遗漏的零件没有安装，如有，重新进行拆解和装配。

第六步，装配过程中，参照实训辅助手册、行业规范与技术标准、汽油机说明书、汽油机图纸等。

任务检测

请扫描二维码答题。

项目一任务二
任务检测

任务评价

根据学生对汽油机学习了解的认真程度及任务报告的完成情况进行考核评价（表 1-6）。

表 1-6　汽油机考核评价细则

<table>
<tr><td colspan="2">姓名：</td><td colspan="2">班级：</td><td colspan="2">组别：</td><td rowspan="3">教师
签字：</td></tr>
<tr><td colspan="2">自评：
□合格　□不合格</td><td colspan="2">互评：
□合格　□不合格</td><td colspan="2">师评：
□合格　□不合格</td></tr>
<tr><td colspan="2">日期：</td><td colspan="2">日期：</td><td colspan="2">日期：</td></tr>
<tr><td colspan="7">考核评分细则</td></tr>
<tr><td>序号</td><td>考核项目</td><td>考核标准</td><td>考核方式</td><td>分值</td><td>评分要求</td><td>得分</td></tr>
<tr><td>1</td><td>汽油机基本工作原理</td><td>□准确说出工作原理</td><td rowspan="2">现场考核、问答考核</td><td>10</td><td>未完成扣 10 分</td><td></td></tr>
<tr><td>2</td><td>单缸四冲程汽油机的工作过程</td><td>□准确说出工作过程顺序</td><td>10</td><td>未完成扣 10 分</td><td></td></tr>
<tr><td>3</td><td>多缸汽油机的工作顺序</td><td>□进气行程
□压缩行程
□做功行程
□排气行程</td><td>现场考核、问答考核</td><td>20</td><td>未完成一项扣 5 分</td><td></td></tr>
<tr><td>4</td><td>汽油机的两大机构和五大系统</td><td>□曲柄连杆机构
□配气机构
□燃料供给系统
□润滑系统
□冷却系统
□起动系统
□点火系统</td><td>现场考核、问答考核</td><td>30</td><td>根据情况酌情扣分</td><td></td></tr>
</table>

（续表）

序号	考核项目	考核标准	考核方式	分值	评分要求	得分
5	任务报告	□完成认真，内容正确 □绘制的形态图特征明显 □各部位标注正确	评阅考核	20	根据情况酌情扣分	
6	学习态度	□具有团队协作精神 □具备科学严谨的态度 □观察认真，发言积极 □遵纪守时，爱护公物	自评、互评和师评相结合	10	根据情况酌情扣分	
合计				100		
自我评价与总结						
教师点评						

任务三　发动机的磨合与保养

任务导入

发动机修理时会对零件进行更换或修复。虽然这些零件都有较高的加工、装配精度，但是零件表面仍有微小的不平和几何误差，各配合件的实际接触面积大。若发动机装合后立即投入使用，单位面积上压力很大，在零件的接触面上将产生剧烈磨损和高温，甚至产生黏着磨损，导致零件接触面出现烧伤或拉缸等事故。因此，发动机经大修装复后必须进行磨合。拖拉机手驾驶拖拉机时发现，拖拉机行驶时功率不足、发动机异响、机油消耗量加剧、排气管冒蓝烟，发动机需要大修。大修完成后，使用之前必须进行磨合，磨合就是在人为控制条件下，使发动机缓慢地增加转速，逐渐增加负荷，使零件表面逐渐研磨平滑。根据上述要求，对发动机进行磨合。

任务工单

班级：__________ 姓名：__________ 学号：__________

<table>
<tr><td>任务名称</td><td colspan="4">发动机的磨合与保养</td></tr>
<tr><td>任务描述</td><td colspan="4">根据实际情况，填写本任务的内容、目的、流程和方法。
任务内容：____。
任务目的：____。
任务流程：____。
任务方法：____。</td></tr>
<tr><td>获取信息</td><td colspan="4">要完成任务，需要掌握相关的知识。请收集资料，回答以下问题。
1. 发动机磨合的目的是什么？

2. 有负荷热磨合过程中有哪些注意事项？

3. 柴油的种类和牌号有哪些？具体阐述。

4. 汽油的种类和牌号有哪些？具体阐述。

5. 润滑油的种类和牌号有哪些？具体阐述。</td></tr>
<tr><td>制订计划</td><td colspan="4"></td></tr>
<tr><td rowspan="6">任务实施</td><td colspan="4">按照预先制订的工作计划，完成本任务，并记录任务实施过程。</td></tr>
<tr><td>序号</td><td>完成的任务</td><td>遇到的问题</td><td>解决办法</td></tr>
<tr><td></td><td></td><td></td><td></td></tr>
<tr><td></td><td></td><td></td><td></td></tr>
<tr><td></td><td></td><td></td><td></td></tr>
<tr><td></td><td></td><td></td><td></td></tr>
</table>

任务准备

- **知识准备**

一、磨合

大修的发动机组装后，为改善零件磨损表面质量和性能，检验维修质量而进行的运转过程称为磨合，其本质是人为控制磨损过程。

1. 发动机磨合的目的

①形成适应工作条件的配合性质。扩大配合表面的实际接触面积，即摩擦副工作面经过有控制的磨损处理，使实际接触面积不断扩大，可在短期内形成适应正常工作条件的配合表面，延长发动机使用寿命；改善零件的表面粗糙度，即消除在加工、装配过程中的误差；改善配合性质，即磨合磨损修正了零件工作表面的几何形状，使配合间隙增大到适应正常工作条件的配合间隙，改善了润滑油的泵送性能和配合副的润滑效能。

②提高发动机的可靠性和耐久性。

③全面检查发动机修理质量。通过磨合及时发现并排除故障，以提高发动机工作的可靠性。

2. 发动机磨合的方法

发动机的磨合必须按照技术规范进行，磨合技术规范的主要内容是磨合时发动机转速、负荷、在某一转速和负荷下的运行时间及润滑油性能。一般发动机磨合分冷磨合和热磨合两个过程。

（1）发动机冷磨合

冷磨合是用其他动力带动发动机以不同的转速运转磨合的过程。冷磨合主要是对气缸、活塞环和曲轴轴承等配合表面的磨合。

（2）发动机热磨合

热磨合是借以发动机本身产生的动力进行磨合的过程，即发动机经冷磨合后，装上发动机的全部附件，起动发动机，利用发动机本身产生的动力进行磨合。热磨合又分为无负荷热磨合和有负荷热磨合两个阶段。

①无负荷热磨合。无负荷磨合的目的是对发动机的油、电路进行必要的检查和调整，并排除故障。

②有负荷热磨合。有负荷磨合是用试验台的加载装置对发动机加载增速进行磨合。一般增加的载荷为发动机额定负荷的 10%～15%，不但可以进一步磨合和试验发动机大修后的功率大小、油耗高低，而且可以发现某些在无负荷磨合时无法发现的故障。

3. 发动机检修后的试运转

根据经验，可采取以下步骤来进行发动机的试运转。

①检查有无润滑油、燃油和冷却液，以及蓄电池是否充电。

②如果燃油系统分解了，燃油只能在发动机用起动器转几转后流向化油器。

③在发动机起动后，使其迅速怠速转动至工作温度。

④随着发动机的加热，可听见异乎寻常的噪声，甚至可能冒烟。可检查发动机泄漏冷却液和机油的情况（严重泄漏时立刻就能看见）。还应检查排气管和排气歧管，因

为其连接多半需要拉紧。这项工作应在发动机断开后进行。

⑤发动机达到正常的工作温度后，调整怠速转数。

⑥切断发动机，等几分钟，确保机油或冷却液不泄漏。

⑦检查风扇和发电机皮带的紧度，必要时调整。

⑧使机器磨合运转，以检查点火配电器和发动机的工作。

二、技术保养

根据经验，可采取以下措施来延缓发动机气缸磨损。

1. 操作方面的措施

①发动机的起动宜“少、慢、暖”。“少”即起动不宜频繁，“慢”即起动后先低速运转，“暖”即待发动机温度正常后才起步。据分析，1/3 的发动机磨损发生在起动阶段，因为发动机只有起动以后才转入正常润滑，特别是严寒的冬季，机油较稠，半干摩擦的时间较长，应当先冷摇慢转，使发动机各运动部件得到一定的润滑后再起动，必要时可以加热水预热加温。

②运行中保持发动机的正常工作温度。温度过低对气缸有腐蚀磨损；温度过高则润滑油变稀、润滑不良，易产生黏着磨损。保持发动机适当温度的方法：除正确使用散热器百叶窗外，还需检查节温器工作是否正常。有的驾驶员随意拆除车辆节温器，最终导致气缸腐蚀性磨损严重。

③行驶时，应当低挡起步、合理装载、中速行驶、平顺操作。发动机长时间超负荷工作，易导致润滑不良，加剧气缸磨损，产生黏着磨损，严重时会出现“拉缸”现象。采取上述操作法，不仅提升行车安全，而且有效地延缓了发动机磨损。技术熟练、责任心强的驾驶员往往能做到 20 万～30 万 km 无大修。

④不宜长时间轻踩加速踏板空转，因为燃油在燃烧不充分的条件下会产生大量的酸性物质，将造成气缸腐蚀磨损严重。

2. 日常维护方面的措施

①定期清洗和更换空气滤芯。空气中的灰尘是造成气缸磨料磨损的主要原因，不按规定对空气滤芯进行定期清洗和更换将大大缩短发动机的使用寿命。特别应注意空气滤芯安装后气道的密封。

②确保发动机润滑良好。驾驶员除坚持定期检查机油，做好补给、更换工作外，还必须正确选用机油。机油的质量等级应符合技术要求，黏度要适宜，太稀则润滑不易保证，易产生黏着磨损；太稠则流动不畅，易产生干摩擦。在冬夏换季时，要及时更换机油。

三、燃料的使用

1. 汽油

①汽油由原油分馏及重质馏分裂化制得。汽油重要的特性为蒸发性、抗爆性、安定性、安全性和腐蚀性。

a. 蒸发性指汽油在汽化器中蒸发的难易程度。

b. 抗爆性指汽油在各种使用条件下抗爆震的能力。车用汽油的抗爆性用辛烷值表示，辛烷值越高，抗爆性越好。汽油抗爆能力的大小与化学组成有关。规定异辛烷的辛烷值为 100，抗爆性好；正庚烷的辛烷值为 0，抗爆性差。汽油的牌号是按辛烷值划分的。例如，97 号汽油指与含 97% 的异辛烷、3% 的正庚烷抗爆性能相当的汽油燃料。标号越大，抗爆性能越好。应根据发动机压缩比的不同来选择不同牌号的汽油，这在每辆车的使用手册上都会标明。压缩比为 8.5～9.5 的中档汽车一般应使用 92 号汽油，压缩比大于 9.5 的汽车应使用 95 号汽油。

c. 安定性指汽油在自然条件下，长时间放置的稳定性，用胶质和诱导期及碘价表征。胶质越低越好，诱导期越长越好，国家标准规定，每 100 mL 汽油含实际胶质不得大于 5 mg。碘价表示烯烃的含量。

d. 腐蚀性是指汽油在存储、运输、使用过程中对储罐、管线、阀门、汽化器和气缸等设备产生腐蚀的特性。

e. 安全性是指汽油安全性能的指标，主要是指闪点，国家标准严格规定的闪点值为≥55 ℃。闪点过低，说明汽油中混有轻组分，会给汽油储存、运输、使用带来安全隐患，还会导致汽车发动机无法正常工作。

②可燃混合气体浓度。可燃混合气中空气与燃油的比例称为可燃混合气体成分或可燃混合气体浓度，通常用过量空气系数和空燃比表示。

a. 过量空气系数是燃料燃烧时实际供给的空气量与理论空气量之比。比值等于 1 是理想混合气，比值小于 1 为浓混合气，比值大于 1 为稀混合气。

b. 空燃比是混合气中空气与燃料质量的比例，一般用每克燃料燃烧时所消耗的空气的克数来表示。标准值为 14.7，比值等于 14.7 称为理想混合气，比值小于 14.7 称为浓混合气，比值大于 14.7 称为稀混合气。

2. 柴油

（1）柴油的主要性能指标

①发火性。衡量燃油的自燃能力，又叫自燃性，用“十六烷值”大小来表示。一般车用柴油机的十六烷值常为 40～50。

②蒸发性。蒸发性的好坏通过燃油的蒸馏温度高低来衡量。

③黏度。用于衡量柴油的流动性能，不能太大也不能太小。黏度大，润滑条件好，零件之间磨损小，但流动阻力大、雾化效果差；黏度小，磨损、润滑性变差，但流动蒸发性好。

④凝点。凝点是柴油冷却到开始失去流动性时的温度。我国柴油牌号是用凝点来规定的，如柴油凝点为 0 ℃，则此柴油牌号为 0#。

选用柴油的依据是使用地区的环境温度。在选择时，所选柴油牌号应比最低环境温度低约 5 ℃。车用柴油机应选用十六烷值较高、蒸发性较好、黏度和凝点合适、不含水分和机械杂质的柴油。

（2）柴油机混合气的形成与燃烧

柴油机可燃混合气的形成和燃烧都是直接在燃烧室内进行的。当活塞接近压缩上止点时，柴油喷入气缸，与高温高压的空气接触、混合，经过一系列的物理、化学变化才开始燃烧。之后是边喷射、边燃烧。其混合气的形成和燃烧是一个非常复杂的物理、化学变化过程。

3. 机油

（1）机油黏度等级划分

在机油的外包装上，经常会看到 SAE 和 API，其中 SAE 是美国汽车工程师协会（Society of Automotive Engineers）的简称，API 是美国石油协会（American Petroleum Institute）的简称。SAE 后边的标号标明机油的黏度值，而 API 后边的标号则标明机油的质量级别。SAE 润滑油黏度分类法将机油分为两组黏度等级系列：W 组黏度等级系列和非 W 组黏度等级系列。W 组黏度等级系列有 0W、5W、10W、15W、20W、25W 六个低温黏度等级，W 前的数字越小，其低温黏度越小，低温流动性越好，适用的最低气温越低；非 W 组黏度等级系列有 20、30、40、50 和 60 五个高温黏度等级，数字越大，其黏度越大，适用的最高气温越高。

（2）机油的选用

应根据说明书的要求，全面对照机油的名称，既看品种又看牌号，合理选择使用。根据工作条件的苛刻程度，选用适当的使用等级。根据地区季节气温，结合发动机的热负荷，选用适当的黏度等级。

4. 冷却液的更换

在冷却液中含有添加剂和抗泡沫添加剂，这些添加剂会在使用过程中逐渐丧失应有的功能，以至于无法对冷却系统内部进行很好的保护，也就是说，在冷却系统不发生泄漏的前提下，冷却液对温度的控制基本不变。但由于添加剂失效，特别是抗泡沫添加剂，在水泵叶轮的搅动下，会使冷却液产生气泡，大大削弱冷却液的效果。因此，冷却液最好能按期更换。

冷却液更换的操作流程及相关注意事项如下。

①着车至热车完全，目的是让发动机进入到大循环状态，水路全通，以达到更高的更换率；熄火，用厚毛巾覆盖住膨胀散热器盖，慢慢拧松至气压泄尽方能完全取下散热器盖。

②举升车辆，拆卸下水管最低的一端（即相对于整车来说最低端的一根水管，这样才能放得更干净），使发动机内的防冻液流尽，注意防止烫伤。

③如果有条件，用压缩空气吹枪 + 厚毛巾在膨胀散热器加水口处加压，以尽可能排除发动机体内的防冻液。

④装复下水管，注意卡子一定要压住原来的压痕，否则可能会漏。

⑤在膨胀散热器处添加防冻液，操作要有耐心，添加量尽可能小些，避免系统内存在过量空气。

⑥添加防冻液至水位上限，不要盖散热器盖，由另一人起动电动机，一人继续补充防冻液至最高水位，注意添加量和放出来的量是否有差异，如果差异不大就执行下一步。

⑦盖上散热器盖，起动发动机至完全热车并观察水位；用厚毛巾盖住膨胀散热器盖慢慢拧松，排除系统内空气，这时可能会有防冻液流出，如有防冻液流出，打开散热器盖添加防冻液至水位上限。

⑧盖上水箱盖，起动发动机，打开鼓风机并选择最热，检查热风温度是否达标、发动机舱内拆卸水管处是否渗漏，并检查水位。着车至散热器风扇的启停循环至少要运行两次。

⑨发动机冷却后用清水冲洗防冻液飞溅到的部位。

⑩更换完成。

- **材料准备**

实训辅助手册、行业规范与技术标准、汽油机说明书、汽油机图纸。

- **工具准备**

现代农业装备实训室、汽油发动机、工具箱、卡簧钳、尖嘴钳、虎口钳、机油、齿轮油、机油壶、实训服、手套、零件拆解摆台桌、毛巾、清洁剂、网络资源等。

- **人员准备**

人员分组，每组 6 人，明确职责分工（表 1-7）。

表 1-7 任务分工

任务角色	任务内容
组长：	任务：
组员 1：	任务：
组员 2：	任务：
组员 3：	任务：
组员 4：	任务：
组员 5：	任务：

任务实施

一、发动机冷磨合

第一步，发动机冷磨合时需拆除汽油机的火花塞或柴油机的喷油器。

第二步，在冷磨合过程中，通常用 20 号机械油作为发动机的润滑油。

第三步，发动机冷磨合的起始转速一般为 400～600 r/min，然后以 200～400 r/min 的级差逐级增加转速，冷磨合终了转速一般为 1 000～1 200 r/min。冷磨合的总时间一般为 1.5～2.0 h。

第四步，冷磨合时冷却水一般不要循环（拆除水泵传动带，使水泵不转动），水温最好控制在 70 ℃左右；若水温达到 90 ℃，应及时使用风扇冷却。

第五步，冷磨合时注意检查机油压力是否正常，发现异常现象，应立即停机检查，排除故障后才能继续磨合。

第六步，检查各机件工作情况是否正常，及时查找原因，予以排除。

第七步，冷磨合后应将发动机进行部分分解，检查活塞、活集环或气红内壁的接触情况及各轴承与轴颈的磨合是否正常。

二、发动机热磨合

1. 无负荷热磨合

第一步，采用该发动机冬季用机油。

第二步，在空载情况下，以规定转速 600～1 000 r/min 运转 1 h。

第三步，调整润滑系统、燃料系统、冷却系统和点火系统等，使其符合标准和达到最佳状态。

第四步，检查机油压力是否正常，否则应立即停机并排除故障。

第五步，检查发动机水温、机油温度是否正常，否则应检查排除相应故障。

第六步，若发现异响，尤其是在发动机运转阻力增大时，应立即停机检查。

第七步，发动机热磨合时，各部位应无漏水、漏油、漏气和漏电等现象。

2. 有负荷热磨合

第一步，观察水温、油压和油温，应符合原厂规定。

第二步，发动机在各种工况下应运转平稳、无异响。

第三步，及时调整点火提前角至最佳值。

发动机热磨合结束后，还必须拆检主要机件。

任务检测

请扫描二维码答题。

项目一任务三
任务检测

任务评价

根据学生对发动机的磨合与保养学习了解的认真程度及任务报告的完成情况进行考核评价（表 1-8）。

表 1-8　发动机的磨合与保养考核评价细则

<table>
<tr><td colspan="2">姓名：</td><td colspan="2">班级：</td><td colspan="2">组别：</td><td rowspan="3">教师签字：</td></tr>
<tr><td colspan="2">自评：
□合格　□不合格</td><td colspan="2">互评：
□合格　□不合格</td><td colspan="2">师评：
□合格　□不合格</td></tr>
<tr><td colspan="2">日期：</td><td colspan="2">日期：</td><td colspan="2">日期：</td></tr>
<tr><td colspan="7">考核评分细则</td></tr>
<tr><td>序号</td><td>考核项目</td><td>考核标准</td><td>考核方式</td><td>分值</td><td>评分要求</td><td>得分</td></tr>
<tr><td>1</td><td>磨合</td><td>□准确说出发动机磨合的目的</td><td rowspan="2">现场考核、问答考核</td><td>10</td><td>未完成扣 10 分</td><td></td></tr>
<tr><td>2</td><td>发动机的磨合步骤</td><td>□准确说出冷磨合和热磨合的步骤</td><td>10</td><td>未完成扣 10 分</td><td></td></tr>
<tr><td>3</td><td>发动机的技术保养</td><td>□操作方面的措施
□日常维护方面的措施</td><td>现场考核、问答考核</td><td>20</td><td>未完成一项扣 10 分</td><td></td></tr>
<tr><td>4</td><td>燃油的使用</td><td>□汽油
□柴油
□机油
□冷却液</td><td>现场考核、问答考核</td><td>30</td><td>根据情况酌情扣分</td><td></td></tr>
</table>

（续表）

序号	考核项目	考核标准	考核方式	分值	评分要求	得分
5	任务报告	□完成认真，内容正确 □步骤清晰明了 □各部位标注正确	评阅考核	20	根据情况酌情扣分	
6	学习态度	□具有团队协作精神 □具备科学严谨的态度 □观察认真，发言积极 □遵纪守时，爱护公物	自评、互评和师评相结合	10	根据情况酌情扣分	
合计				100		
自我评价与总结						
教师点评						

任务四　拖拉机

任务导入

拖拉机是农业生产中的主要动力机械。拖拉机与农机具配套可以完成耕整地、播种、栽植、中耕施肥、喷药、收获等移动作业，也可以进行灌溉、脱粒、农副产品加工等固定作业及运输作业。拖拉机与农机具的挂接技术不仅会直接影响作物产量和农机具作具质量，还对相关操作人员的安全起着至关重要的作用。现有一旋耕机需要挂接到拖拉机上，请根据拖拉机的结构及相关原理完成挂接，并对旋耕机进行调节，使其符合农业技术要求。

任务工单

班级：__________　姓名：__________　学号：__________

任务名称	拖拉机
任务描述	根据实际情况，填写本任务的内容、目的、流程和方法。 任务内容：__________ __________。 任务目的：__________ __________。

（续表）

<table>
<tr><td>任务描述</td><td colspan="4">任务流程：________________________________
________________________________。
任务方法：________________________________
________________________________。</td></tr>
<tr><td>获取信息</td><td colspan="4">要完成任务，需要掌握相关的知识。请收集资料，回答以下问题。
1. 拖拉机传动系统的功用是什么？它由哪几部分组成？

2. 怎样正确使用离合器？

3. 拖拉机由哪些系统组成？

4. 拖拉机的工作装置有哪些？具体阐述。

5. 耕深调节方法有哪些？具体阐述。</td></tr>
<tr><td>制订计划</td><td colspan="4"></td></tr>
<tr><td rowspan="6">任务实施</td><td colspan="4">按照预先制订的工作计划，完成本任务，并记录任务实施过程。</td></tr>
<tr><td>序号</td><td>完成的任务</td><td>遇到的问题</td><td>解决办法</td></tr>
<tr><td></td><td></td><td></td><td></td></tr>
<tr><td></td><td></td><td></td><td></td></tr>
<tr><td></td><td></td><td></td><td></td></tr>
<tr><td></td><td></td><td></td><td></td></tr>
</table>

任务准备

- **知识准备**

拖拉机按行走装置的不同可分为履带拖拉机、轮式拖拉机和手扶拖拉机三种。

拖拉机由发动机、底盘和电气设备等组成。底盘由传动系统、行走系统、转向系统、制动系统和工作装置等组成。

一、拖拉机的传动系统

传动系统的功用是将发动机的动力传递到拖拉机的驱动轮和动力输出装置，并根据工作需要改变拖拉机的行驶速度、驱动力，实现拖拉机前进、后退、起步或停车。

传动系统包括离合器、变速箱、中央传动机构和最终传动机构四个部分。通常，将中央传动机构、最终传动机构和位于同一壳体内的差速器合称为后桥。轮式拖拉机的传动系统如图 1-34 所示。

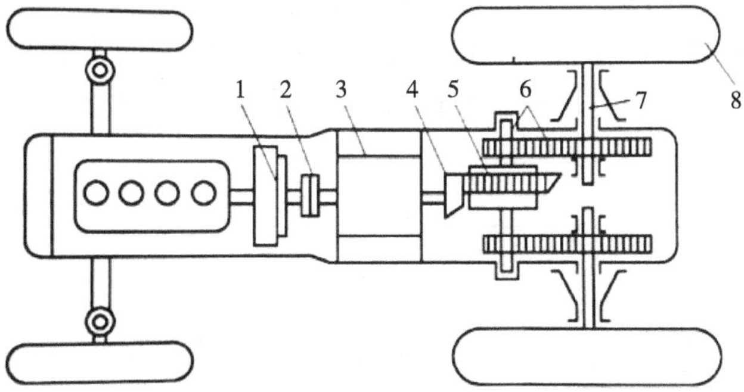

1—离合器；2—联轴器；3—变速箱；4—中央传动机构；5—差速器；6—最终传动机构；7—半轴；8—驱动轮。

图 1-34　轮式拖拉机的传动系统

1. 离合器

（1）离合器的功用和类型

离合器位于发动机和变速箱之间。离合器的功用是接合或切断发动机传递给变速箱的动力，当传动系统严重超载时，起保护传动件的作用。

摩擦式离合器按摩擦片的数目分为单片式、双片式和多片式；按压紧装置分为弹簧压紧式、杠杆压紧式和液力压紧式；按摩擦表面的工作条件分为干式和湿式；按其在传动系统中的作用分为单作用式和双作用式。拖拉机上普遍采用的是干式、弹簧压紧式离合器。

（2）离合器的构造与工作原理

单作用离合器主要由主动部分、从动部分、压紧装置和操纵机构等组成。

小学士

离合器的构造与工作原理

（3）离合器的正确使用

分离离合器时，应迅速将离合器踏板踩到底，做到动作迅速、分离彻底。接合离合器时，应缓慢放松离合器踏板，使压盘、从动盘和飞轮柔和接合，拖拉机平稳起步。起步后，放开离合器踏板。

拖拉机在行驶中不能把脚放在离合器踏板上，以免使离合器处于半接合状态，加速从动盘磨损。一般情况下，不要采用半接合离合器来控制车速。

离合器不宜长时间分离，若分离时间较长，应换到空挡。离合器应按说明书要求，定期行检查和调整。

2. 变速箱

（1）变速箱的工作原理与功用

变速箱由不同的几对齿轮组成。若主动齿轮转速为 n_1、齿数为 z_1；从动齿轮转速为 n_2，齿数为 z_2，传动比为 $i=n_1/n_2=z_2/z_1$。如果略去传动损失，由于功率不变，主、从动轴上转矩与转速之间有 $M_1n_1=M_2n_2$ 的关系。从动轴的转矩 $M_2=iM_1$。当主动轴的转矩 M_1 一定时，只要改变传动比 i，从动轴就可得到不同的转矩，起到变速变矩的作用。如果在主、从动齿轮之间增加一个中间齿轮，则可改变从动轴的旋转方向而得到倒退挡。如果没有一对齿轮传递动力，则得到空挡。

变速箱能在不改变发动机转矩和转速的情况下起到变速变矩的作用，从而改变拖拉机的驱动力和行驶速度，并能使拖拉机前进或后退；在发动机不熄火的情况下，使拖拉机长时间停车或进行固定作业。

（2）变速箱的构造

变速箱由变速器和操纵机构组成。

小学士

变速箱的构造

（3）变速箱的正确使用

挂挡时，必须彻底分离离合器，以免齿轮发生撞击而损坏齿轮。挂挡时，用力不能过猛，如挂不上挡，应接合离合器，使两齿轮齿端错开，再分离离合器挂挡。变速箱应按要求更换润滑油。

3. 后桥

后桥是变速箱与驱动轮之间所有传动机构与壳体的总称。轮式拖拉机后桥由中央传动机构、差速器、最终传动机构和半轴组成，如图 1-35 所示。

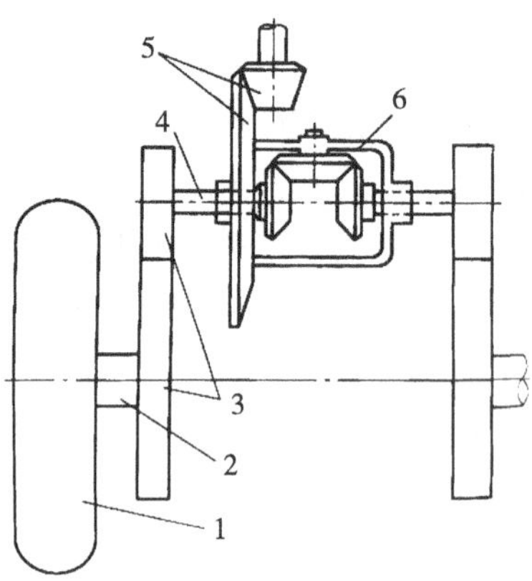

1—驱动轮；2—驱动轴；3—最终传动机构；4—半轴；5—中央传动机构；6—差速器。

图 1-35　轮式拖拉机后桥

中央传动机构由一对圆锥齿轮组成。它的功用是将变速箱传来的转矩进一步放大，并降低转速，改变动力传递方向。小圆锥齿轮安装在变速箱第二轴上，将变速箱传来的动力传递给大圆锥齿轮。大圆锥齿轮安装在差速器壳体上。

最终传动机构是指差速器之后驱动轮之前的传动机构，其功用也是增大转矩，降低转速。通常，这一级的传动比较大，以减轻变速箱、中央传动机构等传动件的受力，减小它们的结构尺寸。最终传动机构一般由一对圆柱齿轮组成。

小学士

拖拉机的行走系统

二、拖拉机的行走系统

行走系统的功用是支承整车重量，并把发动机传给驱动轮的驱动转矩变为车辆运动所需的驱动力，使驱动轮的旋转运动变成车辆在地面的移动。行走系统由车架、车桥、车轮和悬架组成。

三、拖拉机的转向系统

转向系统用来控制拖拉机的行驶方向。轮式拖拉机转向系统由转向机构和差速器组成。

1. 转向机构

轮式拖拉机的转向机构主要由方向盘转向器和传动杆件等组成，如图 1-36 所示。

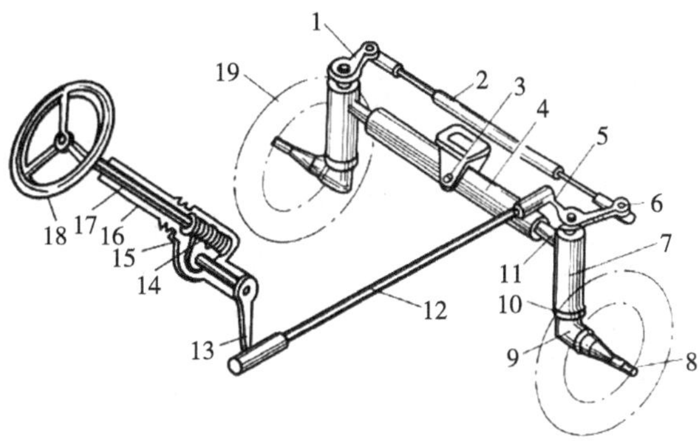

1，5—转向节；2—横拉杆；3—摇摆轴；4—前轴；6—球形关节；7—副套管；8—前轮轴；9—主销；10—止推轴承；11—伸缩轴；12—纵拉杆；13—转向垂臂；14—转向器；15—转向器壳；16—套管；17—转向轴；18—方向盘；19—前轮。

图 1-36 轮式拖拉机转向机构简图

转向器是转向机构的主要部件，其功用是将驾驶员作用于方向盘的转矩加以放大，并将方向盘的转动变为转向垂臂的摆动，再通过一系列杆件推动前轮偏转。转向器的类型有蜗轮蜗杆式、球面蜗杆滚轮式、螺杆螺母循环球式等。

轮式拖拉机转向时一般是偏转前轮，利用作用在前轮上的侧向力进行转向，由转向节臂、横拉杆和前轴组成“转向梯形”。它的作用是使左、右前轮的偏转角度不相同并保持适当的比例，保证转向时左、右前轮沿着不同半径的轨道向前滚动而不产生侧滑。

小学士

差速器

2. 差速器

差速器的功用是使拖拉机转向或在不平坦路面行驶时，能自动使两驱动轮转速不同，使机组容易转向并减少轮胎的磨损。

四、拖拉机的制动系统

制动系统由制动器和操纵机构组成，其功用是使拖拉机在行驶中减速，并迅速停车；保证拖拉机能停在一定坡度的斜坡上；配合离合器，确保安全可靠地挂接农机具。

操纵机构有机械式、液压式和气动式三种。中、小型拖拉机上大都使用机械式操纵机构。

拖拉机的制动器是摩擦式制动器，借助摩擦力对车轮产生制动作用，与此同时吸收拖拉的动能，使之转变为热能。摩擦式制动器有带式、蹄式和盘式三种。轮式拖拉机使用的是蹄或盘式制动器。

蹄式制动器的构造和工作原理如图 1-37 所示。制动器由随着车轮一起旋转的制动鼓和不旋转的制动蹄、摩擦片、制动凸轮、支承销和回位弹簧等组成。当踩下制动踏板时，通过拉杆、制动臂使制动凸轮转动一个角度，并将制动蹄上端向外顶开，而下端绕支承销摆动。当摩擦片与旋转的制动鼓内表面接触时，在其表面之间就产生摩擦力 F，F 对制动鼓产生足够的转矩，抱死制动鼓，迫使车轮停止转动；当松开制动踏板时，回位弹簧使制动蹄恢复原位，对车轮的制动消除。

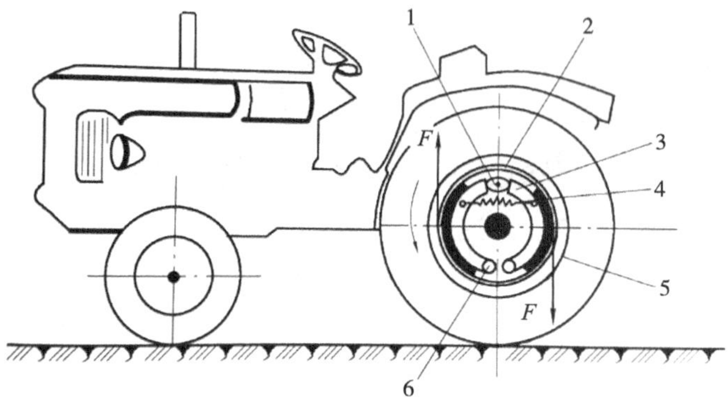

1—制动凸轮；2—制动鼓；3—摩擦片；4—回位弹簧；5—制动蹄；6—支承销；F—摩擦力。

图 1-37　蹄式制动器的构造和工作原理

五、拖拉机的工作装置

拖拉机是一种移动的动力机械。它只有通过工作装置与各种农机具连接才能完成各项作业。拖拉机的工作装置包括牵引装置、液压悬挂系统和动力输出装置。其中，动力输出装置一般为一根动力输出轴，与传动系统连接。

1. 牵引装置

牵引装置用来连接牵引式农机具。连接农机具的铰接点称为牵引点。拖拉机上的牵引装置有牵引板式、摆杆式和利用悬挂装置附加牵引板三种类型。牵引板是使用最广泛的一种形式。

牵引板固定在拖拉机后面，通过牵引卡、牵引销与农机具连接，如图 1-38 所示。牵引板横向有调节孔，可以横向调节牵引点的位置。牵引点的高度可通过改变牵引板与托架的安装位置来调节。

2. 液压悬挂系统

液压悬挂系统是利用液体压力提升并维持农机具处于各种不同工作位置的装置。液压悬挂系统由液压系统和悬挂机构组成。

液压系统是一套机械能与液压能的转换机构，是液压悬挂系统的动力和控制部分。液压系统是由油泵、油缸、分配器等组成的一个循环的液压油路，如图 1-39 所示。

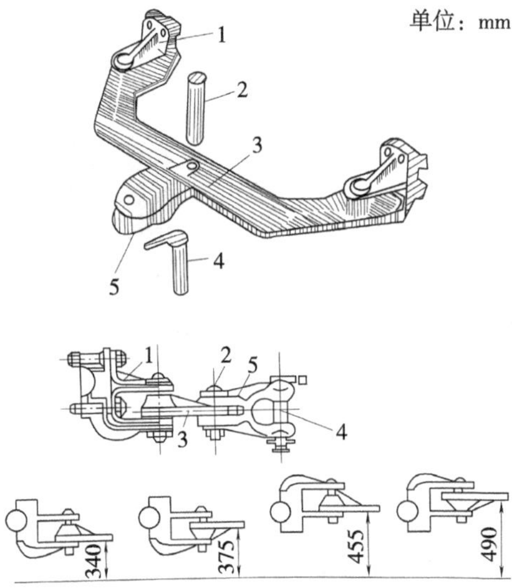

1—托架；2—插销；3—牵引板；4—牵引销；5—牵引卡。

图 1-38　牵引板式牵引装置

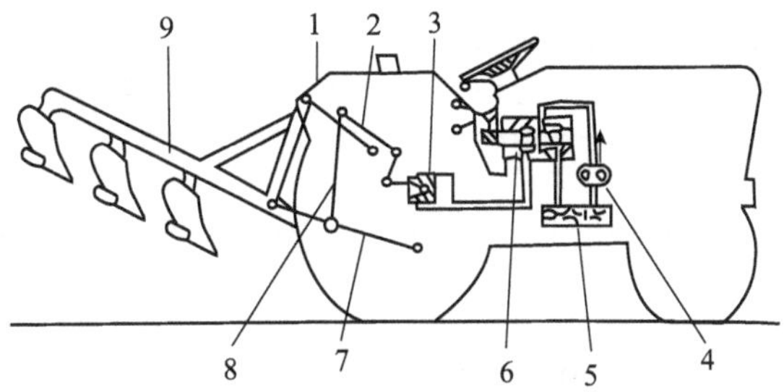

1—上拉杆；2—提升臂；3—油缸；4—油泵；5—油箱；6—分配器；7—下拉杆；8—提升杆；9—农机具。

图 1-39　液压悬挂系统简图

油泵是液压系统的动力来源。它的功用是向液压系统提供具有一定压力和流量的压力油。拖拉机上使用的油泵有齿轮泵和柱塞泵两种。齿轮泵结构简单，体积小，重量轻，使用较多。当主动齿轮带动从动齿轮旋转时，在吸油腔一侧，由于啮合的两齿分离，使吸油腔容积增大而压力减小，产生真空吸力将液压油吸入吸油腔。随着齿轮的旋转，液压油被轮齿带到压油腔。在压油腔由于两齿轮的轮齿互相啮合，两齿间容积减小而压力增大，将液压油压出。

悬挂机构是把农机具连接在拖拉机上的一套杆件机构，用以传递拖拉机对农机具的升降力和牵引力。悬挂机构一般由提升轴、提升臂、提升杆及上、下拉杆等组成。中、小型拖拉机采用三点悬挂，大型拖拉机采用两点悬挂，如图 1-40 所示。提升杆和上拉杆的长度可以调整，用来调节农机具的左右水平和前后水平。在运输农机具时，可缩短上拉杆，提高机组的通过性能。

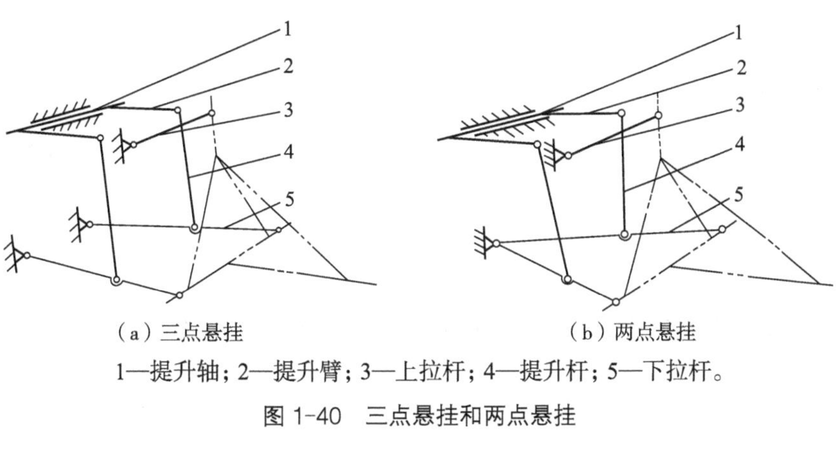

（a）三点悬挂　（b）两点悬挂

1—提升轴；2—提升臂；3—上拉杆；4—提升杆；5—下拉杆。

图 1-40　三点悬挂和两点悬挂

3. 耕深调节方法

利用液压悬挂系统控制耕深的方法有高度调节、位调节和力调节。

小学士

耕深调节方法

- **材料准备**

拖拉机、旋耕机、叉车、动力输出万向节传动轴。

- **工具准备**

现代农业装备实训室、工具箱、卡簧钳、尖嘴钳、虎口钳、机油、机油壶、卡销、实训服、手套、网络资源等。

- **人员准备**

人员分组，每组 6 人，明确职责分工（表 1-9）。

表 1-9 任务分工

任务角色	任务内容
组长：	任务：
组员 1：	任务：
组员 2：	任务：
组员 3：	任务：
组员 4：	任务：
组员 5：	任务：

任务实施

知识补充

全球拖拉机品牌10 强排行榜

借助行业规范与技术标准，将拖拉机工作装置中的悬挂系统与旋耕机的挂接装置进行正确、可靠地挂接。

第一步，用叉车将旋耕机摆放在宽阔的地方，并连接动力输出万向节传动轴母头，连接牢固。

第二步，拖拉机后退。

任务检测

请扫描二维码答题。

项目一任务四
任务检测

任务评价

根据学生对拖拉机学习了解的认真程度及任务报告的完成情况进行考核评价（表 1-10）。

表 1-10　拖拉机考核评价细则

<table>
<tr><td colspan="2">姓名：</td><td colspan="2">班级：</td><td colspan="2">组别：</td><td rowspan="3">教师签字：</td></tr>
<tr><td colspan="2">自评：
□合格　□不合格</td><td colspan="2">互评：
□合格　□不合格</td><td colspan="2">师评：
□合格　□不合格</td></tr>
<tr><td colspan="2">日期：</td><td colspan="2">日期：</td><td colspan="2">日期：</td></tr>
<tr><td colspan="7">考核评分细则</td></tr>
<tr><td>序号</td><td>考核项目</td><td>考核标准</td><td>考核方式</td><td>分值</td><td>评分要求</td><td>得分</td></tr>
<tr><td>1</td><td>磨合</td><td>□准确说出发动机磨合的目的</td><td rowspan="2">现场考核、问答考核</td><td>10</td><td>未完成扣10分</td><td></td></tr>
<tr><td>2</td><td>拖拉机的传动系统</td><td>□离合器
□变速箱
□后桥</td><td>10</td><td>未完成扣10分</td><td></td></tr>
<tr><td>3</td><td>拖拉机的转向系统、制动系统</td><td>□操作方面的措施
□日常维护方面的措施</td><td>现场考核、问答考核</td><td>20</td><td>未完成一项扣10分</td><td></td></tr>
<tr><td>4</td><td>拖拉机的工作装置</td><td>□牵引装置
□液压悬挂装置
□耕深调节方法</td><td>现场考核、问答考核</td><td>30</td><td>根据情况酌情扣分</td><td></td></tr>
<tr><td>5</td><td>任务报告</td><td>□完成认真，内容正确
□步骤清晰明了
□各部位标注正确</td><td>评阅考核</td><td>20</td><td>根据情况酌情扣分</td><td></td></tr>
<tr><td>6</td><td>学习态度</td><td>□具有团队协作精神
□具备科学严谨的态度
□观察认真，发言积极
□遵纪守时，爱护公物</td><td>自评、互评和师评相结合</td><td>10</td><td>根据情况酌情扣分</td><td></td></tr>
<tr><td colspan="4">合计</td><td>100</td><td></td><td></td></tr>
<tr><td colspan="2">自我评价与总结</td><td colspan="5"></td></tr>
<tr><td colspan="2">教师点评</td><td colspan="5"></td></tr>
</table>

项目二 电动机

项目导读

电动机简称电机，俗称马达，是依据电磁感应原理将电能转换为机械能的一种设备。电动机具有维护方便、坚固耐用、振动噪声小等优点，是园林机械的理想动力。

根据供电系统的不同，电动机可分为交流电动机和直流电动机两大类。交流电源方便时，可以选用交流电动机为动力；作业地点无法提供交流电源时，可用充电电池或干电池作为电源，采用直流电动机为动力。随着太阳能蓄电池技术的进步和普及，已经出现了以太阳能电池为电源的太阳能草坪修剪机等农业机械，太阳能或将成为未来农业机械的主要能源。

本项目通过介绍电动机的概念、分类方法、工作原理和主要参数，使学生掌握常见交流电动机（如三相交流异步电动机）和直流电动机（如直流有刷电动机）的主要组成部件，学会拆解并安装以上电动机，能识别并排除电动机常见故障，能根据实际环境和需求进行电动机选型，了解电动机在农业生产中的应用。

知识目标

①熟悉电动机的基本概念和分类。
②掌握电动机的关键参数。
③掌握交流电动机的工作原理。
④掌握直流电动机的工作原理。
⑤了解电动机在农业中的应用。

技能目标

①能正确区分和识别常用电动机的类型和参数。
②能根据实际环境正确选择电动机型号和参数。
③会拆解和安装常见交流和直流电动机。
④会识别并排除处理电动机常见故障。

素质目标

①提升思维的创造性和解决问题的能力。

②提升团队合作和沟通能力。能认知自己在团队中的角色，主动承担工作任务，尊重他人的意见，遵从集体决策，遵守各种行为规范和操作规范，能与团队成员保持有效沟通。

③提升学习新知识和新技能的能力。

④树立安全意识。能熟知工作安全常识，以保障个人人身安全；能规范操作设备和仪器；能遵守安全规定和操作规程；具备安全意识。

思政目标

①懂农牧业、爱农牧民、爱农村牧区，做农牧人、干农牧事，增强投身“三农”的责任心和自豪感。

②发扬精益求精的工匠精神，对电动机中各零件做到拆解清晰、装配合理，不能马虎，一定要精益求精地完成每个螺栓和垫片的安装。

③通过对第一本中文电磁学著作《博物通书》进行讲解，让学生了解中国古代电磁学的成就，打破学生常规认知，激发学生爱国热情。

任务一 交流电动机

任务导入

在农业生产中，电动机的应用非常广泛。它可以提高农业生产效率、降低劳动强度、减少人力成本。电动机种类较多，用途各有不同。学生需要了解电动机的工作原理和分类方法，能够根据实际需求和使用环境选择合适的电动机参数和型号，会拆解和组装常见的交流电动机。

任务工单

班级:________________ 姓名:________________ 学号:________________

任务名称	交流电动机
任务描述	根据实际情况，填写本任务的内容、目的、流程和方法。 任务内容:____ ____。 任务目的:____ ____。

（续表）

<table>
<tr><td>任务描述</td><td colspan="4">任务流程：____
____。
任务方法：____
____。</td></tr>
<tr><td>获取信息</td><td colspan="4">要完成任务，需要掌握相关的知识。请收集资料，回答以下问题。
1. 什么是电动机？电动机的分类有哪些？具体是什么？
2. 什么是同步电动机？什么是异步电动机？它们的主要区别是什么？
3. 什么是单相交流电动机？它的工作原理是什么？
4. 三相异步交流电动机的组成部分有哪些？
5. 简要描述三相异步交流电动机的工作原理。</td></tr>
<tr><td>制订计划</td><td colspan="4"></td></tr>
<tr><td rowspan="6">任务实施</td><td colspan="4">按照预先制订的工作计划，完成本任务，并记录任务实施过程。</td></tr>
<tr><td>序号</td><td>完成的任务</td><td>遇到的问题</td><td>解决办法</td></tr>
<tr><td></td><td></td><td></td><td></td></tr>
<tr><td></td><td></td><td></td><td></td></tr>
<tr><td></td><td></td><td></td><td></td></tr>
<tr><td></td><td></td><td></td><td></td></tr>
</table>

任务准备

- **知识准备**

电动机是利用通电线圈（也就是定子绕组）产生旋转磁场并作用于转子（如鼠笼式闭合铝框）形成磁电动力旋转扭矩，进而输出动力，作为用电器或各种机械的动力源。电动机在电路中用字母 M 表示。

一、电动机的种类

按照不同的标准，电动机可分为很多种不同类型。本部分内容将先梳理电动机常见分类，包括分类方法和具体类别，再重点讲解交流电动机的组成部分、工作原理、型号识别、关键参数等知识。

1. 常见分类

（1）按工作电源分类

按工作电源分类，电动机可以分为交流电动机和直流电动机，二者又可进行细分，如图 2-1 所示。

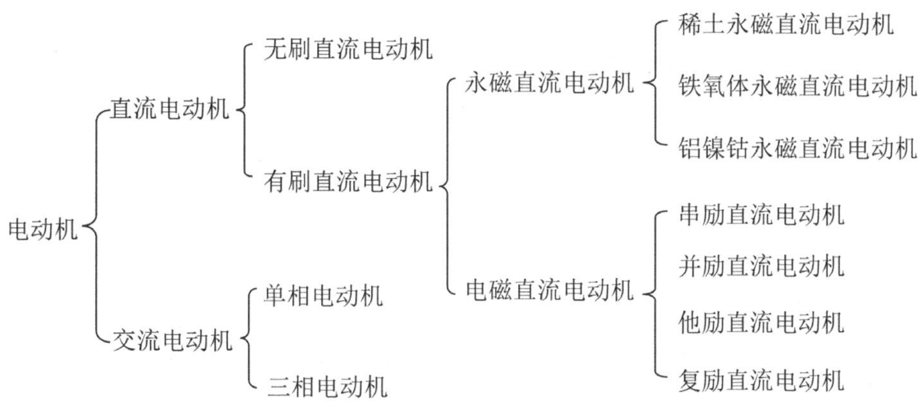

图 2-1 电动机按工作电源分类

（2）按结构和工作原理分类

按结构和工作原理分类，电动机可以分为直流电动机、异步电动机和同步电动机，且后两种电动机还可细分，如图 2-2 所示。

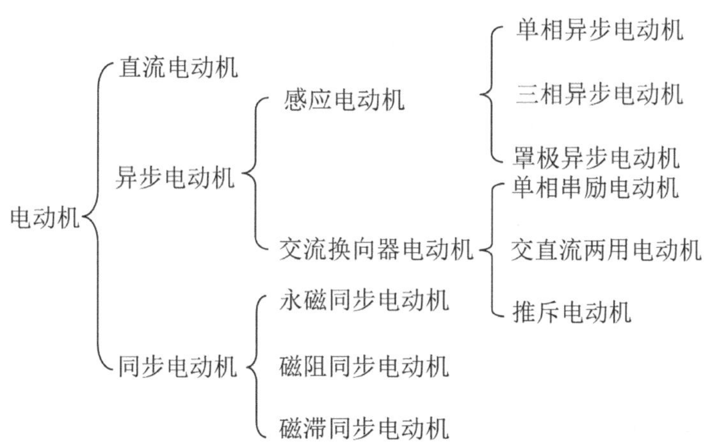

图 2-2 电动机按结构和工作原理分类

（3）按起动和运行方式分类

按起动和运行方式分类，电动机可以分为电容起动式电动机、电容运转式电动机、电容起动运转式电动机和分相式电动机。

（4）按转子的结构分类

按起动和运行方式分类，电动机可以分为鼠笼式电动机、绕线式电动机。

（5）按用途分类

按用途分类，电动机可以分为驱动用电动机、控制用电动机，二者又可进行细分，如图 2-3 所示。

- 电动机
  - 驱动用电动机
    - 电动工具用电动机
    - 家电用电动机
    - 通用小型机械设备用电动机
  - 控制用电动机
    - 步进电动机
    - 伺服电动机

图 2-3　电动机按用途分类

（6）按运转速度分类

按运转速度分类，电动机可以分为低速电动机、高速电动机、恒速电动机和调速电动机，这些电动机还可进行细分，如图 2-4 所示。

- 电动机
  - 低速电动机
    - 齿轮减速电动机
    - 电磁减速电动机
    - 力矩电动机
    - 爪极同步电动机
  - 高速电动机
  - 恒速电动机
    - 有极恒速电动机
    - 无极恒速电动机
  - 调速电动机
    - 有极变速电动机
    - 无极变速电动机
    - 电磁调速电动机
    - 直流调速电动机
    - PWM变频调速电动机
    - 开关磁阻调速电动机

图 2-4　电动机按运转速度分类

（7）按结构尺寸分类

按结构尺寸分类，可将电动机分为大型电动机、中型电动机和小型电动机。使用 16 号机座及以上，或机座中心高大于 630 mm，或定子铁心外径大于 990 mm 的电动机属于大型电动机；使用 11～15 号机座，或机座中心高在 355～630 mm，或定子铁心外径在 560～990 mm 的电动机属于中型电动机；使用 10 号及以下机座，机座中心高在 80～315 mm，或者定子铁心外径在 125～560 mm 的电动机属于小型电动机。

2. 各类电动机的特点和应用场合

按结构和工作原理分类是电动机最常用的分类方式，如前面所讲，按这种分类方法可将电动机分为直流电动机、同步电动机和异步电动机三大类。同步电动机又可分为永磁同步电动机、磁阻同步电动机和磁滞同步电动机。异步电动机又可分为感应电动机和交流换向器电动机，其中感应电动机和交流换向电动机又可以细分为多种类型。

小学士

各类电动机的特点和应用场合

二、电动机的主要性能参数

电动机的主要性能参数有以下方面。

①效率。效率是指电动机输出机械功率与输入电功率之比，通常用百分比表示，效率越高越省电。

②功率因数。功率因数是感应电动机的一个重要指标，表示在等输出功率条件下，电力的实际消耗量和理论消耗量之比。它是衡量电动机运行效率的重要指标。

③起动转矩。电动机在通电的一瞬间，从静止状态向开始转动的过程所用的力为起动转矩。

④起动电流。起动瞬间，由于转子还没转动，旋转磁场以最高速度掠过转子导体，其转子导体感应电动势最大瞬间的电流为起动电流。

⑤最大转矩。最大转矩是在额定电压和额定频率下，增加负载而不致使转速突然下降时电动机所能产生的最大转矩。电动机在不同的运行情况下对该参数有不同要求，一般要求达到额定转矩的二倍以上。该参数代表电动机的最大负荷能力。

⑥额定电压。额定电压是一台电动机最基本参数，指电动机稳定工作时的标准电压，也表示该电动机出厂时设计的最佳输入电压。

⑦额定电流。额定电流是指电动机在额定工作条件下所需要的电流值。具体来说，额定电流是指电动机在额定电压、额定频率、额定负载等工作条件下所需要的电流大小。

⑧额定功率。额定功率是指电动机所能达到的最大输出功率。

⑨频率。频率是指电动机在额定运行状态下，定子绕组所接电源的频率。

⑩电机定额。电机定额指电动机的工作制定额，用于表明电动机是否能够长时间运行。我国电动机的定额分为连续定额、短时定额和断续定额。

⑪温升。温升指电动机允许高出周围环境的温度值，一般为 60 ℃。

⑫额定转速。额定转速指电动机在额定电压和额定频率下，按照额定功率运行时的转速。

三、三相交流电动机

如前面所述，交流电动机分为异步电动机和同步电动机，异步电动机又因转子结构的不同，分为鼠笼式电动机和绕线式电动机。

三相交流异步电动机由三相交流电源供电，由于其结构简单、价格低廉、坚固耐用、使用维护方便，因此在工农业及其他各个领域中都获得了广泛的应用。

三相交流异步电动机图形符号是一个圆和引出的三根线，圆中写着“3～”和大写的“M”，文字符号是大写的“M”，如图 2-5 所示。

小学士

三相异步电动机基本结构

1. 三相交流电动机的种类

三相交流异步电动机种类繁多，按其外壳防护方式的不同可分为开启式、防护式、封闭式三大类，按电动机转子结构的不同又可分为笼形异步电动机和绕线转子异步电动机。

图 2-6 所示的是目前广泛使用的封闭式三相交流笼形异步电动机外形图。

图 2-5　三相交流异步电动机图形符号和文字符号

图 2-6　封闭式三相交流笼形异步电动机外形

2. 三相异步电动机基本结构

三相异步电动机主要由定子和转子两部分构成，此外，还有机座和端盖、轴承、风扇等部件。定子是静止不动的部分，转子是旋转部分，在定子与转子之间留有一定的空隙。电动机的前、后端盖把定子和转子封闭在机座里。机座上有散热筋，安装在电动机轴后端的风扇叶片随电动机转动，可以给机座散热。图 2-7 和图 2-8 分别为三相异步电动机各部分拆分图和结构示意图。

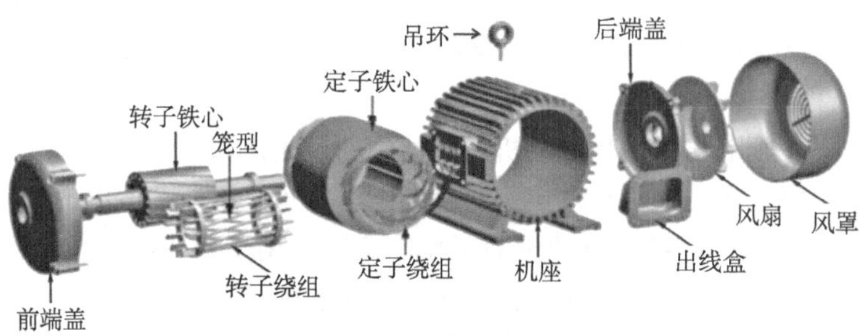

图 2-7　三相异步电动机各部分拆分图

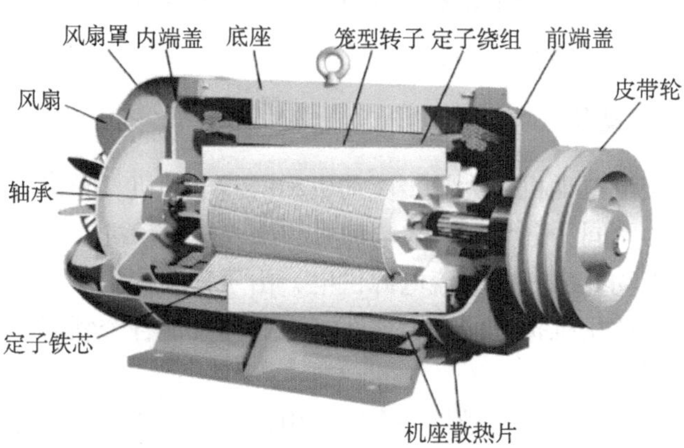

图 2-8　三相异步电动机结构示意图

三相异步电动机虽然种类繁多，但其基本结构均由定子和转子两大部分组成。定子和转子之间有空隙。图 2-9 为三相异步电动机定子和转子结构示意图。

四、单相交流电动机

采用单相交流电源（AC220V）运行的小功率单相异步电动机通常称为单相电动机。这种电动机通常具有普通鼠笼型转子和定子上的两相绕组。定子的两相绕组分布和电源变化会产生不同的起动和运行特性。图 2-10 为单相交流异步电动机外形图。

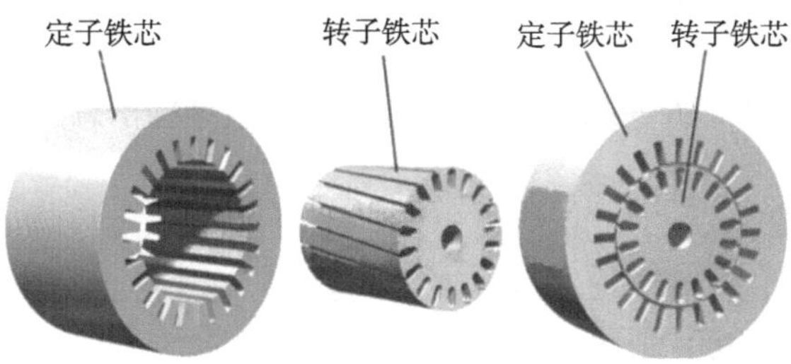

图 2-9　三相异步电动机定子和转子结构示意图

图 2-10　单相交流异步电动机外形图

单相异步电动机采用单相交流电源，电动机功率一般都比较小，主要用于家庭、办公场所等只有单相交流电源的场所，也用于电扇、空调、冰箱、洗衣机等电气设备中。单相交流电动机工作原理如下。

当单相正弦电流流过定子绕组时，电动机将产生交变磁场，也称为交变脉动磁场；其强度和方向随时间呈正弦变化；其空间方向保持固定。这种交变脉动磁场可以产生两个速度相同、方向相反的旋转磁场。这两个旋转的磁场使转子静止时受到两个大小相等、方向相反的转矩，而组合起来的电机因为没有转矩而无法旋转。当有外力使电动机向某一方向旋转时，转子与顺时针和逆时针两个旋转方向的旋转磁场间的切割磁力线运动变化相反，转子所产生的总的电磁转矩将不再为零，转子将顺着推动方向旋转起来。

图 2-11 为单相交流电动机的各部分拆分图。由图可知单相交流电动机结构由端盖、定子、转子电容器、电源接线等部分组成。

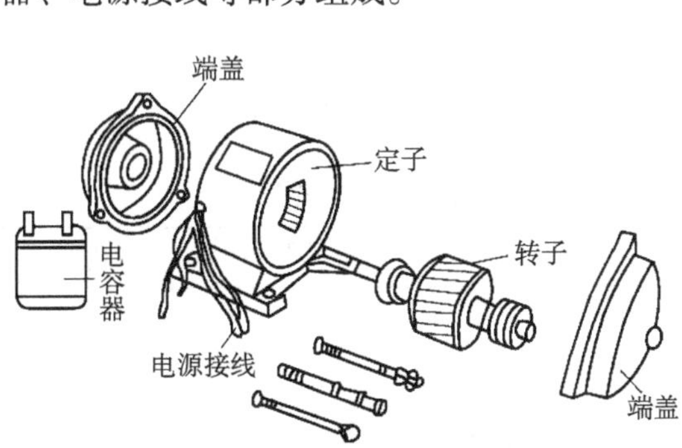

图 2-11　单相交流电动机的各部分拆分图

通过在定子上加一个起动绕组的方法使单相电机自动旋转。主绕组和起动绕组相位间隔 90°。为了保证起动绕组的电流在主绕组的范围内，还必须串接适当的电容器。

当两个相位相距 90° 的电流通过空间上相距 90° 的两个绕组时，就会在空间中产生旋转磁场。当该旋转磁场作用于转子时，转子即可自行起动。借助安装在转子上的离心开关或其他自动控制机构，一旦速度达到某一点，起动绕组就会被切断，而只有主绕组保持工作。然而，并非所有单相电动机的起动绕组会在主绕组正常工作后断开，起动绕组不断开的电动机称为电容式单相电动机，此类电动机只需改变起动绕组的接线端头即可改变主绕组即整个电动机的转动方向。

罩极法是在单相电动机中产生旋转磁场的另一种技术。罩极式电动机的转子是笼形的，定子有凸极式和隐极式两种。凸极式罩极单相异步电动机在凸出的定子磁极总表面的 1/4～1/3 上开有小槽，将磁极分成两半，套入罩极线圈（短路铜环）作为副绕组，而凸极上的另一个线圈作为主绕组。图 2-12 为凸极式罩极单相异步电动机结构示意图。

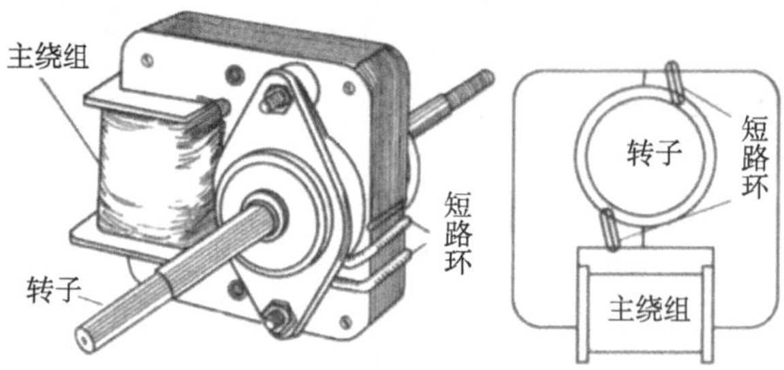

图 2-12　凸极式罩极单相异步电动机结构示意图

当定子绕组通入电流而产生脉动磁场后，有一部分磁通穿过短路铜环，使铜环内产生感应电动势和感应电流。根据楞次定律，没有套铜环的那部分磁极中的磁通（主磁通）与套有铜环的那部分磁极中的磁通间的感应电流将产生相位差。电流产生的磁通充当了电容式电动机的起动绕组，提供使电动机旋转的旋转磁场。

- **材料准备**

实训辅助手册、行业规范与技术标准、电动机说明书、电动机图纸。

- **工具准备**

现代农业装备实训室、三相交流电动机、单相交流电动机、工具箱、实训服、手套、零件拆解摆台桌、毛巾、清洁剂、计算机或手机。

- **人员准备**

人员分组，每组 6 人，明确职责分工（表 2-1）。

表 2-1　任务分工

任务角色	任务内容
组长：	任务：
组员 1：	任务：
组员 2：	任务：
组员 3：	任务：
组员 4：	任务：
组员 5：	任务：

任务实施

借助行业规范与技术标准、电动机说明书、电动机图纸，拆解一台三相交流电动机并完成该电动机的装配。在操作过程中正确使用工具箱中的各种工具。

第一步，拆解三相交流电动机的外部零件，如前端盖、风罩、出线盒、机座等。

第二步，拆解三相交流电动机的核心部件：转子绕组、定子绕组。

第三步，重新装配三相交流电动机转子绕组和定子绕组。

第四步，按照拆解的顺序，反向将三相交流电动机其他部件进行正确的装配。

第五步，检查在装配过程中，是否有遗漏的零件没有安装，如有，重新进行拆解和装配。

第六步，装配过程中，参照实训辅助手册、行业规范与技术标准、电动机说明书、电动机图纸等。

第七步，根据接线说明书和所学知识完成三相交流电动机接线任务，检查无误后，上电起动电动机。

任务检测

请扫描二维码答题。

项目二任务一
任务检测

任务评价

根据学生对交流电动机学习了解的认真程度及任务报告的完成情况进行考核评价（表 2-2）。

表 2-2　交流电动机考核评价细则

<table>
<tr><td colspan="2">姓名：</td><td colspan="2">班级：</td><td colspan="2">组别：</td><td rowspan="3">教师签字：</td></tr>
<tr><td colspan="2">自评：
□合格　□不合格</td><td colspan="2">互评：
□合格　□不合格</td><td colspan="2">师评：
□合格　□不合格</td></tr>
<tr><td colspan="2">日期：</td><td colspan="2">日期：</td><td colspan="2">日期：</td></tr>
<tr><td colspan="7">考核评分细则</td></tr>
<tr><td>序号</td><td>考核项目</td><td>考核标准</td><td>考核方式</td><td>分值</td><td>评分要求</td><td>得分</td></tr>
<tr><td>1</td><td>电动机基本分类</td><td>□准确说出电动机的至少三种分类方式</td><td rowspan="2">现场考核、问答考核</td><td>10</td><td>未完成扣 10 分</td><td></td></tr>
<tr><td>2</td><td>电动机按结构和工作原理分类</td><td>□准确说出按结构和工作原理分类情况下的电动机具体类型</td><td>10</td><td>未完成扣 10 分</td><td></td></tr>
</table>

（续表）

序号	考核项目	考核标准	考核方式	分值	评分要求	得分
3	电动机主要性能参数	□效率 □功率因数 □起动转矩 □起动电流 □电机定额 □温升	现场考核、问答考核	20	根据情况酌情扣分	
4	三相异步交流电动机基本组成	□前端盖 □风叶罩 □定子绕组 □转子绕组 □机座 □出线盒	现场考核、问答考核	30	未完成一项扣 5 分	
5	任务报告	□完成认真，内容正确 □步骤正确，关键细节明确	评阅考核	20	根据情况酌情扣分	
6	学习态度	□具有团队协作精神 □具备科学严谨的态度 □观察认真，发言积极 □遵纪守时，爱护公物	自评、互评和师评相结合	10	根据情况酌情扣分	
合计				100		
自我评价与总结						
教师点评						

任务二　直流电动机

任务导入

电动机作为日常生活中离不开的动力源，在新能源汽车、生活电器、工业医疗、农业装备等各种场景中使用，想必大家一定不陌生。通过本任务的学习，熟悉直流电动机工作原理，明确交流和直流电动机的区别和各自优势，能够识别并排除常见直流电动机故障。

任务工单

班级：________ 姓名：________ 学号：________

<table>
<tr><td>任务名称</td><td colspan="4">直流电动机</td></tr>
<tr><td>任务描述</td><td colspan="4">根据实际情况，填写本任务的内容、目的、流程和方法。
任务内容：________________________________。
任务目的：________________________________。
任务流程：________________________________。
任务方法：________________________________。</td></tr>
<tr><td>获取信息</td><td colspan="4">要完成任务，需要掌握相关的知识。请收集资料，回答以下问题。
1. 什么是直流电动机？
2. 直流电动机按照结构及工作原理分类，可以分为哪些类型？
3. 直流无刷电动机和直流有刷电动机的区别是什么？
4. 直流电动机在农业生产中的应用有哪些？
5. 与交流电动机相比，直流电动机的优点有哪些？</td></tr>
<tr><td>制订计划</td><td colspan="4"></td></tr>
<tr><td rowspan="6">任务实施</td><td colspan="4">按照预先制订的工作计划，完成本任务，并记录任务实施过程。</td></tr>
<tr><td>序号</td><td>完成的任务</td><td>遇到的问题</td><td>解决办法</td></tr>
<tr><td></td><td></td><td></td><td></td></tr>
<tr><td></td><td></td><td></td><td></td></tr>
<tr><td></td><td></td><td></td><td></td></tr>
<tr><td></td><td></td><td></td><td></td></tr>
</table>

任务准备

- **知识准备**

一、直流电动机基础

电动机是依据电磁感应定律实现电能转换或传递的一种电磁装置，主要作用是用来产生驱动转矩。电动机作为最常见的动力源，生活中无处不在，如空调、洗衣机、电动汽车、风扇等设备中均有电动机。直流电动机是将直流电能转换为机械能的电动机，其工作原理如图 2-13 所示。当直流电源通过电刷（碳刷）向电枢绕组供电时，电枢绕组导体会有电流通过。由于绕组处于磁场中，根据电磁感应原理，绕组导体将受到力矩作用，整个电枢绕组（即转子）将按某方向旋转，使输入的直流电能转换为转子轴上输出的机械能。

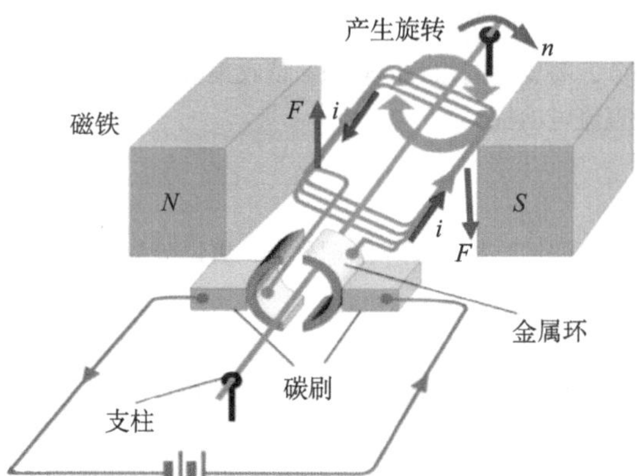

n—转子的转速；F—绕组导体所受力；i—转子产生的电流。

图 2-13 直流电动机工作原理示意图

按照结构及工作原理，直流电动机可以分为直流有刷电动机（Brushed DC Motor, BDC）、直流无刷电动机（Brushless DC Motor, BLDC）和步进电动机。

有刷和无刷电动机的区别主要在于换相方式。有刷电动机依靠电刷和换向器进行换相，实现电能到机械能的转换，在性能上比较稳定，缺点是换向器和电刷接触磨损导致其寿命较短且噪声较大，需要定期维护及更新。相比之下，直流无刷电动机是由电机主体和驱动器组成的机电一体化产品，通过电子换向器进行换相，无论是电机使用寿命还是性能效率方面，都比有刷电动机更加出色。

1. 直流有刷电动机的工作原理

有刷电动机工作时，带线圈的转子和换向器旋转，定子磁钢和电刷不转，就是磁极不动线圈旋转。转子线圈电流方向的交替变化是由换相器和电刷来完成的。图 2-14 为直流有刷电动机的工作原理示意图。

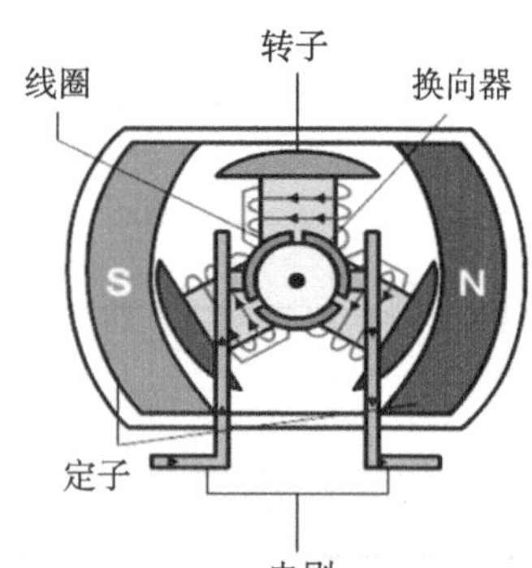

图 2-14 直流有刷电动机的工作原理示意图

由直流有刷电动机的工作原理可知其调速控制较为简单，即通过调整电动机供电电源电压的高低来改变电极产生的磁场强弱，达到调速的目的。

常见的直流有刷电动机驱动控制电路采用H桥［包含4个金属－氧化物－半导体场效应晶体管（Metal-Oxide Semiconductor Field Effect Transistor, MOSFET）］。H桥能够实现电机的正反转控制，以电流由Out1流入、从Out2流出为正（顺时针旋转）。当Q_1和Q_4开通时，电机正转（顺时针旋转），如图2-15所示；当Q_2和Q_3导通时，电流由Out2流入、从Out1流出，为电机反转（逆时针旋转），如图2-16所示。一般通过脉宽调制（Pulse-Width Modulation, PWM）控制H桥4个MOSFET的通断，调整BDC的电压大小实现调速和正反转控制。

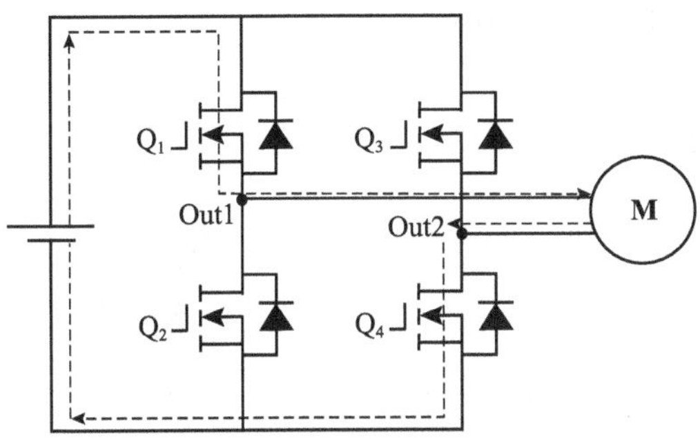

图2-15　电动机正转示意图

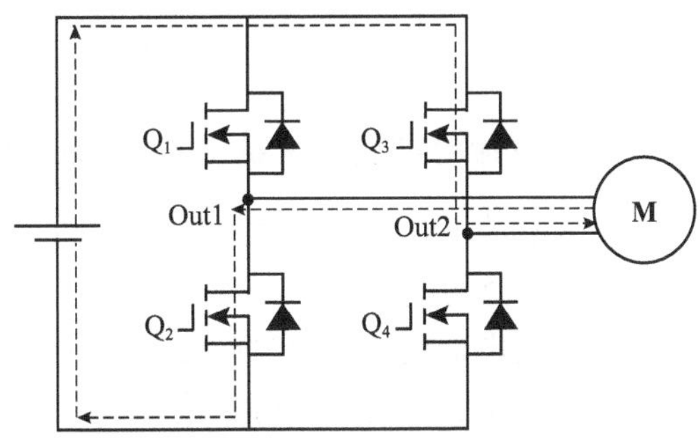

图2-16　电动机反转示意图

2. 直流无刷电动机的工作原理

直流无刷电动机，从字面上看，最大的特点就是“无刷”，其完美避开了直流有刷电动机的缺点。相比而言，直流无刷电动机寿命长、静音运转、损耗低效率高、体积小、稳定性也好，是电动机界的明星。图2-17为直流无刷电动机工作原理图。

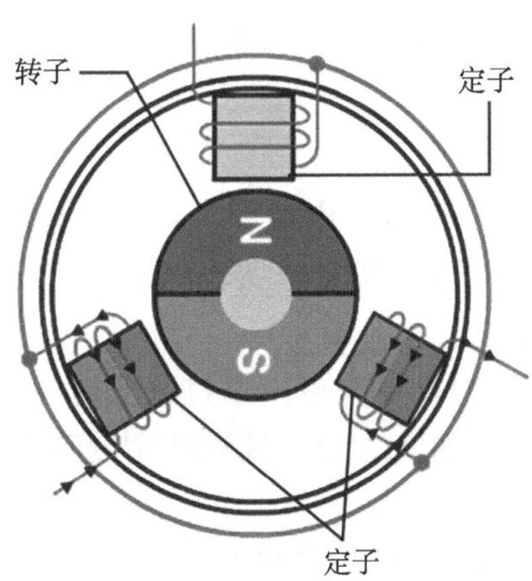

图2-17　直流无刷电动机工作原理图

与直流有刷电动机相反，直流无刷电动机的转子是永磁体，定子是线圈。

给定子线圈通电，这时通电线圈就是一个电磁铁，只要给定子线圈通入适当方向的电流，让电磁铁的磁极方向和转子永磁体的磁极方向对应，就能吸引或排斥转子，使转子旋转。简单来说，就是通过控制定子线圈的电流方向和大小来控制转子的旋转。

图 2-18 为直流无刷电动机控制系统示意图，是由 6 个 MOSFET 组成驱动电路以及相应的控制电路组成。

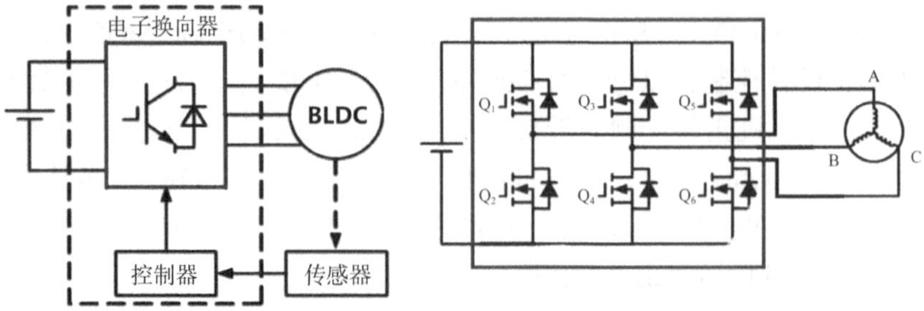

图 2-18　直流无刷电动机工作示意图

二、直流电动机与交流电动机的区别及优点

小学士

直流无刷电动机的工作原理

直流电动机和交流电动机是最基本的两种电动机，二者都有各自的优点和广泛的应用。

1. 直流电动机与交流电动机的区别

直流电动机和交流电动机最根本的区别是电源类型，一个需要直流电源，另一个需要交流电源，此外，在工作原理和结构控制方面也有区别。

（1）电源类型

直流电动机需要直流电源才能运转，交流电动机需要交流电源才能运转。这是两者的本质区别，也是类型划分的依据。

（2）转子结构

直流电动机的转子通常是由永磁体或电枢组成，而交流电动机的转子通常是由线圈和铁芯组成。

（3）工作原理

直流电动机的工作原理是通过改变电枢和永磁体之间的磁场来实现电动机的旋转，而交流电动机的工作原理是通过交变磁场来实现电动机的旋转。

（4）控制方式

直流电动机的控制方式相对简单，可以通过改变电压和电流来控制电机的转速和转向，而交流电动机的控制方式相对复杂，需要使用变频器等控制器来实现。

（5）应用场景

直流电动机在各种工业和家庭设备中都得到广泛应用，如风扇、打印机、电动工具等。它们具有高效率、高转矩、易于控制转速等特点，在许多场合下是不可替代的。

交流电动机则主要用于家用电器、工业设备等领域，如电风扇、洗衣机、压缩机等。由于交流电动机具有较高的效率和低噪声等特点，所以在家用电器中得到广泛应用。

2. 直流电动机与交流电动机各自的优势

（1）直流电动机的优势

①调速性能好。调速性能是指电动机在一定负载的条件下，根据需要人为地改变

电动机转速的能力。直流电动机由于磁场不动而导体动，所以可以在重负载条件下，实现均匀、平滑的无级调速，而且调速范围较宽。

②起动力矩大。直流电动机可以均匀而经济地实现转速调节。因此，凡是在重负载下起动或要求均匀调节转速的机械，如大型可逆轧钢机、卷扬机、电力机车等，都用直流电动机拖动。

（2）交流电动机的优势

交流电动机因为没有碳刷及整流子，在电动机转动时不会产生火花，所以可以在高温、易燃等环境下操作，而且不用定期清理碳刷的污物。交流电动机的工作效率较高，没有烟尘、气味，不污染环境，噪声也较小。由于交流电动机有这一系列的优点，所以它在工农业生产、交通运输、国防、商业及家用电器、医疗电气设备等各方面都得到广泛应用。

三、电动机常见故障机处理方法

1. 电动机故障产生的原因

①内部原因。内部原因是指由于电动机本身部件造成的故障原因，主要有内部线圈断路、烧坏，各连接部位脱焊、腐蚀，以及各触点氧化等。

②外部原因。外部原因是指由于电动机外部条件造成的故障原因，如电网电压异常、电动机工作时间过长、负载过大等原因造成对线圈绕组的损害，电机内积尘过多造成绕组老化、匝间短路等。

③人为原因。人为原因包括运输过程中的剧烈振动和过分颠簸，以及用户乱拆、乱改、错误接线而造成的故障原因。

2. 电动机故障处理的流程和基本方法

若想快速修好电动机，除掌握基本原理外，还应掌握合理的故障处理步骤，确保维修工作有条不紊地进行。任何类型的电动机，均可按以下流程进行故障处理。

①询问用户。通过询问电动机的运行情况、使用情况和维修情况可以判断出故障范围，找到故障点，从而排除故障。运行情况包括转速，温度变化，是否有异响和剧烈震动，开关和电动机绕组内是否有蹿火冒烟及焦臭味等。使用情况包括电动机的工作环境是在室内还是室外，是否受到酸、碱、盐等腐蚀性气体侵蚀，是否存在过多的积灰或油垢，是否受潮及淋过雨，运行方式是否符合规定，供电是否符合要求等。维修情况包括是否按时更换过润滑油，更换过哪些部件，进行过哪些维修等。

②外部检查。电动机外部检查包括机械和电气两方面的情况检查。机械检查主要包括检查机座、端盖、转轴是否有裂纹或弯曲变形，可用手转动电动机的轴，观察是否灵活，有无异响，当轴承滚珠破损或定子、转子相摩擦就会出现明显的异响。此外还需检查风道是否被堵塞，风叶及散热片是否完好等。较大型电动机端盖上有用于测量气隙的孔。气隙的不均匀度过大也会引起震动，损伤轴承，甚至停转。电气检查主要检查引出线的绝缘是否完好，绕组的首尾端是否正确、绝缘是否损坏，绕组有无断路、短路及接地等现象。电气检查一般需要借助万用表进行，需要测量相关电流、电压等数值。

③内部检查。当电动机外部检查没有发现问题后，需要拆开电动机，进行内部检

查。内部检查主要是对电动机内部的关键部件（如定子绕组、定子铁芯、转子等）的检查。检查定子绕组是否有损伤、积垢、油污，绝缘是否损伤，接线及引出线是否断线、脱焊，绕组是否有烧伤。若绕组有烧伤，烧伤处颜色会变暗黑或完全烧焦，且伴有焦臭味。检查定子、转子铁芯表面是否有擦伤痕迹，是局部擦伤还是一周均有擦伤，以此判断轴承是否磨损。检查风叶是否有损坏或变形，端环是否有裂纹或断裂，检查笼条是否有断裂。检查轴承的内外套与轴承室是否匹配，轴承的磨损情况等。

④通电检查。有些隐蔽的故障可能无法通过上述几方面检查而判定，需要进行通电检查。通电后若发现声音异常、焦味或不能转动等故障，可测量三相电压是否平衡。当电动机连续运行一段时间，可用手触摸电动机机座的铁芯部分及轴承端盖，检查是否有过热现象。线圈过热，可能有短路；铁芯过热，可能绕组匝数不足或铁芯硅钢片间的绝缘损坏。

⑤故障排除。通过上述方法确定故障原因后，可对故障部位（部件）进行更换或处理。如需更换部件，应注意所更换的部件要和原来的部件型号和规格保持一致。

3. 电动机常见故障及排除方法

电动机的组成部件较为复杂和精密，发生故障的原因较多，可扫描二维码查看电动机常见故障现象、产生原因及排除方法。

小学士

电动机常见故障及排除方法

- **材料准备**

实训辅助手册、行业规范与技术标准、直流有刷电动机说明书、直流有刷电动机图纸。

- **工具准备**

现代农业装备实训室、直流无刷电动机、直流有刷电动机、工具箱、实训服、手套、零件拆解摆台桌、毛巾、清洁剂、计算机或手机。

- **人员准备**

人员分组，每组 6 人，明确职责分工（表 2-3）。

表 2-3　任务分工

任务角色	任务内容
组长：	任务：
组员 1：	任务：
组员 2：	任务：
组员 3：	任务：
组员 4：	任务：
组员 5：	任务：

任务实施

借助行业规范与技术标准、直流有刷电动机说明书、直流有刷电动机图纸，拆解一台直流有刷电动机并完成该电动机的装配。在操作过程中正确使用工具箱中的各种工具。

第一步，拆解直流有刷电动机的外部零件，如前端盖、外护罩、定子、转子、换向器、电刷等。

第二步，按照拆解的顺序，反向将直流有刷电动机核心部件（定子、转子、换向器、电刷、线圈等）进行正确的装配。

第三步，按照拆解的顺序，反向将直流有刷电动机其他部件（前端盖、外护罩）进行正确的装配。

第四步，检查在装配过程中，是否有遗漏的零件没有安装，如有，重新进行拆解和装配。

第五步，装配过程中，参照实训辅助手册、行业规范与技术标准、直流电动机说明书、电动机图纸等。

任务检测

请扫描二维码答题。

项目二任务二
任务检测

任务评价

根据学生对直流电动机学习了解的认真程度及任务报告的完成情况进行考核评价（表 2-4）。

表 2-4　直流电动机考核评价细则

<table>
<tr><td colspan="2">姓名：</td><td>班级：</td><td colspan="3">组别：</td><td rowspan="3">教师
签字：</td></tr>
<tr><td colspan="2">自评：
□合格　□不合格</td><td>互评：
□合格　□不合格</td><td colspan="3">师评：
□合格　□不合格</td></tr>
<tr><td colspan="2">日期：</td><td>日期：</td><td colspan="3">日期：</td></tr>
<tr><td colspan="7">考核评分细则</td></tr>
<tr><td>序号</td><td>考核项目</td><td>考核标准</td><td>考核方式</td><td>分值</td><td>评分要求</td><td>得分</td></tr>
<tr><td>1</td><td>直流电动机按照结构及工作原理的分类</td><td>□准确说出直流电动机按照结构及工作原理的分类</td><td rowspan="2">现场考核、问答考核</td><td>10</td><td>未完成扣10分</td><td></td></tr>
<tr><td>2</td><td>直流有刷电动机和直流无刷电动机工作原理</td><td>□准确说出直流有刷电动机和直流无刷电动机工作原理及区别</td><td>10</td><td>未完成扣10分</td><td></td></tr>
</table>

（续表）

序号	考核项目	考核标准	考核方式	分值	评分要求	得分
3	直流电动机在农业生产中的应用	□灌溉系统 □光伏发电 □智能温室 □无人机和农业机械 □能源储存	现场考核、问答考核	20	根据情况酌情扣分	
4	直流电动机和交流电动机区别	□电源类型 □转子结构 □工作原理 □控制方式 □应用场景	现场考核、问答考核	20	根据情况酌情扣分	
5	任务报告	□完成认真，内容正确 □绘制的形态图特征明显 □各部位标注正确	评阅考核	30	根据情况酌情扣分	
6	学习态度	□具有团队协作精神 □具备科学严谨的态度 □观察认真，发言积极 □遵纪守时，爱护公物	自评、互评和师评相结合	10	根据情况酌情扣分	
合计				100		
自我评价与总结						
教师点评						

项目三 土壤耕作机械

项目导读

良好的土壤环境是作物栽培的必备条件，耕地质量好坏对作物生长有显著的影响。耕地的目的在于耕翻土层，疏松土壤，改善土壤结构，使水分和空气能进入土壤孔隙，并覆盖杂草、残茬，将肥料、农药等混合于土壤内，以恢复和提高土壤肥力，消灭病虫草害。

知识目标

①熟悉土壤耕作机械的基本分类。
②掌握常见耕作机械的结构组成、工作过程。
③掌握土壤耕作机械的保养、使用及维修方法。

技能目标

①掌握耕作机械工作状态的调整方法。
②能够根据耕作部件的工作情况，及时进行调整和修理。
③能够对耕作机构出现的故障，进行排除及简单的维修。

素质目标

①树立安全意识。熟知工作安全常识，以保障个人人身安全。

②提升自我管理能力。遵守工作纪律及各种行为规范和操作规范，有效地利用时间，按时完成各项任务。

③提升团队合作能力。能认知自己在团队中的角色，主动承担工作任务，尊重他人的意见，遵从集体决策。

④提升独立思考能力。能积极学习知识，领悟所学内容，独立思考，梳理知识，建立自己可靠的知识基础，活学活用解决新的问题。

⑤提升交流沟通能力。能主动与小组成员、同学、老师、陌生人接触，通过聆听、交谈、交流等方式获取信息，有效地进行交流沟通。

⑥树立严谨求实的工作态度。能够严格按规范、标准，一丝不苟地完成每一项检查工作。

思政目标

①懂农牧业、爱农牧民、爱农村牧区，做农牧人、干农牧事，增强投身“三农”的自豪感。

②发扬精益求精的工匠精神，对耕作机械中的各部分做到结构分解清楚、准确调整安装，培养认真细心的工作态度。

③通过国内已有的耕作机械，展示我们农业机械的发展历程和已取得的巨大成就，激发爱国情怀。

任务一　铧式犁

任务导入

犁是对土壤进行翻耕、松碎等操作所用的机械，目前使用最为广泛和数量最多的耕作机械是铧式犁。现在，有一铧式犁出现故障，翻土性能不是很理想，犁铧出现断裂。根据实际情况进行铧式犁的拆解，并更换犁铧，完成装配。

任务工单

班级:____________　姓名:____________　学号:____________

任务名称	铧式犁
任务描述	根据实际情况，填写本任务的内容、目的、流程和方法。 任务内容:________________________________ ________________________________。 任务目的:________________________________ ________________________________。 任务流程:________________________________ ________________________________。 任务方法:________________________________ ________________________________。
获取信息	要完成任务，需要掌握相关的知识。请收集资料，回答以下问题。 1. 什么是犁？分类有哪些？具体是什么？ 2. 铧式犁主要由哪些部分组成？

（续表）

<table>
<tr><td rowspan="2">获取信息</td><td colspan="4">3. 描述铧式犁的挂结和调整办法。</td></tr>
<tr><td colspan="4">4. 犁耕的方法有哪些？</td></tr>
<tr><td>制订计划</td><td colspan="4"></td></tr>
<tr><td rowspan="6">任务实施</td><td colspan="4">按照预先制订的工作计划，完成本任务，并记录任务实施过程。</td></tr>
<tr><td>序号</td><td>完成的任务</td><td>遇到的问题</td><td>解决办法</td></tr>
<tr><td></td><td></td><td></td><td></td></tr>
<tr><td></td><td></td><td></td><td></td></tr>
<tr><td></td><td></td><td></td><td></td></tr>
<tr><td></td><td></td><td></td><td></td></tr>
</table>

任务准备

- **知识准备**

一、土壤耕作的农业技术要求

1. 耕地的农业技术要求

①根据农时节气和土壤湿度，适时耕翻。
②耕深适当，深度一致，沟底平整。
③土壤松碎，地表平整。
④翻垡良好，杂草、残茬和肥料充分覆盖。耕翻水田，应使垡片相互架空，以利晒垡。
⑤不漏耕、不重耕，地边要整齐，垄沟尽量少而小。

2. 整地的农业技术要求

①作业及时，以利保墒。
②深度适宜，均匀一致。
③表土松碎，下层密实。
④地表平整，少重不漏。
⑤水田整地还要求碎土起浆好，能覆盖绿肥和杂草，搅混土壤和肥料。

二、铧式犁的类型和构造

1. 铧式犁的种类及用途

铧式犁主要以犁铧为耕作部件且种类多样，按与拖拉机挂接方式可分为牵引犁、悬挂犁和半悬挂犁，按重量可分为轻型犁和重型犁，按用途可分为旱地犁、水田犁、开荒犁、山地犁和特种用途犁。

（1）牵引犁

牵引犁由牵引装置、犁架、犁体、机械或液压升降机构、调节机构、地轮、沟轮、尾轮和安全装置等部件组成，如图 3-1 所示。牵引犁是将犁与拖拉机的挂接装置单点挂接在一起，此时，拖拉机的挂接装置对犁只起到牵引作用，犁的重量由犁本身支承。耕地时，地轮行走在未耕的地面上，沟轮行走在前一行所耕出的犁沟内，尾轮行走在最后一个犁体所耕出的犁沟内。耕地时，利用机械或液压升降机构来控制地轮相对犁体的高度，从而控制耕深和水平。牵引犁的结构和挂接方式简单，作业时无须农具手，但犁纵向较长、灵活性差、地头转弯半径较大。

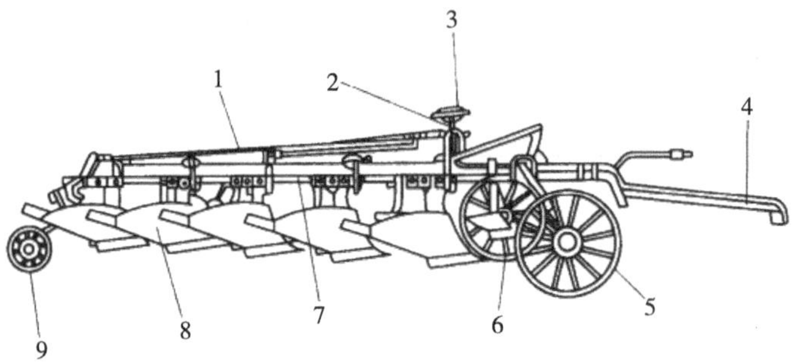

1—尾轮拉杆；2—水平调节手轮；3—深浅调节机构；4—牵引装置；
5—沟轮；6—地轮；7—犁架；8—犁体；9—尾轮。

图 3-1 牵引犁

（2）悬挂犁

悬挂犁是将犁的悬挂架与拖拉机三点悬挂装置铰接在一起，运输时，通过拖拉机悬挂装置的液压提升机构将悬挂犁悬挂在拖拉机上，使犁的所有重量由拖拉机承担。耕地时，拖拉机悬挂装置的液压提升机构将悬挂犁放到地面上，使悬挂犁在拖拉机牵引下工作。悬挂犁由悬挂架、犁体、犁架、限深轮等部件组成，如图 3-2 所示。

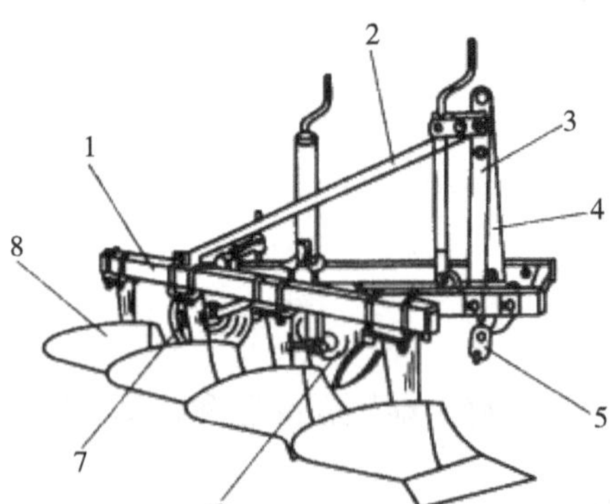

1—犁架；2—中央支杆；3—右支杆；4—左支杆；5—悬挂轴；6—限深轮；7—犁刀；8—犁体。

图 3-2 悬挂犁

工作时，犁的耕深由限深轮或拖拉机的液压控制系统调节，耕宽通过操作耕宽调节手柄转动悬挂架来调节。悬挂犁结构紧凑、重量轻、机动性好、保养维修简单，但在运输状态下，其全部重量由拖拉机承担，这会造成拖拉机的纵向稳定性和操作性较差。

（3）半悬挂犁

半悬挂犁是在悬挂犁和牵引犁的结构基础上发展而来的，优点介于牵引犁和悬挂犁之间，如图 3-3 所示，半悬挂犁由液压油缸、机架、悬挂架、地轮、犁体和限深尾轮组成。这种犁的前部像悬挂犁，通过悬挂架与拖拉机工作装置的液压悬挂装置铰接，后部设有限深尾轮，通过液压油缸控制。半悬挂犁工作时，地轮行走在未耕地面，限深尾轮紧贴地面；运输时，液压油缸和液压悬挂装置将犁抬起，犁体脱离地面，限深尾轮行走在路面上。

半悬挂犁与牵引犁相比，结构有所简化，转弯半径小，操纵方便；与悬挂犁相比，能配置更多犁体，稳定性、操向性好。

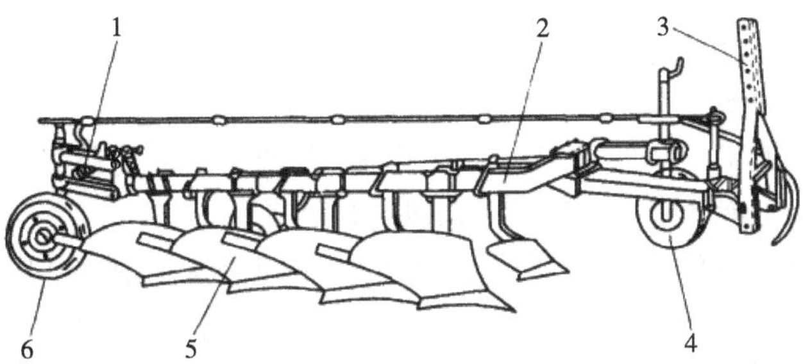

1—液压油缸；2—机架；3—悬挂架；4—地轮；5—犁体；6—限深尾轮。

图 3-3　半悬挂犁

2. 铧式犁的构造及工作原理

铧式犁的主要部件有犁体、小前犁、犁刀和犁架等。

（1）犁体

犁体是铧式犁的主要工作部件，犁体的作用是切开土垡、翻转破碎土垡、覆盖地表的残茬和杂草等。图 3-4 所示犁体由犁铧、犁壁、犁柱、犁侧板、犁托等组成。犁铧和犁壁构成犁体曲面，与犁托等部件组成一个整体，用犁柱固定在犁架上。

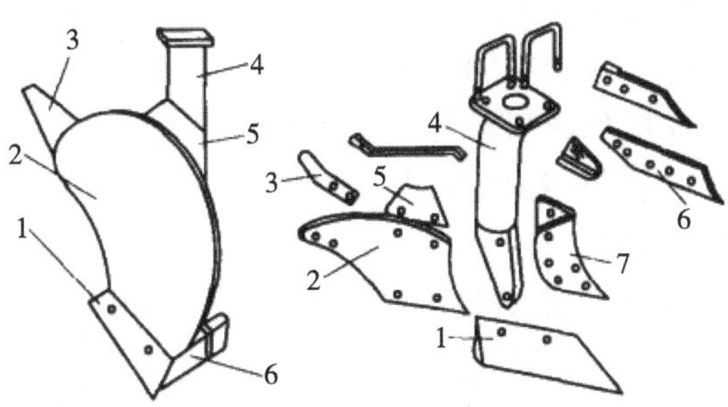

1—犁铧；2—犁壁；3—延长板；4—犁柱；5—滑草板；6—犁侧板；7—犁托。

图 3-4　犁体组成

①犁铧。犁铧主要起到入土、切土和起土的作用。工作时，犁铧很容易磨损和断裂，需要经常更换和维修，因而将其做成单独的部件，与犁壁分开。犁铧常用的形式有凿形、梯形和三角形，如图 3-5 所示。

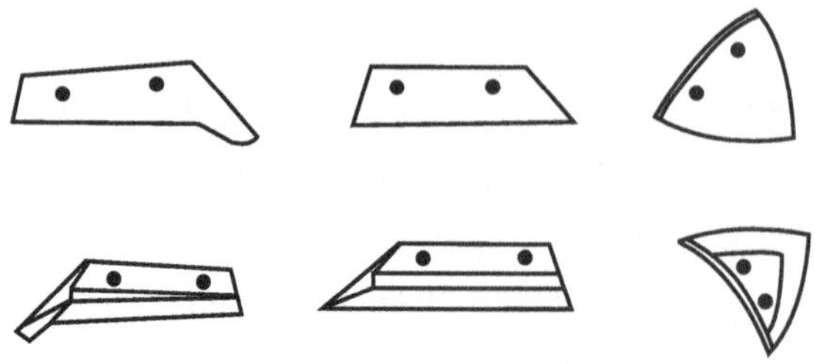
（a）凿形犁铧　（b）梯形犁铧　（c）三角形犁铧

图 3-5　常用犁铧形式

凿形犁铧的犁尖呈凿形，向下延伸 5～10 cm。凿形犁铧入土较轻松，工作稳定，一般用于黏性较大的土壤。梯形犁铧外形呈梯形，入土较难，铧尖容易磨损，但结构简单、制造容易。三角形犁铧外形呈等腰三角形，两个等腰为对称的铧刃，主要用在蓄力犁上，其耕后的沟底面凹凸不平，呈波浪状。

犁铧刃口容易磨损，一般采用坚硬、耐磨、具有较高强度和韧性的钢材，如锰钢。为提升铧刃部分的强度和刚度，刃口处需进行热处理。

②犁壁。犁壁的功能是起土，并将犁铧推来的土垡加以破碎和翻转。犁壁有整体式、组合式和栅条式三种。整体式最为常用，其犁壁表面光滑，结构简单，安装方便。组合式犁壁由前犁壁和后犁壁两部分组成，工作中胫刃和前犁壁磨损较快，可单独更换。栅条式犁壁减少了土壤和犁壁的接触表面，有利于脱土和降低阻力，但制造复杂。

犁壁一般是由钢板冲压而成，常采用 5 mm 厚的 65 锰钢或 B2 低碳钢经渗碳制造，以达到坚硬耐磨又不易折断的目的。

③犁侧板。犁侧板安装在犁铧的后上方，耕地时紧贴沟壁，可以平衡土壤对犁体曲面产生的侧向力和部分垂直压力，保持犁的耕深稳定性。常用的犁侧板是平板式犁侧板，如图 3-6 所示。

④犁托。犁托是一种连接支撑件，能将犁铧、犁壁、犁侧板、犁柱连接起来，组成犁体总成。犁托多用钢板冲压而成，有的用铸钢或球铁铸成。

⑤犁柱。犁柱用来连接犁坪和犁架，是犁的传力构件，有整体犁柱、直犁柱和弯犁柱三种，如图 3-7 所示。整体犁柱是将犁托和犁柱制成一个整体，犁铧、犁壁、侧板等可直接安装于犁柱下端，整体犁柱和直犁柱通常做成空心管状，一般用球铁或铸铁制成，弯犁柱一般用扁钢或型钢锻压而成。

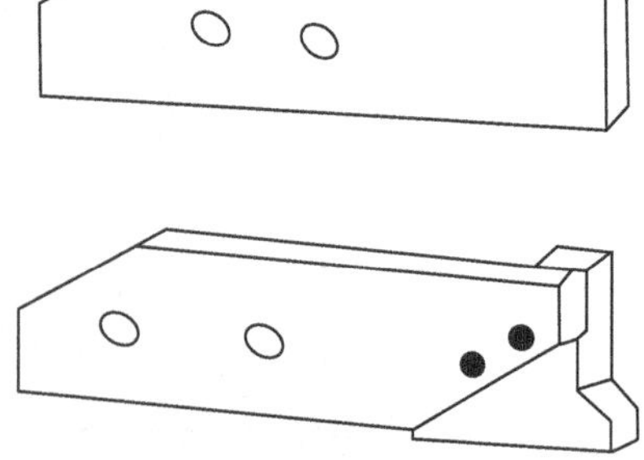
图 3-6　平板式犁侧板

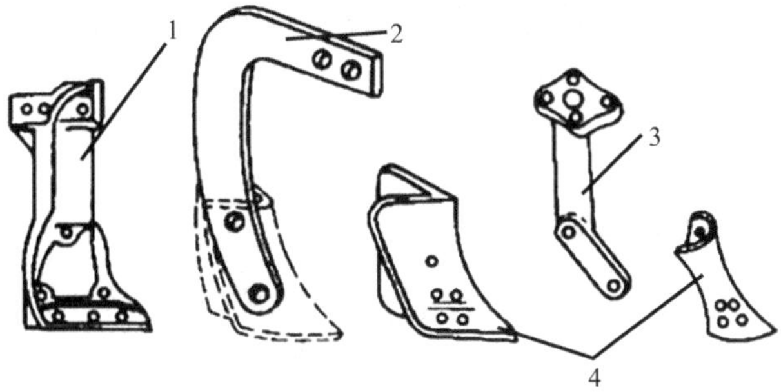

1—整体犁托；2—弯犁柱；3—直犁柱；4—犁托。

图 3-7　犁托和犁柱

（2）小前犁

小前犁安装于主犁体前上方，其作用是在主犁体前，先将土垡表面长有残茬并容易外露的一角切出并翻转。主犁体耕起的土垡再将切出的角掩埋，以改善翻垡覆盖质量。小前犁的类型有铧式、切角式和圆盘式三种，如图 3-8 所示。

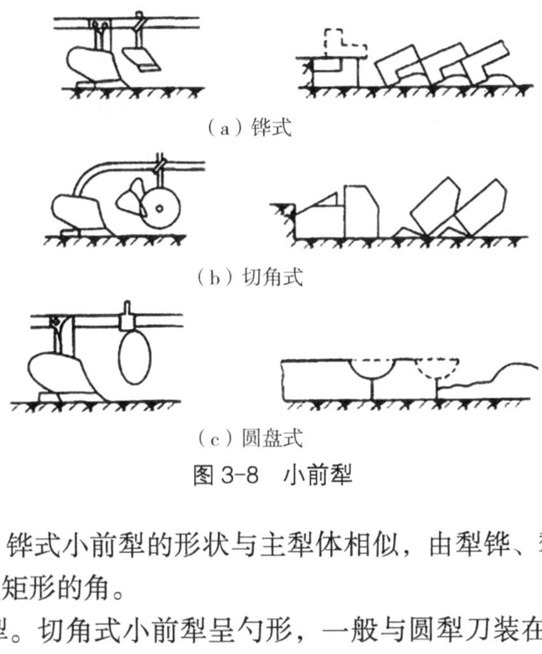

（a）铧式

（b）切角式

（c）圆盘式

图 3-8　小前犁

①铧式小前犁。铧式小前犁的形状与主犁体相似，由犁铧、犁壁和犁柱组成，用以将土垡切去一个呈矩形的角。

②切角式小前犁。切角式小前犁呈勺形，一般与圆犁刀装在一起，随犁刀入土，将土垡切去一个呈三角形的角。

③圆盘式小前犁。圆盘式小前犁为一球面圆盘，凹面朝前，并与前进方向呈一偏角。犁体工作时，圆盘在前，将土垡切去一个呈弧形的角。

（3）犁刀

犁刀安装在主犁体和小前犁前方，其作用是沿垂直方向切出整齐的沟墙，以减少主犁体的阻力和减轻胫刃部分的磨损，并有切断杂草残茬、改善覆盖质量的作用。

犁刀有直犁刀和圆犁刀两种形式，如图 3-9 和图 3-10 所示。直犁刀结构简单，坚固耐用，但工作阻力较大。圆犁刀工作时，滚动切土，阻力较小，且不易缠草和堵塞，故应用较广。图 3-10 所示的为圆犁刀有普通刀盘、波纹刀盘和缺口刀盘三种形式。普通刀盘结构简单，容易入土，且便于磨锐修复，应用广泛；波纹刀盘和缺口刀盘切草能力强，适用于黏重、多草的土壤。

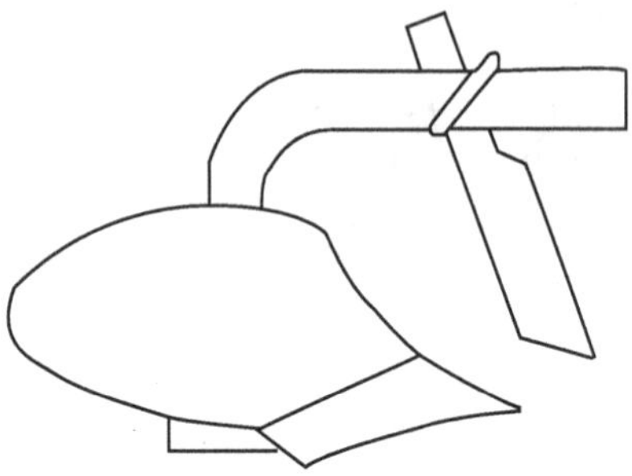

图 3-9　直犁刀

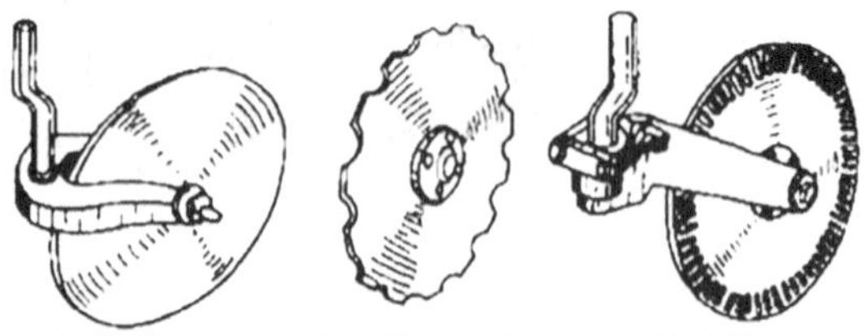

（a）普通刀盘　（b）缺口刀盘　（c）波纹刀盘

图 3-10　圆犁刀

（4）犁架

犁架是犁的基础部件，用来安装工作部件和其他辅助部件，并传递动力，因此犁架应有足够的强度。

犁架的常见结构形式有平面组合型、系列型和独梁型三种。平面组合犁架结构复杂笨重，仅在老式牵引犁上应用。系列犁大都采用梯形或三角形整体犁架，结构简单；其犁梁多用矩形管钢焊接而成，重量轻，抗弯性能好，但犁架焊接技术要求高，变形后修复困难。独梁犁架结构最简单，在一根主梁上可安装不同幅宽的犁体，有些多铧犁还可以通过改变斜梁的角度来自动或半自动调节犁的工作幅宽。

三、铧式犁的挂结与调整

为保证犁耕质量，使犁在工作时平稳前进、耕深一致、不重耕、不漏耕、牵引阻力小，必须进行正确的挂结和调整。

1. 牵引犁的挂结和调整原则

（1）牵引犁的挂结原则

牵引犁挂结时，犁的挂结点必须在拖拉机的动力中心和犁的阻力中心的连线上，即三点构成一条直线，此线被称为牵引线。

（2）牵引犁的调整原则

牵引犁按上述方法安装好牵引装置后，还应进行试耕，在工作中进行检验，并做相应的调整。牵引犁主要有在水平面内和垂直面内两种调整方式。

在水平面内，牵引线应通过阻力中心，并与前进方向平行。若牵引线偏于阻力中心左侧或右侧，则犁架将偏斜前进，耕作质量恶化，耕作阻力增加。此时，可调整主拉杆的安装位置，使牵引线通过阻力中心。

在垂直面内，若横拉杆位置偏高或偏低，将使犁架前后不水平，造成前后铧耕深不一致，工作质量变差。此时可调整横拉杆在犁梁上的安装位置，使牵引线通过阻力中心。

2. 悬挂犁的挂结和调整原则

（1）悬挂犁的挂结原则

悬挂犁通常与拖拉机以三点悬挂方式构成机组，其挂结原则与牵引犁相同。

（2）悬挂犁的调整

①水平调整。犁耕时，为保证耕深一致，必须使犁架保持水平。悬挂犁犁架的纵向水平可通过改变拖拉机悬挂上拉杆的长度来调整，横向水平可通过改变拖拉机右提升杆的长度来调节。

②耕深调整。悬挂犁的耕深调整与拖拉机液压系统有关。具有分置式液压系统的耕地机组，采用高度调节法。犁耕时，液压手柄放在“浮动”位置，利用限深轮沿仿形地表，控制耕深。提高限深轮，则耕深增加；下降限深轮，则耕深减小。

调节液压系统的悬挂犁机组，可采用力调节法。耕地过程中，将液压手柄放在位调节范围的相应位置，犁和拖拉机的相对位置固定，获得所需耕深。改变手柄位置，耕深随之改变。这种方法仅在地表平坦时使用，若地表起伏不平时，犁不能仿形，耕深变化较大。

高度调节和力调节结合起来的方法被称为综合调节法。作业时，用力调节手柄调节耕深至正常位置，同时在犁上安装限深轮。限深轮高度稍大于耕深，在一般情况下限深轮不起作用，当遇到松软土质时，限深轮可防止耕深过大。

③耕宽调整。多铧犁的耕宽调整，就是改变第一铧的实际耕宽，使之符合规定要求。悬挂犁的耕宽调整是通过改变下悬挂点与犁架的相对位置，使犁侧板与机组前进方向成一倾角来实现的。

实际耕宽偏大，会出现漏耕，可通过转动曲拐式悬挂轴或缩短耕宽调节器伸出长度的办法，使犁架及犁侧板相对于拖拉机顺时针摆转一个角度 α（图 3-11）。这样，当犁入土耕作时，犁侧板在沟墙反力作用下，将犁向右摆正，消除漏耕。如果耕作中发生第一铧耕宽偏窄有重耕现象时，应做相反方向的调整。

调整后，如仍不能满足要求，可再用横移悬挂轴或左悬挂点（耕宽调节器）的方法来调整。漏耕时左移悬挂轴或左悬挂点，重耕时右移。

④偏牵引调整。偏牵引现象可通过调整牵引线来消除。当工作中拖拉机向右偏摆时，说明瞬心 π_2' 偏右，牵引线位于动力中心右侧，可通过右移悬挂轴或左悬挂点的方法，使瞬心左移，牵引线通过动力中心，偏牵引现象消除（图 3-12）。若牵引线偏左时，应作相反方向的调整。

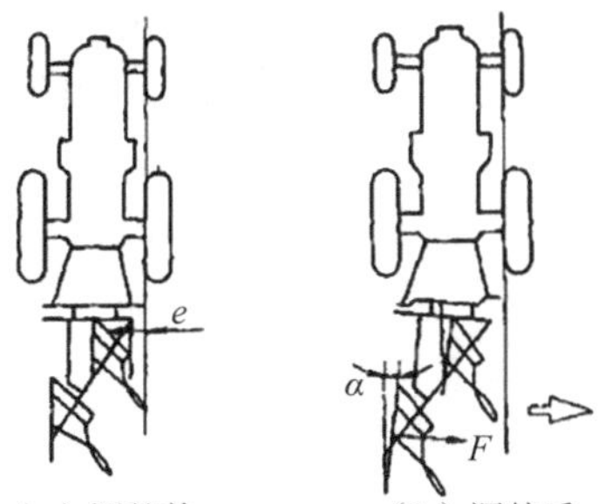

（a）调整前　（b）调整后

e—第一铧耕宽度；α—拖拉机顺时针摆转角度；F—沟墙反力。

图 3-11　耕宽偏大时的调整

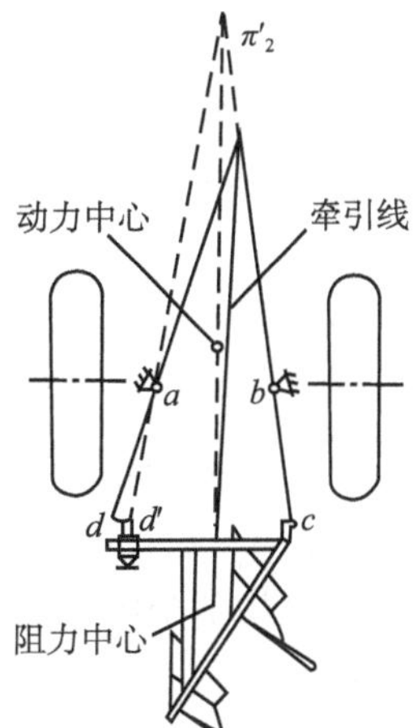

图 3-12　偏牵引调整

横移悬挂轴或左悬挂点不仅是调整耕宽的一种方法，也是调整偏牵引的方法。工作中，一般先用转动曲拐轴或改变左悬挂点伸出长度的办法使耕宽合乎要求，若有偏牵引现象，再横移悬挂轴或左悬挂点，两者应配合进行，经反复调整达到耕宽合适又无偏牵引的状态。

⑤位调整。犁耕作业中，出现犁体偏斜前进，造成阻力增加、耕作质量恶化时，应进行正位调整，使犁体正向前进。

犁的正位调整应根据造成犁体偏斜的原因来进行。如因牵引线过于偏斜，使犁侧板压力过大导致偏斜，则应在不造成明显偏牵引的前提下，适当调整牵引线的方向。如因土壤松软，犁侧板压入沟墙过深导致偏斜，则可加长犁侧板或在犁侧板与犁托间放置垫片，以增大犁侧板与前进方向的偏角，使犁走正。

四、铧式犁的犁耕方法

耕地作业方法较多，通常小地块采用内翻法和外翻法，大块田采用套翻法，如图 3-13 所示。

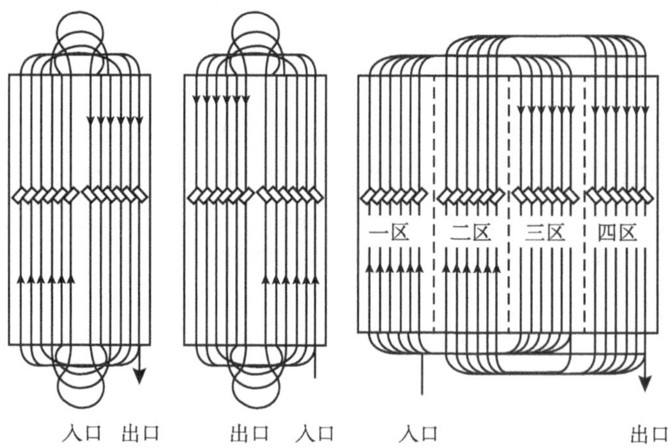

（a）内翻法 （b）外翻法 （c）套翻法

图 3-13 耕地方法

（1）内翻法

机组在耕区中线左侧耕第一犁，到地头起犁后，向右转弯；从中线右侧返回耕第二犁；由内向外循环耕作。这样，工作结束后在耕区中间形成一条闭垄，地边形成两条犁沟。

（2）外翻法

机组在耕区右侧耕第一犁，到地头后左转至耕区左边返回耕第二犁，由外向内循环耕作。这样，耕区中间形成犁沟，而地边形成两条闭垄。

（3）套翻法

把耕区分成几个小区，进行套耕。这种耕法，耕区的沟垄少，空行程少，机组避免了环形小转弯。

五、其他类型的铧式犁——双向犁

普通铧式犁耕作时只能单向翻垡，耕后地表留有沟和埂，且只能回形耕作，空行多。而双向犁可以变更犁体的翻垡方向，使土垡向地块的同一侧翻转，耕后地表平整，且能梭形耕作，空行少，工作效率高，适于灌溉地、小地块、不规则地块和坡地的耕作。

双向犁大体可分为两大类。一类是用一套犁体兼顾左、右翻垡的兼用型；另一类是在犁架上下装两组不同方向的犁体，通过翻转机构在往返行程交替使用的翻转型。目前应用较多的是后一种（图 3-14）。

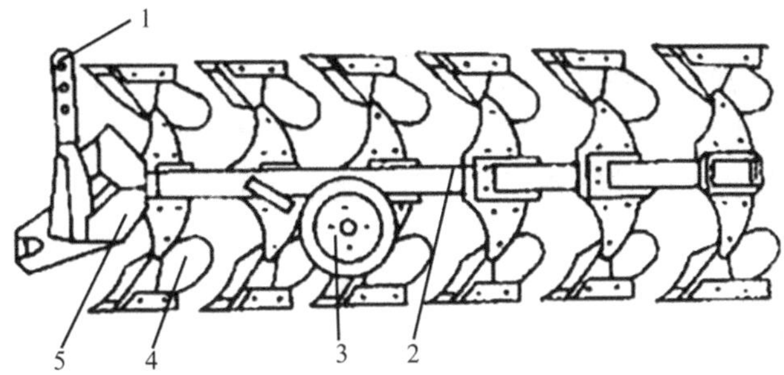

1—悬挂架；2—犁架；3—限深轮；4—犁体；5—翻转机构。

图 3-14　翻转式双向犁

翻转式双向犁具有两套犁体，因而重量较大，能量消耗多，但工作可靠，耕作质量好，所以应用较广。翻转式双向犁的翻转机构有机械式和液压式两种，其中以液压式应用最为普遍。液压式翻转机构是利用柱塞油缸的推力或拉力来完成 180° 翻转。

- **材料准备**

实训辅助手册、行业规范与技术标准、铧式犁说明书、铧式犁图纸。

- **工具准备**

现代农业装备实训室、铧式犁、工具箱、实训服、手套、零件拆解摆台桌、毛巾、清洁剂。

- **人员准备**

人员分组，每组 6 人，明确职责分工（表 3-1）。

表 3-1　任务分工

任务角色	任务内容
组长：	任务：
组员 1：	任务：
组员 2：	任务：
组员 3：	任务：
组员 4：	任务：
组员 5：	任务：

任务实施

借助行业规范与技术标准、铧式犁说明书、铧式犁图纸，拆解一台铧式犁，并完成铧式犁的装配。在操作过程中正确使用工具箱中的各种工具。

第一步，拆解铧式犁的零件，如犁体、小前犁、犁刀和犁架等。

第二步，拆解完成后，对铧式犁零件重新进行的装配。

知识补充
翻转四铧犁

知识补充
各种铧式犁

第三步，检查在装配过程中，是否有遗漏的零件没有安装，如有，则重新进行拆解和装配。

第四步，装配过程中，参照实训辅助手册、行业规范与技术标准、铧式犁说明书、铧式犁图纸等。

第五步，进行铧式犁的挂结和调整，使其能正常工作。

任务检测

请扫描二维码答题。

项目三任务一
任务检测

任务评价

根据学生对本任务学习了解的认真程度及任务报告的完成情况进行考核评价（表 3-2）。

表 3-2　铧式犁考核评价细则

<table>
<tr><td colspan="2">姓名：</td><td colspan="2">班级：</td><td colspan="2">组别：</td><td rowspan="3">教师
签字：</td></tr>
<tr><td colspan="2">自评：
□合格　□不合格</td><td colspan="2">互评：
□合格　□不合格</td><td colspan="2">师评：
□合格　□不合格</td></tr>
<tr><td colspan="2">日期：</td><td colspan="2">日期：</td><td colspan="2">日期：</td></tr>
<tr><td colspan="7">考核评分细则</td></tr>
<tr><td>序号</td><td>考核项目</td><td>考核标准</td><td>考核方式</td><td>分值</td><td>评分要求</td><td>得分</td></tr>
<tr><td>1</td><td>铧式犁基本工作原理</td><td>□准确说出工作原理</td><td rowspan="2">现场考核、问答考核</td><td>10</td><td>未完成扣 10 分</td><td></td></tr>
<tr><td>2</td><td>铧式犁的工作过程</td><td>□准确说出工作过程</td><td>10</td><td>未完成扣 10 分</td><td></td></tr>
<tr><td>3</td><td>铧式犁的结构组成</td><td>□犁体
□小前犁
□犁刀
□犁架</td><td>现场考核、问答考核</td><td>20</td><td>未完成一项扣 5 分</td><td></td></tr>
</table>

（续表）

序号	考核项目	考核标准	考核方式	分值	评分要求	得分
4	铧式犁的挂结和调整	□牵引犁 □悬挂犁	现场考核、问答考核	20	未完成一项扣10分	
5	铧式犁的耕作方法	□内翻法 □外翻法 □套翻法	现场考核、问答考核	10	根据情况酌情扣分	
6	任务报告	□完成认真，内容正确 □绘制的图形特征明显 □各部位标注正确	评阅考核	20	根据情况酌情扣分	
7	学习态度	□具有团队协作精神 □具备科学严谨的态度 □观察认真，发言积极 □遵纪守时，爱护公物	自评、互评和师评相结合	10	根据情况酌情扣分	
合计				100		
自我评价与总结						
教师点评						

任务二　旋耕机

任务导入

旋耕机是一种由拖拉机动力输出轴驱动工作部件进行耕整地工作的高效率耕作机械，其用旋转刀片对土壤进行切削加工，切土、碎土能力强，一次作业能达到犁耕几次的效果。旋耕机耕地后，地表平整、松软，且能抢农时，节省劳力，在生产中得到广泛的应用。缺点是耕层较浅，覆盖质量差。

任务工单

班级：________ 姓名：________ 学号：________

<table>
<tr><td>任务名称</td><td colspan="4">旋耕机</td></tr>
<tr><td>任务描述</td><td colspan="4">根据实际情况，填写本任务的内容、目的、流程和方法。
任务内容：________________________________。
任务目的：________________________________。
任务流程：________________________________。
任务方法：________________________________。</td></tr>
<tr><td>获取信息</td><td colspan="4">要完成任务，需要掌握相关的知识。请收集资料，回答以下问题。
1. 什么是旋耕机？分类有哪些方式？具体分类是什么？
2. 旋耕机的一般构造有哪些？
3. 描述旋耕机的工作过程。
4. 旋耕机的调整方法有哪些？
5. 旋耕机的刀片安装方式有哪些？</td></tr>
<tr><td>制订计划</td><td colspan="4"></td></tr>
<tr><td rowspan="6">任务实施</td><td colspan="4">按照预先制订的工作计划，完成本任务，并记录任务实施过程。</td></tr>
<tr><td>序号</td><td>完成的任务</td><td>遇到的问题</td><td>解决办法</td></tr>
<tr><td></td><td></td><td></td><td></td></tr>
<tr><td></td><td></td><td></td><td></td></tr>
<tr><td></td><td></td><td></td><td></td></tr>
<tr><td></td><td></td><td></td><td></td></tr>
</table>

任务准备

● 知识准备

一、旋耕机的类型和特点

1. 旋耕机的类型

①按旋耕机刀轴的配置可分为横轴式（卧式）、立轴式（立式）和斜轴式。

②按与拖拉机的连接形式可分为牵引式、悬挂式和直接连接式。

③按刀轴传动方式可分为中间传动和侧边传动两种形式。

2. 旋耕机的特点

①旋耕机具有很强的切土、碎土能力，耕后地表平整、松软，一次作业能达到犁耙几次的效果。

②对土壤湿度的适应范围较大，在水田中带水旋耕后可直接插秧。

③能有效切断植被并将其混于耕作层中，也能使化肥、农药等在土中均匀混合。

④旋耕机作业时，所需牵引功率不很大，但整个旋耕过程功率消耗较大，所以耕层较浅。

⑤覆盖质量较差。

旋耕机虽然还不能取代一般的耕耙作业机械，但在水田、菜园、黏重土壤、季节性强的浅耕灭茬和播前整地等作业中，已得到广泛应用。

二、旋耕机的构造与工作过程

1. 构造

旋耕机主要由机架、传动装置、刀辊、挡土罩和拖板等组成（图 3-15）。

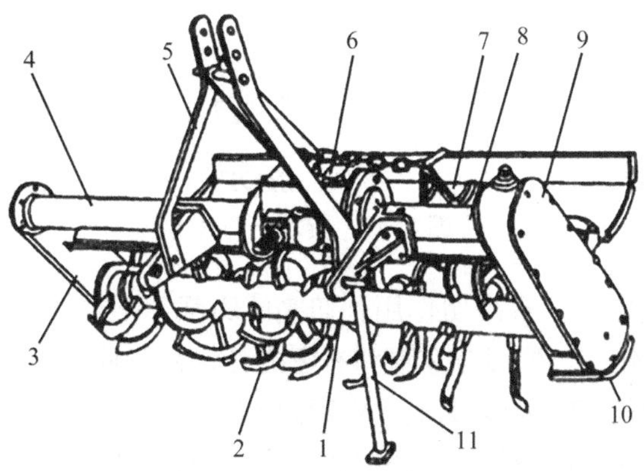

1—刀轴；2—刀片；3—侧板；4—右主梁；5—悬挂架；6—齿轮箱；
7—挡土罩；8—左主梁；9—侧传动箱；10—防磨板；11—撑杆。

图 3-15　旋耕机

（1）机架

卧式旋耕机机架呈矩形，由左右主梁、侧板、侧传动箱壳及作为刀轴的后梁组成。主梁上还装有悬挂架，以便与拖拉机挂接。

（2）传动装置

传动装置包括齿轮箱和侧边传动箱。拖拉机的动力从动力输出轴输出，由万向节传动轴传至齿轮箱后，再经侧传动箱驱动刀轴旋转。

（3）刀辊

刀辊由刀轴、刀座和刀片组成，如图 3-16（a）所示。刀轴用无缝钢管制成，两端焊有轴头；轴管上按螺旋线规律焊有刀座；刀片用螺栓固定在刀座上。也有的刀轴上焊有刀盘，如图 3-16（b）所示，刀盘上檐外周有间距相等的孔位，可根据不同需要安装多把刀片。

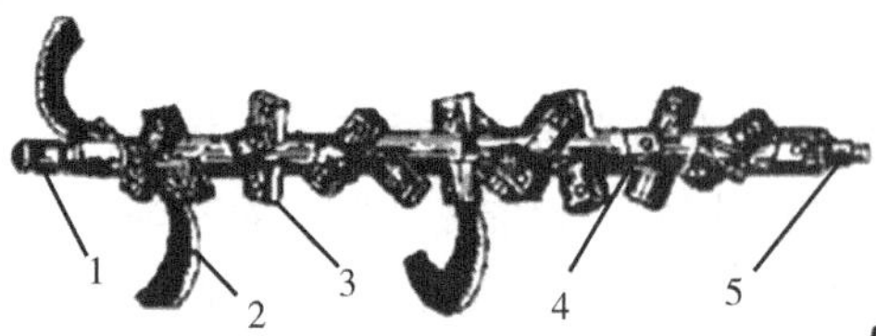

（a）刀座式

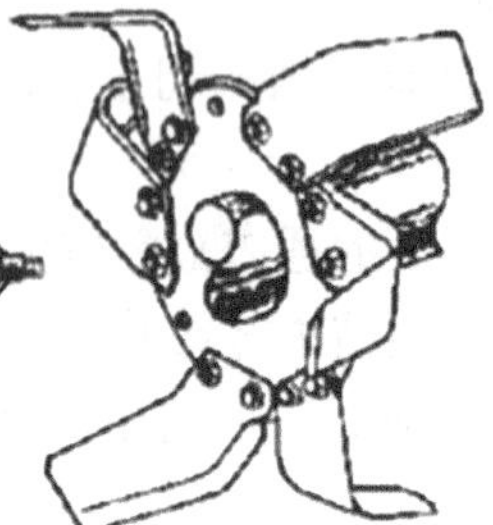
（b）刀盘式

1—左轴头；2—刀片；3—刀座；4—刀轴管；5—右轴头。

图 3-16 刀辊

刀片是旋耕机的主要工作部件，常用的刀片有弯刀、凿形刀和直角刀三种（图 3-17）。

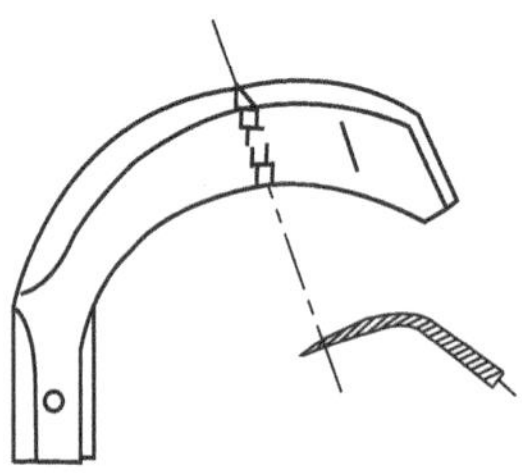
（a）弯形刀片

（b）凿形刀片

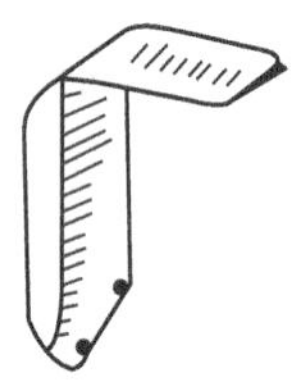
（c）直角刀片

图 3-17 旋耕机刀片

弯刀刃口由曲线构成，有滑切作用，切割能力强，不易缠草，有较强的松土和抛翻能力，在我国应用较广。弯刀有左弯和右弯之分，在刀轴上搭配安装。

凿形刀的正面为较窄的凿形刃口，入土性能好，阻力小，适用于土质较硬、杂草较少的工作条件。在潮湿黏重土壤中耕作时，漏耕严重，易缠草堵泥。

直角刀正面及侧面都有刃口，呈直线形，弯曲部分近于直角。工作时，易产生缠草堵泥现象。其碎土能力较强，所需动力较大，适于旱田碎土用。

（4）挡土罩及拖板

挡土罩制成弧形，安装在刀辊的上方，挡住刀片抛起的土块，起

小学士

变速双轴灭茬旋耕机

到防护和进一步破碎土块的作用。

拖板的前端铰接在挡土罩上，后端用链条挂在悬挂架上，其离地高度可以调整。拖板的作用是提升碎土和平整地面。

2. 工作过程

旋耕机工作时，刀片一方面由拖拉机动力输出轴驱动做旋转运动，另一方面随拖拉机前进。刀片在前进和旋转过程中不断切削土壤，并将切下的土块向后抛扔。土壤与挡土罩和拖板碰撞而进一步破碎后落到地面，并随即被拖板刮平（图 3-18）。

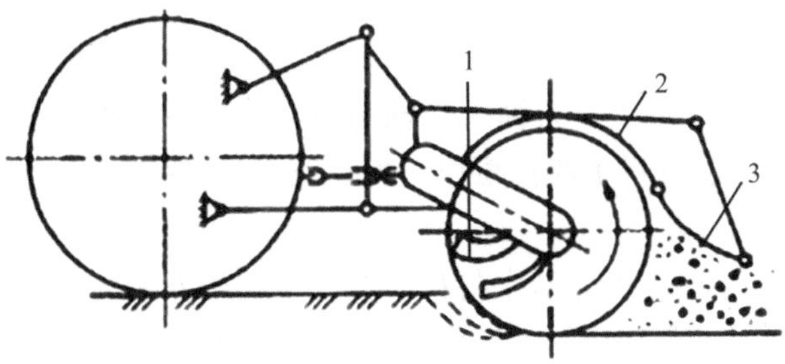

1—刀片；2—挡土罩；3—拖板。

图 3-18　旋耕机的工作过程

三、旋耕机的使用与调整

1. 万向节轴的安装

在悬挂式旋耕机上，拖拉机的动力输出轴通过万向节轴与齿轮箱连接。安装万向节轴时，应使方轴与套管的夹叉位于同一平面内，保证刀轴旋转均匀（图 3-19）。

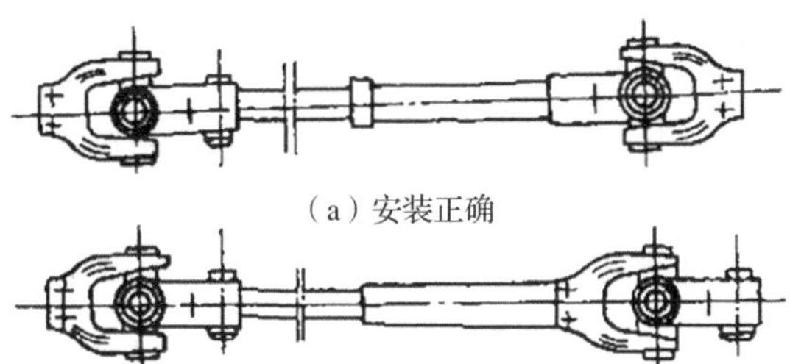

（a）安装正确

（b）安装错误

图 3-19　万向节轴的安装

2. 刀片的安装

安装刀片时，应使刃口方向与旋转方向一致，以保证刃口切土。弯刀的安装应根据作业要求，恰当地配置左弯和右弯刀片，具体方法有外装、内装和交错装法三种（图 3-20）。

（1）外装法

刀轴两端刀片向内弯，其余所有刀片都向外弯，刀轴所受轴向力对称，耕后地表中间凹下。外装法适用于拆畦（破垄）耕作或旋耕开沟联合作业。

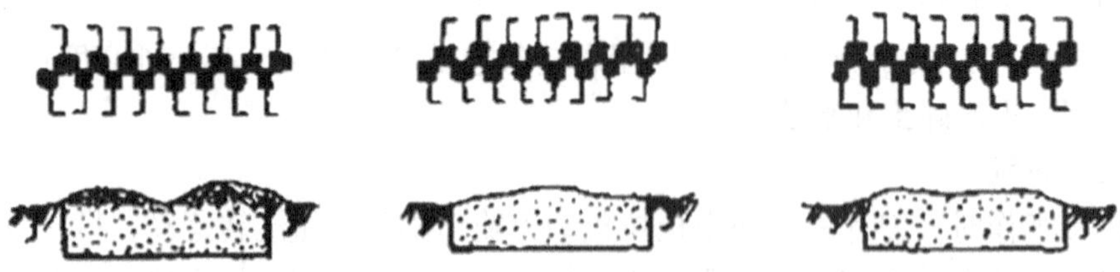

（a）外装法　　（b）内装法　　（c）交错装法

图 3-20 旋耕机刀片的安装

（2）内装法

所有刀片都对称弯向中央，刀轴所受轴向力对称，耕后地表中间凸起，适用于畦作。内装法可用于机组在畦田上跨沟耕作，可在填沟时使用。

（3）交错装法

刀轴两端刀片向内弯，其余刀片左右弯刀交错对称安装，耕后地表平整。交错装法适用于水田耕作或旱地犁耕后的整地作业，也可用于旋耕灭茬作业。

四、旋耕机的调整

1. 耕深调整

轮式拖拉机配用的旋耕机，耕深一般由拖拉机液压系统来控制，或安装限深滑板来控制。手扶拖拉机配用的旋耕机，耕深可通过改变尾轮的高低来调整。

2. 水平调整

悬挂式旋耕机的水平调整与悬挂犁相同。前后水平的调整应保证旋耕机作业时，万向节夹角小于 10°。

3. 提升高度的调整

旋耕机在传动状态下提升过高，会导致万向节夹角过大而损坏，一般要求刀片离开地面 15～20 cm。在开始耕作前，应将液压操纵手柄限制在允许的提升高度位置。

4. 碎土性能的调整

碎土性能与机组前进速度及刀轴转速有关。刀轴转速一定时，提高前进速度则土块变大，降低前进速度则土块变小。机组前进速度一定时，提高刀轴转速则土块变小，降低刀轴转速则土块变大。有的旋耕机可通过改变齿轮箱传动速比来调整刀轴转速。另外，调整旋耕机拖板的高低，也能影响碎土性能和平地效果。

五、安全操作注意事项

①旋耕机作业时，应先接合动力输出轴，待刀轴转速正常后，边前进边使刀片逐步入土。严禁刀片先触地再接合动力输出轴，以防损坏零部件。

②地头转弯或倒车时，应提升旋耕机，停止耕作，但不必切断动力；应减小油门，降低万向节轴转速，并保证万向节轴夹角不超过 30°。

③工作中有异常声响，应立即停车，严禁在旋耕机运转状态检查或排除故障。

- **材料准备**

实训辅助手册、行业规范与技术标准、旋耕机说明书、旋耕机刀架和刀片图纸。

- **工具准备**

现代农业装备实训室、旋耕机、工具箱、实训服、手套、零件拆解摆台桌、毛巾、清洁剂。

- **人员准备**

人员分组，每组 6 人，明确职责分工（表 3-3）。

表 3-3　任务分工

任务角色	任务内容
组长：	任务：
组员 1：	任务：
组员 2：	任务：
组员 3：	任务：
组员 4：	任务：
组员 5：	任务：

任务实施

借助行业规范与技术标准、旋耕机说明书、旋耕机图纸，拆解一台旋耕机，并完成旋耕机的装配。在操作过程中正确使用工具箱中的各种工具。

第一步，拆解旋耕机的零件，如机架、传动装置、刀辊、挡土罩和拖板等。

第二步，拆解完成后，对旋耕机零件重新进行装配。

第三步，检查在装配过程中，是否有遗漏的零件没有安装，如有，重新进行拆解和装配。

第四步，装配过程中，参照实训辅助手册、行业规范与技术标准、旋耕机说明书、旋耕机图纸等。

第五步，进行旋耕机的调整和刀片的安装，使其能正常工作。

任务检测

请扫描二维码答题。

项目三任务二
任务检测

任务评价

根据学生对本任务学习了解的认真程度及任务报告的完成情况进行考核评价（表 3-4）。

表 3-4 旋耕机考核评价细则

<table>
<tr><td colspan="2">姓名：</td><td colspan="2">班级：</td><td colspan="2">组别：</td><td rowspan="3">教师签字：</td></tr>
<tr><td colspan="2">自评：
□合格 □不合格</td><td colspan="2">互评：
□合格 □不合格</td><td colspan="2">师评：
□合格 □不合格</td></tr>
<tr><td colspan="2">日期：</td><td colspan="2">日期：</td><td colspan="2">日期：</td></tr>
<tr><td colspan="7">考核评分细则</td></tr>
<tr><td>序号</td><td>考核项目</td><td>考核标准</td><td>考核方式</td><td>分值</td><td>评分要求</td><td>得分</td></tr>
<tr><td>1</td><td>旋耕机基本分类方法</td><td>□准确说出分类和特点</td><td rowspan="2">现场考核、问答考核</td><td>10</td><td>未完成扣 10 分</td><td></td></tr>
<tr><td>2</td><td>旋耕机的工作过程</td><td>□准确说出工作过程</td><td>10</td><td>未完成扣 10 分</td><td></td></tr>
<tr><td>3</td><td>旋耕机的结构组成</td><td>□机架
□传动装置
□刀辊
□挡土罩
□拖板</td><td>现场考核、问答考核</td><td>20</td><td>根据情况酌情扣分</td><td></td></tr>
<tr><td>4</td><td>旋耕机的使用和调整</td><td>□万向节轴
□刀片</td><td>现场考核、问答考核</td><td>20</td><td>未完成一项扣 10 分</td><td></td></tr>
<tr><td>5</td><td>旋耕机的耕作方法</td><td>□耕深调整
□水平调整
□高度调整
□碎土性能调整</td><td>现场考核、问答考核</td><td>10</td><td>根据情况酌情扣分</td><td></td></tr>
<tr><td>5</td><td>任务报告</td><td>□完成认真，内容正确
□绘制的图形特征明显
□各部位标注正确</td><td>评阅考核</td><td>20</td><td>根据情况酌情扣分</td><td></td></tr>
<tr><td>6</td><td>学习态度</td><td>□具有团队协作精神
□具备科学严谨的态度
□观察认真，发言积极
□遵纪守时，爱护公物</td><td>自评、互评和师评相结合</td><td>10</td><td>根据情况酌情扣分</td><td></td></tr>
<tr><td colspan="4">合计</td><td>100</td><td></td><td></td></tr>
<tr><td>自我评价与总结</td><td colspan="6"></td></tr>
<tr><td>教师点评</td><td colspan="6"></td></tr>
</table>

任务三　深松机具

任务导入

土壤深松技术是一项在世界各地得到广泛应用的农业增产技术。所谓深松，一般是指超过正常犁耕深度的松土作业。深松的作用是破坏坚硬的犁底层，加深耕作层，改善耕层结构，提高土壤蓄水保墒、抗旱耐涝能力，促进作物根系生长。同时，深松作业可以不乱土层，对于那些耕层瘠薄不宜深翻的土壤（如盐碱土、白浆土等），深松结合施肥已成为改良土壤的重要措施。

任务工单

班级：________　　姓名：________　　学号：________

任务名称	深松机具
任务描述	根据实际情况，填写本任务的内容、目的、流程和方法。 任务内容：________________ ________________。 任务目的：________________ ________________。 任务流程：________________ ________________。 任务方法：________________ ________________。
获取信息	要完成任务，需要掌握相关的知识。请收集资料，回答以下问题。 1. 什么是深松？形式有哪些？具体是什么？ 2. 简述深松机的种类和一般构造。 3. 深松机的使用与维护方法有哪些？ 4. 深松机的使用注意事项有哪些？ 5. 深松机具要如何进行保养？

（续表）

<table>
<tr><td>制订计划</td><td colspan="4"></td></tr>
<tr><td rowspan="6">任务实施</td><td colspan="4">按照预先制订的工作计划，完成本任务，并记录任务实施过程。</td></tr>
<tr><td>序号</td><td>完成的任务</td><td>遇到的问题</td><td>解决办法</td></tr>
<tr><td></td><td></td><td></td><td></td></tr>
<tr><td></td><td></td><td></td><td></td></tr>
<tr><td></td><td></td><td></td><td></td></tr>
<tr><td></td><td></td><td></td><td></td></tr>
</table>

任务准备

● 知识准备

一、深松的形式

深松的形式有多种，可在作物收获后进行全面深松，又可在播种之前或播种同时及作物生长期间进行种床或行间深松。近年来，我国北方地区常采用下列几种深松形式。

1. 平翻深松

伏、秋翻时，在犁上增加深松部件，上翻下松，可有效地打破犁底层，深度可达 18～30 cm。

2. 深松耙茬

用深松机具深松而不翻，深度可达 25～30 cm，再用圆盘耙配套作业。

3. 交叉深松

麦收后用茎秆粉碎机或旋耕灭茬机，把茎秆切碎后抛撒在地表，再用深松机交叉深松两遍，并配套圆盘耙作业。

二、深松机的种类和构造

1. 铧式犁加装深松铲

（1）悬挂犁加深松部件

深松部件直接焊接或用螺栓固定在各主犁体上，主要用于上翻下松作业，可打破犁底层，增加耕深 8～10 cm，这种深松部件多采用凿形深松铲，如图 3-21（a）所示。

小学士

1SZL-350 型深松整地联合作业机

小学士

大华宝来 1S-230 型深松机

小学士

大华宝来 1S-300 型深松机

小学士

大华宝来 1S-420Z 型折叠深松机

小学士

大华宝来 1S-440Z 折叠深松机（东方红 2204）

小学士

大华宝来全方位深松机

（2）牵引犁加深松部件

深松部件是用四杆机构固定在各主犁体的后面，可随犁的起落而升降，运输时深松铲高于犁体底面，地头转弯时不易挂草，主要用于平翻深松作业。深松铲的铲柄为垂直杆式，铲头有单翼和双翼两种形式，如图 3-21（b）所示。

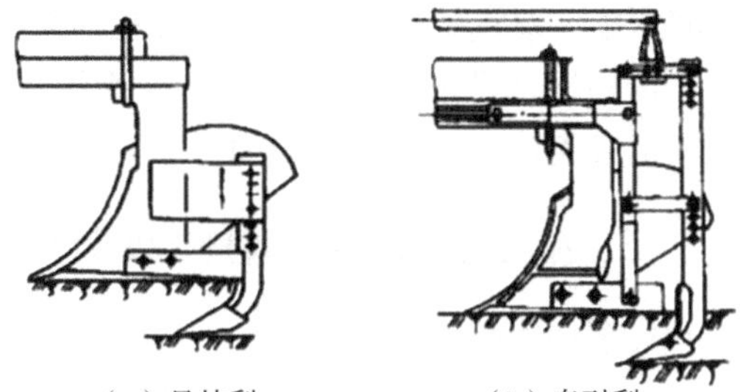

（a）悬挂犁　（b）牵引犁

图 3-21　铧式犁加装深松铲

2. 铲式深松机

铲式深松机的构造一般由机架、悬挂装置、限深轮、深松铲和安全销等组成（图 3-22）。深松铲是主要工作部件，直接装在机架横梁上；铲柱上装有安全销，当耕作中遇到树根或石块等障碍物时，能保护深松铲不受损坏；限深轮装于机架两侧，用以调整和控制松土深度。深松铲是深松机具的主要工作部件，由铲头和铲柱两部分组成（图 3-23）。

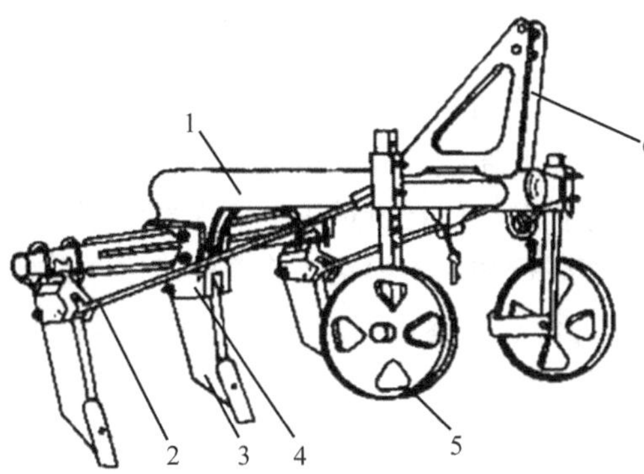

1—机架；2—拉筋；3—深松铲；4—安全销；5—限深轮；6—悬挂架。

图 3-22　铲式深松机

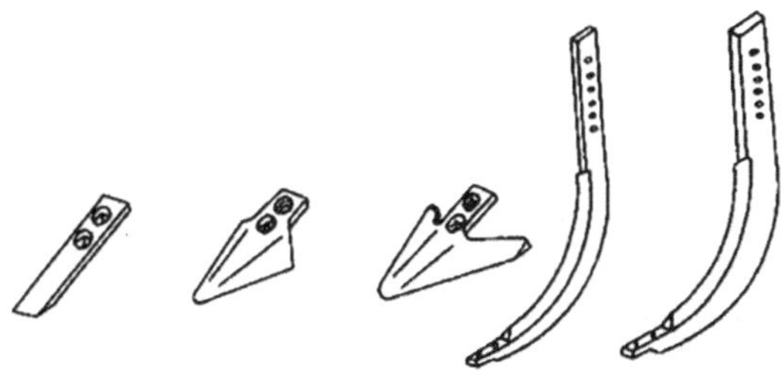

（a）凿形铲　（b）鸭掌铲　（c）双翼铲　（d）铲柱

图 3-23　铲头与铲柱

为了适应不同的作业要求，深松铲的铲头有多种形式，常用的有凿形铲、鸭掌铲和双翼铲三种。

凿形铲的碎土性能好、工作阻力小、结构简单、强度高、制作方便，既适于全面深松，也适于行间深松，应用最广泛。

鸭掌铲和双翼铲幅宽较大，松土范围扩大，工作阻力增加，这类铲主要用于苗期行间深松。双翼铲更常用于分层深松时松表层土壤，还可用于除茬作业。

铲柱通常做成弯曲的，断面多为矩形，铲头用螺栓固定于其下端，入土部分的前面加工成尖棱形，以减小阻力。

三、深松机的使用与调整（以全方位深松机为例）

1. 横向水平调整

深松机工作时，应使机架主梁保持横向水平，以使左右深松部件的松土深度保持一致，否则可通过改变拖拉机悬挂机构提升杆的长度来调整。

2. 纵向位置调整

保持深松机的纵向正确位置，可使底刃具有合理的切土角，以保证作业质量和较低的工作阻力，否则可通过改变拖拉机悬挂机构上拉杆的长度来调整。

3. 松土深度调整

松土深度可通过限深轮来调整。

四、使用注意事项

①全方位深松机在阻力较大时，可用拖拉机 I 挡作业。作业时，供油手柄应置于大油门位置，以得到较高的作业速度，并获得较好的作业效果。

②机组开始进入作业行程时，应在行进中使工作部件逐步入土。

③作业过程中要保持直线行驶，不得在工作部件未出土前转弯，以免损坏机件。

④提升深松机时，应在行进中逐步完成，不得在停车后将机具自土中提起，否则会形成深坑，影响田面平整。

⑤使用中，如发现机车负荷剧增，应立即减小作业深度，找出故障原因，及时排除。

⑥运输时，将深松机提升至最高位置，使铲尖离地面 25 cm 以上，必要时可通过拖拉机悬挂机构予以调整。在过桥或上、下坡时，注意保护铲尖，当坡度较大时可倒退行驶。

五、保养与封存

①作业季节结束后，清洗干净。

②卸下限深轮，在轴承内加满黄油后再装回原位。

③检查紧固各部位螺栓。

④刀面应涂油防锈。

⑤将机具停放在农具棚或地势较高的农具场上，工作部件用木块垫好，撑杆支撑牢靠。

- **材料准备**

实训辅助手册、行业规范与技术标准、深松机说明书、深松机图纸。

- **工具准备**

现代农业装备实训室、深松机、工具箱、实训服、手套、零件拆解摆台桌、毛巾、清洁剂。

- **人员准备**

人员分组，每组 6 人，明确职责分工（表 3-5）。

表 3-5　任务分工

任务角色	任务内容
组长：	任务：
组员 1：	任务：
组员 2：	任务：
组员 3：	任务：
组员 4：	任务：
组员 5：	任务：

任务实施

借助行业规范与技术标准、深松机说明书、深松机图纸，拆解一台深松机，并完成深松机的装配。在操作过程中正确使用工具箱中的各种工具。

第一步，拆解铲式深松机的零件，如机架、拉筋、深松铲、安全销、限深轮、悬挂架等。

第二步，拆解完成后，对深松机零件进行重新装配。

第三步，检查在装配过程中，是否有遗漏的零件没有安装，如有，重新进行拆解和装配。

第四步，装配过程中，参照实训辅助手册、行业规范与技术标准、深松机说明书、深松机图纸等。

第五步，进行深松机的调整和维护，使其能正常工作。

任务检测

请扫描二维码答题。

项目三任务三
任务检测

任务评价

根据学生对本任务学习了解的认真程度及任务报告的完成情况进行考核评价（表 3-6）。

表 3-6 深松机考核评价细则

<table>
<tr><td colspan="2">姓名：</td><td colspan="2">班级：</td><td colspan="2">组别：</td><td rowspan="3">教师
签字：</td></tr>
<tr><td colspan="2">自评：
□合格 □不合格</td><td colspan="2">互评：
□合格 □不合格</td><td colspan="2">师评：
□合格 □不合格</td></tr>
<tr><td colspan="2">日期：</td><td colspan="2">日期：</td><td colspan="2">日期：</td></tr>
<tr><td colspan="7">考核评分细则</td></tr>
<tr><td>序号</td><td>考核项目</td><td>考核标准</td><td>考核方式</td><td>分值</td><td>评分要求</td><td>得分</td></tr>
<tr><td>1</td><td>深松机的形式</td><td>□准确说出形式和特点</td><td rowspan="2">现场考核、问答考核</td><td>10</td><td>未完成扣 10 分</td><td></td></tr>
<tr><td>2</td><td>深松机的种类</td><td>□准确说出种类及特点</td><td>10</td><td>未完成扣 10 分</td><td></td></tr>
<tr><td>3</td><td>深松机的一般构造</td><td>□机架
□传拉筋
□深松铲
□安全销
□限深轮
□悬挂架</td><td>现场考核、问答考核</td><td>20</td><td>根据情况酌情扣分</td><td></td></tr>
<tr><td>4</td><td>深松机的调整</td><td>□横向
□纵向
□深度</td><td>现场考核、问答考核</td><td>20</td><td>根据情况酌情扣分</td><td></td></tr>
<tr><td>5</td><td>深松机的保养方法</td><td>□准确说出保养方法</td><td>现场考核、问答考核</td><td>10</td><td>根据情况酌情扣分</td><td></td></tr>
<tr><td>5</td><td>任务报告</td><td>□完成认真，内容正确
□绘制的图形特征明显
□各部位标注正确</td><td>评阅考核</td><td>20</td><td>根据情况酌情扣分</td><td></td></tr>
<tr><td>6</td><td>学习态度</td><td>□具有团队协作精神
□具备科学严谨的态度
□观察认真，发言积极
□遵纪守时，爱护公物</td><td>自评、互评和师评相结合</td><td>10</td><td>根据情况酌情扣分</td><td></td></tr>
<tr><td colspan="4">合计</td><td>100</td><td></td><td></td></tr>
<tr><td colspan="2">自我评价与总结</td><td colspan="5"></td></tr>
<tr><td colspan="2">教师点评</td><td colspan="5"></td></tr>
</table>

任务四　整地机械

任务导入

耕地后土垡间有很大空隙，土块较大，地面不平，必须进行整地。整地主要是为了实现松碎土壤、平整地表，达到表层松软、下层紧密、混合化肥和除草剂的目的，为播种及作物生长创造良好的土壤条件。

整地机械也称为表土耕作机械，常见的有耙类（圆盘耙、旱地滚动耙等）、镇压器、秸秆粉碎还田机。

任务工单

班级：＿＿＿＿＿＿＿＿　　姓名：＿＿＿＿＿＿＿＿　　学号：＿＿＿＿＿＿＿

任务名称	整地机械
任务描述	根据实际情况，填写本任务的内容、目的、流程和方法。 任务内容：＿＿＿＿＿＿＿＿＿＿＿＿＿＿＿＿＿＿＿＿ ＿＿＿＿＿＿＿＿＿＿＿＿＿＿＿＿＿＿＿＿＿＿＿＿。 任务目的：＿＿＿＿＿＿＿＿＿＿＿＿＿＿＿＿＿＿＿＿ ＿＿＿＿＿＿＿＿＿＿＿＿＿＿＿＿＿＿＿＿＿＿＿＿。 任务流程：＿＿＿＿＿＿＿＿＿＿＿＿＿＿＿＿＿＿＿＿ ＿＿＿＿＿＿＿＿＿＿＿＿＿＿＿＿＿＿＿＿＿＿＿＿。 任务方法：＿＿＿＿＿＿＿＿＿＿＿＿＿＿＿＿＿＿＿＿ ＿＿＿＿＿＿＿＿＿＿＿＿＿＿＿＿＿＿＿＿＿＿＿＿。
获取信息	要完成任务，需要掌握相关的知识。请收集资料，回答以下问题。 1. 整地机械的分类有哪些？具体是什么？ 2. 耙的分类有哪些？圆盘耙的构造和工作原理是什么？ 3. 圆盘耙的使用和维护方法有哪些？ 4. 镇压器的分类有哪些？ 5. 阐述秸秆粉碎还田机的构造和工作过程。

（续表）

制订计划				
任务实施	按照预先制订的工作计划，完成本任务，并记录任务实施过程。			
	序号	完成的任务	遇到的问题	解决办法

任务准备

- **知识准备**

一、圆盘耙

圆盘耙是一种以回转圆盘破碎土壤的整地机械，主要用于旱地犁耕后的碎土整地作业。由于圆盘耙片能切断草根和作物残株，搅动和翻转表土，故也可用于除草、混肥或浅耕灭茬等作业。

1. 圆盘耙的种类及性能

（1）按机重、耙深与耙片直径分类

圆盘耙有轻型、中型和重型三种，其主要结构参数及性能如表 3-7 所示。

表 3-7 圆盘耙的类型

类型	单片机重 /kg	耙片直径 /mm	耙深 /cm	适应范围
轻型	15～25	460	10	用于中等土壤的耕后耙地，播前松土，也可用于轻壤土上的灭茬作业
中型	30～45	560	14	用于黏土的耕后耙地，也可用于中等壤土的灭茬作业
重型	50～56	660	18	用于开荒地、沼泽地和黏重土壤的耕后耙地，也可用于黏壤土的以耙代耕

（2）按与拖拉机的挂接方式分类

圆盘耙有牵引式、悬挂式和半悬挂式三种。

①牵引式圆盘耙。重型圆盘耙比较笨重，多为牵引式。中型和轻型圆盘耙也有牵引式，以便于实现多台联合作业。牵引式机组地头转弯半径大，运输不方便，适用于大地块作业。

②悬挂式圆盘耙。悬挂式圆盘耙多为中型和轻型。机组紧凑，操作方便，运输灵活。

③半悬挂式圆盘耙。半悬挂式圆盘耙特点介于牵引式和悬挂式之间。

（3）按耙组的配置方式分类（图 3-24）

圆盘耙有按耙组的配置方式分为对置式和偏置式两种；按耙组的排列方式分为单列耙和双列耙，其中图 3-24（b）所示为根据耙组的配置和排列方式分为双列对置式，图 3-24（d）所示为双列偏置式。

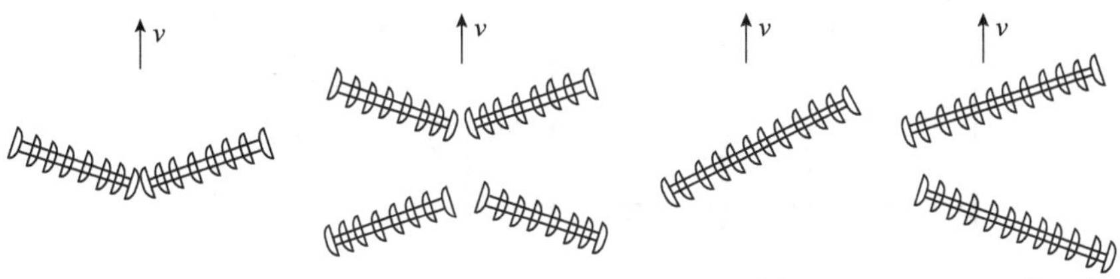

（a）单列对置式　（b）双列对置式　（c）单列偏置式　（d）双列偏置式

v—拖拉机前进的速度。

图 3-24　耙组的配置方式

①对置式。对置式圆盘耙左右耙组对称布置，侧向力互相平衡，偏角调节方便，作业中可左右转弯。缺点是耙后中间留有未耙的土埂，两侧有沟（指双列的）。

②交错式。交错式圆盘耙是对置式的一种变形，每列左右两耙组交错配置，克服了对置圆盘耙中间漏耙留埂的缺点。

③偏置式。偏置式圆盘耙有一组右翻耙片和一组左翻耙片，前后布置进行工作。牵引线偏离耙组中心线，侧向力不易平衡，调整比较困难，作业中只宜单向转弯，但结构比较简单，耙后地表平整，不留沟埂。

2. 圆盘耙的构造与工作原理

（1）构造

圆盘耙一般由耙组、耙架、角度调节器、牵引或悬挂装置等部分组成，有的牵引耙上还装有运输轮（图 3-25）。

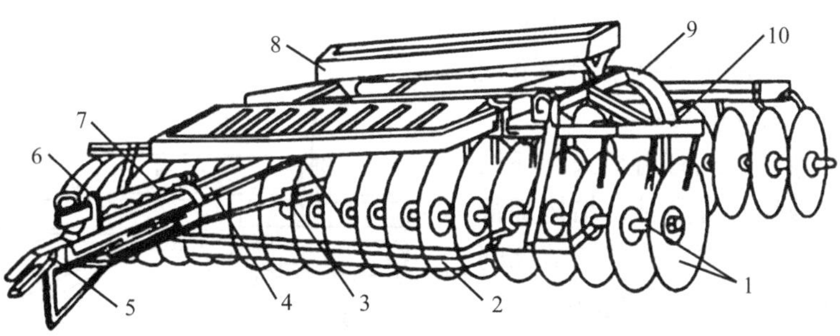

1—耙组；2—前列拉杆；3—后列拉杆；4—主梁；5—牵引钩；6—卡子；
7—齿板；8—加重箱；9—耙架；10—刮土器。

图 3-25　PY-3.4 型 41 片牵引对置圆盘耙结构

①耙组。耙组由装在方轴上的若干耙片组成（图 3-26）。耙片间用间管隔开，轴端用垫铁和螺母拧紧。耙片通过轴承和轴承支板安装在横梁上。为清除耙片上黏附的泥土，在横梁上装有刮土铲。

耙片是一个球面圆盘，中心有方孔，凸面周缘磨刃，以增强入土和切土能力。按周缘形状不同分为全缘式和缺口式两种（图 3-27）。缺口耙片入土和切土能力较强，适用于新开垦黏重土壤土地。

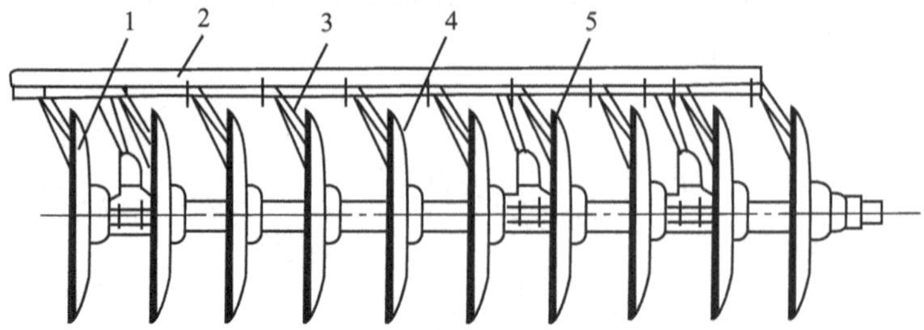

1—耙片；2—横梁；3—刮土器；4—间管；5—轴承。

图 3-26 耙组

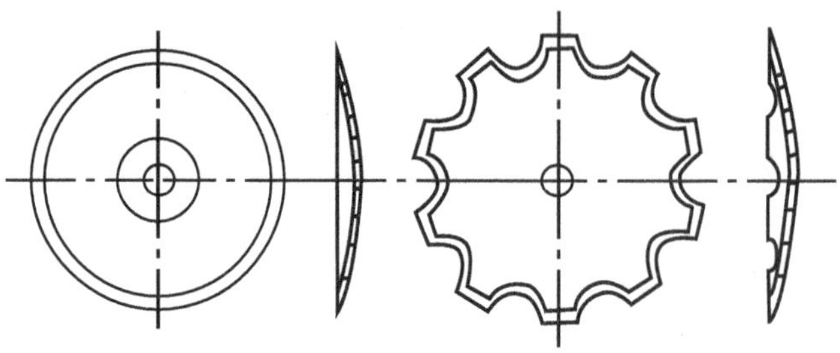

（a）全缘式　（b）缺口式

图 3-27 耙片

②耙架。耙架用来安装耙组、角度调节器和牵引（或悬挂）装置，有的耙架上还装有加重箱。耙架有挠性耙架和刚性耙架两种形式。挠性耙架对地形的适应性好，刚性耙架可使耙组凸面端和凹面端耙深保持一致。

③角度调节器。圆盘耙工作时，耙片回转面与前进方向之间保持一定的夹角，称为偏角。角度调节器用于调节偏角大小，以适应耙深的需要。

角度调节器的形式有齿板式、插销式、压板式和液压式等多种，结构都很简单，操作也比较方便。总的调节原则是改变耙组横梁相对耙架的连接位置，从而改变偏角大小。

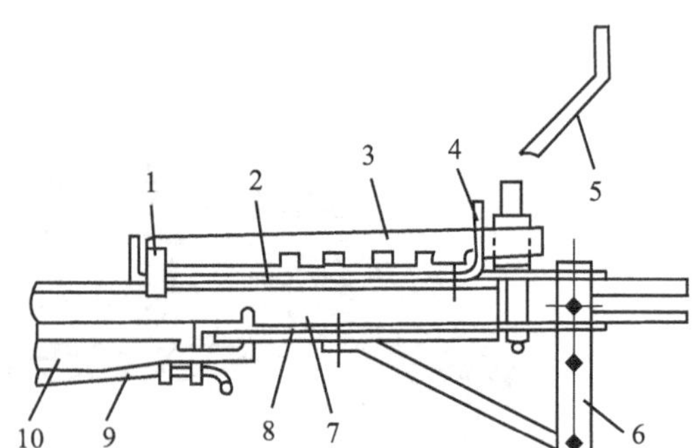

1—托板；2—上滑板；3—齿板；4—托架；5—手杆；6—牵引架；7—主梁；8—下滑板；9—后拉杆；10—前拉杆。

图 3-28 齿板式角度调节器

图 3-28 所示为牵引耙齿板式角度调节器，由齿板、上下滑板、托架和拉杆等组成。上下滑板与牵引架固定在一起，并能沿主梁移动，移动范围受齿板末端限制。操纵手杆抬起齿板，并向前移动齿板至相应的缺口卡在托架上固定，然后开动拖拉机，牵引架带动滑板在主梁上前移，直到上滑板后端上弯部分碰到齿板为止。与此同时，滑板通过左右前拉杆和后拉杆带动耙组相对机架摆转，偏角 α 增大（图 3-29）。

如需调小偏角，应通过拖拉机后退，使滑板在主梁上后移，然后将齿板后移定位。

（2）工作原理

圆盘耙工作时，耙片回转面垂直于地面，并与前进方向呈一偏角 α。耙片滚动前进，在重力和土壤阻力作用下切入土中，并达到一定的耙深。耙片回转一周，位置由 A 点至 C 点，其运动可分解为由 A 点至 B 点的纯滚动和由 B 点至 C 点的侧向移动。在滚动中，耙片刃口切碎土块，切断草根和残茬。在侧向移动中，耙片推土、铲草，并使土壤沿凹面上升和跌落，从而又起到碎土、翻土和覆盖等作用。当 α 角增大时，侧移段 BC 增大，对土壤的作用力增强，使耙深增加。减小偏角，则耙深变浅。因此，圆盘耙普遍采用改变偏角的方法来调节耙深（图 3-30）。

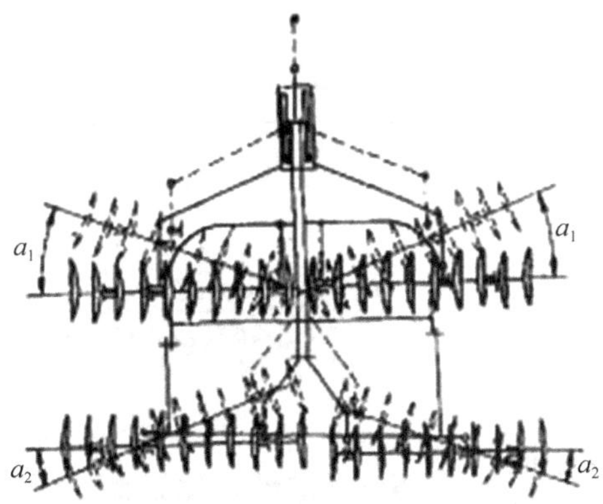

图 3-29　偏角调节示意图

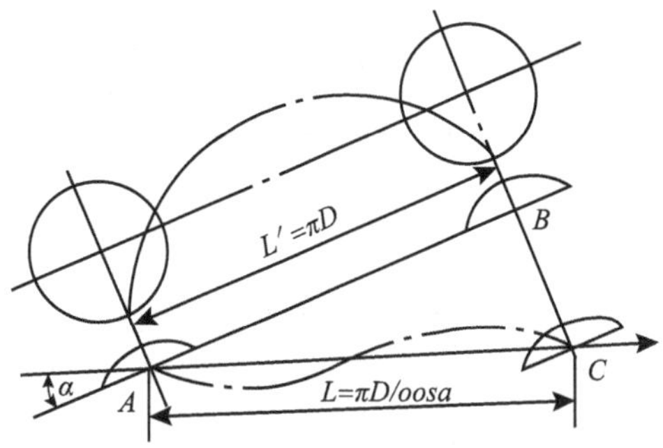

L—耙片滚动一圈的距离；L'—纯滚动距离；D—耙片的直径；α—耙片偏角。

图 3-30　耙片的运动

3. 圆盘耙的使用与维护

（1）圆盘耙的调整

①耙深调整。耙深可利用角度调节器改变偏角或增减附加重量来调整。增大偏角或增加附加重量，耙深增加，反之减小。

②水平调整。耙的水平包括横向水平和纵向水平。例如，PQX-1.8 型悬挂耙的横向水平可通过拖拉机悬挂机构右提升杆来调整，纵向水平则用水平调节丝杠来调整；PY-3.4 型牵引耙的横向水平可通过改变耙组凸端吊杆位置来调整，纵向水平可通过改变牵引钩在牵引架上的不同孔位来调整。

③刮土器调整。刮土器与圆盘凹面的间隙应为 3～8 mm，可通过改变刮土器在横梁上的位置来调整。

（2）圆盘耙的常见故障与排除方法

圆盘耙常见故障及排除方法如表 3-8 所示。

表 3-8　圆盘耙常见故障及排除方法

序号	故障	故障原因	排除方法
1	不入土或深度不足	（1）耙片偏角太小； （2）土质干硬； （3）耙片磨钝； （4）耙片间黏土过多； （5）机组前进太快	（1）调大偏角； （2）调大偏角或增加附加重量； （3）修磨耙片刃口或更换耙片； （4）清除黏土； （5）降低前进速度

（续表）

序号	故障	故障原因	排除方法
2	耙后地表不平整	（1）各耙组偏角相差太大； （2）耙架不水平； （3）负重不均匀； （4）个别耙组转动不灵活	（1）切整偏角； （2）调整耙架水平； （3）均布负重； （4）检查方轴、轴承、刮土器，排除故障
3	耙片堵塞	（1）土壤太黏太湿杂草过多； （2）偏角太大； （3）前进速度太慢； （4）刮土器不起作用	（1）等土壤湿度适宜时再耙； （2）调小偏角； （3）提高前进速度； （4）调整刮土器
4	轴承腐损严重	（1）轴承内缺油或漏油； （2）泥沙进入轴承	（1）按时注油保养； （2）拆洗后重新安装

二、旱地滚动耙

旱地工作的滚动耙通常与旋耕机、深松机等耕作机械联合使用，其功用是破碎土块、压实耕层和平整表层土壤。

滚动耙的种类很多，根据工作元件的形状不同可分为钢丝滚动耙、齿板滚动耙和扭板滚动耙等（图 3-31）。

钢丝滚动耙碎土作用较强；扭板滚动耙的压实作用较强；齿板滚动耙综合性能较好，但结构较复杂。

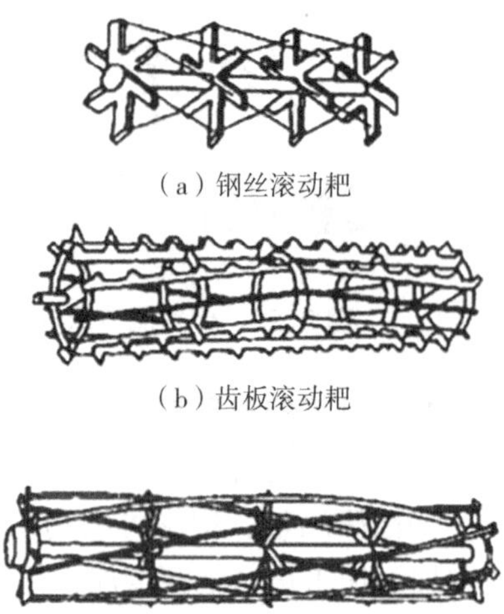

（a）钢丝滚动耙

（b）齿板滚动耙

（c）扭板滚动耙

图 3-31　旱地滚动耙的工作部件

三、镇压器

镇压器主要用于耕后和播种前后的镇压作业。耕后及播前的镇压可碎土保墒，使耕层紧密平坦，提高播种质量。播后镇压可使种子与土壤紧密接触，下层土壤水分上升，促进种子发芽。有的地区采用苗前镇压可压碎板结地表，以利幼苗出土。在干旱多风地区，镇压作业还能防止土壤风蚀。

常用的镇压器多为牵引式，根据形状不同分为“V”形、网形、齿盘“V”形等（图 3-32、图 3-33、图 3-34）。

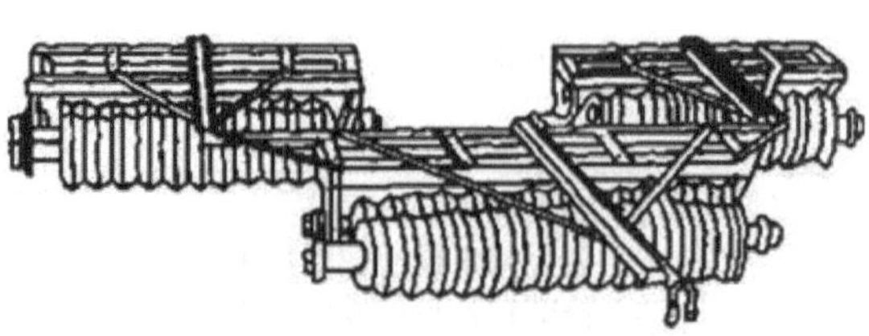

图 3-32　“V”形镇压器

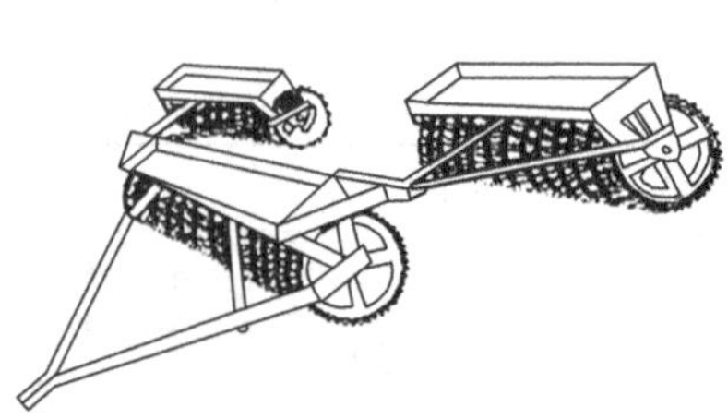

图 3-33　网形镇压器

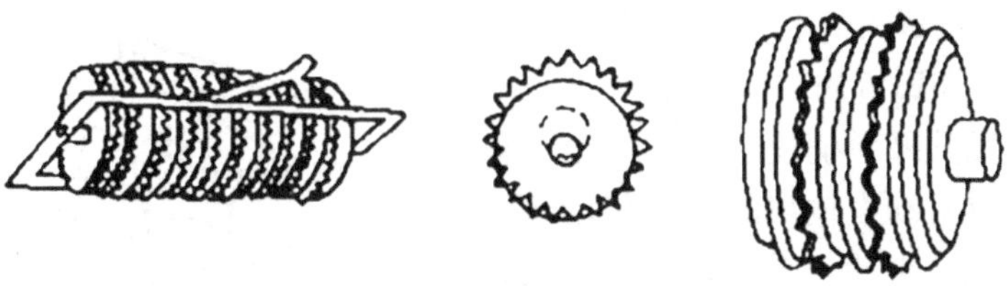

图 3-34　齿盘"V"形镇压器

1."V"形镇压器

"V"形镇压器由若干个具有"V"形边缘的铸铁轮穿在辊轴上组成。镇压轮的孔径大于轴径，工作时镇压轮可在轴上相对晃动，以利脱土。镇压后地表呈波状起伏，可减轻土壤风蚀。

2. 网形镇压器

网形镇压器由若干个表面具有凸齿的铸铁轮串装在轮轴上组成，以压实下层土壤为主，并能保持表土疏松，具有较好的保墒作用。

3. 齿盘"V"形镇压器

齿盘"V"形镇压器是在两个"V"形轮之间加装一个齿盘，齿盘外径稍大于"V"形轮，齿盘在回转的同时上下运动。这种镇压器碎土能力极强，有使土壤上虚下实的作用，提高了"V"形镇压器的作业效果。

四、秸秆粉碎还田机

农作物秸秆粉碎还田机自 20 世纪 80 年代进入我国以来，在北方地区逐步发展起来。实施秸秆直接粉碎还田技术，能够增加土壤的有机质含量，改良土壤结构，增强土壤的蓄水保墒能力。

1. 秸秆粉碎还田机的构造

秸秆粉碎还田机的结构与旋耕机相似，主要由机架、牵引或悬挂装置、传动装置、刀轴、动刀和定刀等组成（图 3-35）。

动刀有折刀和锤爪两种形式（图 3-36）。折刀又分左折、右折两种，两把折向相反的刀片成为一组，铰装于刀轴的刀片座上。刀片座在刀轴上呈交错排列，以得到较好的平衡效果，减少机器的振动。

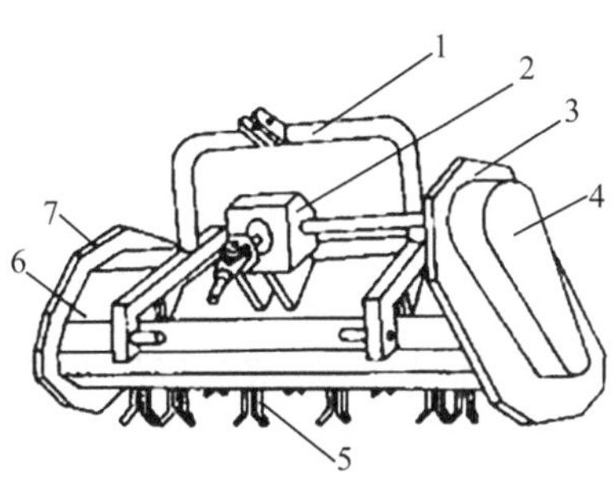

1—悬挂架；2—主传动箱；3—侧板；4—侧传动箱；5—动刀；6—护罩；7—侧板。

图 3-35　秸秆粉碎还田机

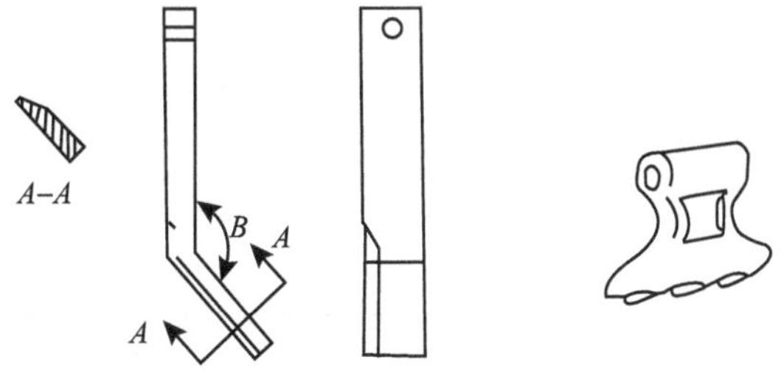

（a）折刀　（b）锤爪

B—折刀角度。

图 3-36　还田刀

定刀安装在机罩内壁上，以加强粉碎效果。

2. 秸秆粉碎还田机的工作过程

操纵拖拉机升降手柄使还田机降至工作位置，动力由拖拉机动力输出轴经主传动箱和侧传动箱传往刀轴，带动刀轴高速旋转。动刀将地表的秸秆打断使其进入护罩内。秸秆在护罩内继续受到动刀的砍切、撞击和定刀片的配合切割而成为细碎秸秆，并沿刀片回转方向，均匀撒落于机后地表（图 3-37）。

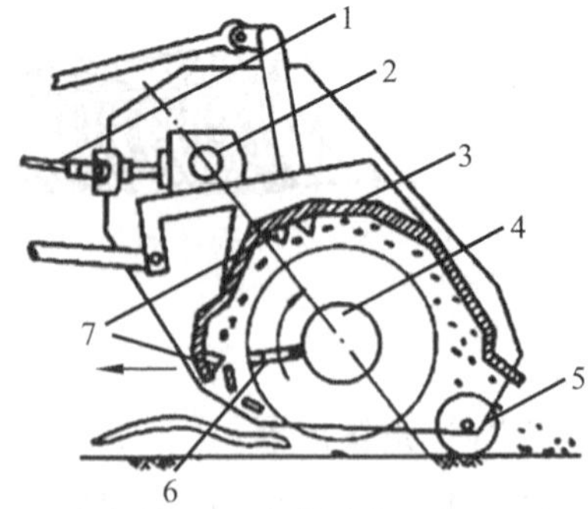

1—万向节轴；2—主传动箱；3—机罩；4—刀轴；5—尾轮；6—动刀片；7—定刀片。

图 3-37 秸秆粉碎还田机的工作过程

3. 秸秆粉碎还田机的使用

①使用前认真检查刀片有无变形和损坏，刀片销轴的开口销是否锁牢。

②检查皮带松紧度，以免因刀轴转速的降低而影响粉碎质量。

③机组作业前应进行试运转，检查各转动部位有无碰撞、摩擦和发热现象，运转正常后方可投入作业。

④工作中严禁动刀打土，应保持 20～80 mm 的留茬高度。

⑤提升还田机时应切断动力，不要升得过高，以防万向节轴脱出和损坏。

- **材料准备**

实训辅助手册、行业规范与技术标准、圆盘耙说明书、圆盘耙图纸、秸秆粉碎还田机说明书、秸秆粉碎还田机图纸。

小学士

联合整地机

- **工具准备**

现代农业装备实训室、圆盘耙、秸秆粉碎还田机、工具箱、实训服、手套、零件拆解摆台桌、毛巾、清洁剂。

- **人员准备**

人员分组，每组 6 人，明确职责分工（表 3-9）。

表 3-9 任务分工

任务角色	任务内容
组长：	任务：
组员 1：	任务：
组员 2：	任务：
组员 3：	任务：
组员 4：	任务：
组员 5：	任务：

任务实施

借助行业规范与技术标准、圆盘耙说明书、圆盘耙图纸、秸秆粉碎还田机说明书、秸秆粉碎还田机图纸，拆解一台圆盘耙和秸秆粉碎还田机，并完成圆盘耙和秸秆粉碎还田机的装配。在操作过程中正确使用工具箱中的各种工具。

第一步，拆解圆盘耙和秸秆粉碎还田机的零件。

第二步，拆解完成后，对圆盘耙和秸秆粉碎还田机的零件重新进行装配。

第三步，检查在装配过程中，是否有遗漏的零件没有安装，如有重新进行拆解和装配。

知识补充

免耕少耕高效复式联合整地机1

知识补充

免耕少耕高效复式联合整地机2

第四步，装配过程中，参照实训辅助手册、行业规范与技术标准、圆盘耙说明书、圆盘耙图纸、秸秆粉碎还田机说明书、秸秆粉碎还田机图纸等。

第五步，进行圆盘耙的使用与维护，使其能正常工作。

任务检测

请扫描二维码答题。

项目三任务四任务检测

任务评价

根据学生对本任务学习了解的认真程度及任务报告的完成情况进行考核评价（表 3-10）。

表 3-10　整地机械考核评价细则

姓名：		班级：		组别：		教师签字：
自评： □合格　□不合格		互评： □合格　□不合格		师评： □合格　□不合格		
日期：		日期：		日期：		
考核评分细则						
序号	考核项目	考核标准	考核方式	分值	评分要求	得分
1	整地机械的分类	□准确说出分类和特点	现场考核、问答考核	10	未完成扣 10 分	
2	圆盘耙的工作原理	□准确说出工作原理		10	未完成扣 10 分	
3	圆盘耙的结构组成	□耙组 □耙架 □角度调节器 □牵引或悬挂装置	现场考核、问答考核	10	根据情况酌情扣分	
4	耙的使用和调整	□准确说出使用和调整方法	现场考核、问答考核	10	未完成扣 10 分	

（续表）

序号	考核项目	考核标准	考核方式	分值	评分要求	得分
5	镇压器的分类	□“V”形 □网形 □齿盘“V”形	现场考核、问答考核	10	根据情况酌情扣分	
6	秸秆粉碎还田机的一般构造	□机架 □牵引或悬挂装置 □传动装置 □刀轴 □动刀 □定刀	现场考核、问答考核	10	根据情况酌情扣分	
7	秸秆粉碎还田机的工作原理	□准确说出工作原理	现场考核、问答考核	10	根据情况酌情扣分	
8	任务报告	□完成认真，内容正确 □绘制的图形特征明显 □各部位标注正确	评阅考核	20	根据情况酌情扣分	
9	学习态度	□具有团队协作精神 □具备科学严谨的态度 □观察认真，发言积极 □遵纪守时，爱护公物	自评、互评和师评相结合	10	根据情况酌情扣分	
合计				100		
自我评价与总结						
教师点评						

项目四　播种施肥机械

项目导读

播种是农业生产过程中关键性的作业环节，良好的播种质量是保证苗全、苗壮的前提。用机械播种不仅可以减轻劳动强度、提高工效、保证质量、不误农时，而且也为后继田间管理创造良好的条件。播种机的选择应根据作物品种、栽培技术和当地农业技术要求而定，并随着农业生产的发展而发展。了解播种机的类型、构造、使用与维护和适用范围，使学生能够熟练根据实地情况使用播种机。

知识目标

①熟悉播种机的类型。

②掌握谷物条播机的构造和工作过程。

③掌握中耕作物播种机的构造和工作过程。

④熟悉常用播种机的工作部件。

⑤掌握播种机的使用和维护。

技能目标

①掌握播种作业的试播、作业及安全规则，特别是安全规则。

②根据机器使用说明书中规定，及时、严格、认真地对播种机进行保养和保管。

③能够对播种机出现的故障，进行排除及简单的维修。

素质目标

①树立安全意识。熟知工作安全常识，以保障个人人身安全。

②提升自我管理能力。遵守工作纪律，能恰当有效地利用时间，按时完成各项任务。

③提升团队合作能力。能认知自己在团队中的角色，主动承担工作任务，尊重他人的意见，遵从集体决策，遵守各种行为规范和操作规范。

④提升独立思考能力。能积极学习知识，领悟所学内容，独立思考，梳理知识，建立自己可靠的知识基础，活学活用解决新的问题。

⑤提升交流沟通能力。能主动与小组成员、同学、老师、陌生人接触，通过聆听、交谈、交流等方式获取信息，有效地进行交流沟通。

⑥树立严谨求实的工作态度。能够严格按规范、标准一丝不苟地完成每一项检查工作。

思政目标

①了解当下播种机的发展和弊端，努力学习相关知识，为播种机的创新贡献自己的力量。

②发扬精益求精的工匠精神，对待常用播种机中各零件拆解清晰、装配合理，不能马虎。

任务一　播种机

任务导入

播种机是以作物种子为作业对象的种植机械。播种方式应根据作物品种、栽培技术和当地农业技术要求而定，并随着农业生产的发展而发展。基本播种方式有撒播、条播、穴播（点播）和精密播种四种。简述播种机的分类，并认识播种机。

任务工单

班级:________________　　姓名:________________　　学号:______________

任务名称	播种机
任务描述	根据实际情况，填写本任务的内容、目的、流程和方法。 任务内容:____ ____。 任务目的:____ ____。 任务流程:____ ____。 任务方法:____ ____。
获取信息	要完成任务，需要掌握相关的知识。请收集资料，回答以下问题。 1. 什么是条播?

（续表）

<table>
<tr><td>获取信息</td><td colspan="4">2. 播种机的分类有哪些？

3. 播种作业前的准备有哪些？</td></tr>
<tr><td>制订计划</td><td colspan="4"></td></tr>
<tr><td rowspan="6">任务实施</td><td colspan="4">按照预先制订的工作计划，完成本任务，并记录任务实施过程。</td></tr>
<tr><td>序号</td><td>完成的任务</td><td>遇到的问题</td><td>解决办法</td></tr>
<tr><td></td><td></td><td></td><td></td></tr>
<tr><td></td><td></td><td></td><td></td></tr>
<tr><td></td><td></td><td></td><td></td></tr>
<tr><td></td><td></td><td></td><td></td></tr>
</table>

任务准备

- **知识准备**

一、播种方式

1. 撒播

撒播是将种子漫撒于地表，然后对种子进行覆盖和压实。此法简单而粗放、种子分布不均、浪费种子、覆土深度不一，但生产率高，适用于飞机撒播水稻、牧草等作物，并可应用于造林。

2. 条播

条播是将种子按一定行距，连续均匀成条地播在种沟内，然后进行覆土镇压。此法是常用的一种播种方式，种子分布较均匀、覆土深度一致、出苗整齐，适用于小麦、谷子及豆类作物的播种。

3. 穴播

穴播又称点播，是将种子按一定行距和株距播在种沟内，种子呈穴分布。此法种子分布均匀准确、省种、可减少间苗工作量，适用于棉花、玉米、花生及中耕作物的播种。

4. 精密播种

精密播种即播种量、株距、行距、播深等要求精确，每穴粒数精确。此法种子分布均匀、省种，且不用间苗、定苗。采用此法播种时，对整地质量及种子要求严格。精密播种根据作物不同，分为精密条播和精密穴播。

二、机械播种的农业技术要求

播种量符合要求且准确，排种均匀稳定，穴距及每穴粒数均匀一致，种子损伤少。播深符合要求且均匀一致。种子应播在湿土上，并用湿土覆盖，无露籽现象，覆土均匀。干旱地区播后应同时镇压，以利保墒。播种行距一致，地头整齐不重不漏。尽量采用联合作业。

三、播种机的分类

播种机的类型很多，一般可按下列方法进行分类。

1. 按播种方式分类

可分为撒播机、条播机、穴播机和精密播种机。

2. 按适应作物情况分类

可分为谷物播种机、中耕作物播种机及其他作物播种机。

3. 按联合作业情况分类

可分为施肥播种机、播种中耕通用机、旋耕播种机、旋耕铺膜播种机。

4. 按动力连接方式分类

可分为牵引式、悬挂式和半悬挂式。

5. 按排种原理分类

可分为机械式、气力式和离心式。

四、播种作业前的准备

1. 田间准备

①将田地整理到播种要求的状态。

②清除影响作业的障碍物，不能清除的应做出记号。

③区划田地并确定机组行走路线。

2. 播种机准备

①按播种机装配技术要求，进行技术状态检查。

②根据要求行距，确定开沟器数目，并安装。

开沟器数目按式（4-1）计算：

$$N = \frac{L-b}{a} + 1 \quad \cdots\cdots\cdots\cdots\cdots\cdots (4\text{-}1)$$

式中：N——开沟器数目（取整数）；

L——开沟器梁长（m）；

b——开沟器拉杆宽度（m）；

a——行距（m）。

找出播种机中心线，并以此为基准，按要求行距向左右对称排列安装开沟器。开沟器数目为单数时，中心线处装一个；为双数时，中心线两侧各半个行距处装一个。安装后，检查行距是否正确。

③播种量的试验与调整。

播种量按式（4-2）计算：

$$G = 0.1\pi DB(1+\sigma)nQ \cdots\cdots (4\text{-}2)$$

式中：G——排种量（g）；

D——地轮直径（m）；

B——工作幅宽（m）；

σ——地轮滑移率（一般为 0.05～0.10）；

n——地轮转动圈数；

Q——公顷播种量（kg/hm^2）。

播种量试验：将播种机垫起，使地轮离开地面，并调平机架；检查排种舌位置，应一致；选好传动比和槽轮工作长度；装种并转动地轮，使排种器充满种子；装好接种袋。

各行排量一致性检查：用手转动地轮若干圈，停止后将各排种器排出的种子分别称重，计算出平均值；比较各行排量与平均值的偏差，偏差不超过 2% 为合格，若超出，应对单个槽轮工作长度进行调整；再试，直至达到要求。

播种量检查调整：用手均匀转动地轮达 n 圈；停止后，称量排出种子的总重量，并与按公顷播种量算出的 n 圈播种量比较，其偏差不超过 2% 为合格，若超出，用播种量调节杆调整；再试直至达到要求。

播种机的播种量经上述试验调整后，在正式作业前，还需经田间试验校正，以确保播种量准确无误。

田间试验时，首先，在种箱内先装入部分种子，并将表面刮平，在内箱壁画出记号。其次，将计算出的播种量［按式（4-3）计算］装入种箱。最后，进行播种作业，当走完 L 距离后停止，将种箱内剩余种子刮平，观察其表面高度与原画记号的位置差。二者相符，表明播种量正确。若种子表面高出记号，说明播种量不足；反之则说明播种量过大。用播种量调节杆调整后再试，直至达到要求为止。

$$q = \frac{QBL}{10\,000} \cdots\cdots (4\text{-}3)$$

式中：q——走 L 距离播种量（kg）；

Q——公顷播种量（kg/hm^2）；

B——工作幅宽（m）；

L——选定试验长度（m）。

中耕作物播种量主要与穴距和每穴粒数有关。每穴粒数取决于种粒大小和排种盘型孔的规格，因此每穴粒数只需根据种粒大小，选取适当规格型孔的排种盘即可。穴距大小与排种盘型孔数及传动速比有关。根据式（4-4）和式（4-5），当排种盘型孔数已知时，根据要求穴距，可求出所需的传动速比；当传动速比已知时，可根据要求的穴距，求出所需的排种盘型孔数。

$$i=\frac{\pi D}{Sz(1-\sigma)}+1 \qquad (4-4)$$

$$z=\frac{\pi D}{Si(1-\sigma)}+1 \qquad (4-5)$$

式中：z——排种盘型孔数；

D——地轮直径（m）；

S——穴距（m）；

i——传动速比（n 排 /n 地）；

σ——地轮滑移率（一般为 0.05～0.10）。

④划印器臂长的调整。划印器臂长与播种机行走方法、连接台数及驾驶员所选对应目标有关。采用梭式播法时，划印器臂长可用式（4-6）与式（4-7）计算，示意图如图 4-1 所示。

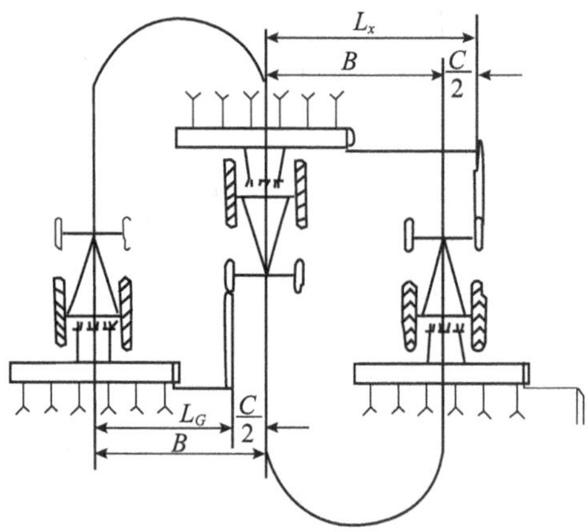

B—播种机工作幅宽；C—对应目标距机组中心线距离的两位；

L—划印器至播种机中心线距离。

图 4-1 划印器臂长的计算

$$L_{右}=\frac{(n+1)B-C}{2} \qquad (4-6)$$

$$L_{左}=\frac{(n+1)B-C}{2} \qquad (4-7)$$

式中：$L_{右}$、$L_{左}$——右、左划印器至播种机中心线距离；

n——播种机台数；

B——播种机工作幅宽；

C——对应目标距机组中心线距离的两倍。

实践中，也可不计算而用拉绳法测定划印器臂长（图 4-2）。首先，确定对应目标，并以此为标志，平行于前进方向画一延长线与播种机主梁在地面上投影线相交于 A 点。

其次，找出播种机最外侧开沟器向外半个行距处$D_{左}$、$D_{右}$点。最后，取绳，分别以$D_{左}$、$D_{右}$点为圆心，以$D_{左}A$、$D_{右}A$为半径画半圆与投影线交$C_{左}$、$C_{右}$点，则$C_{左}$、$C_{右}$点即为所求左、右划印器圆盘的位置。

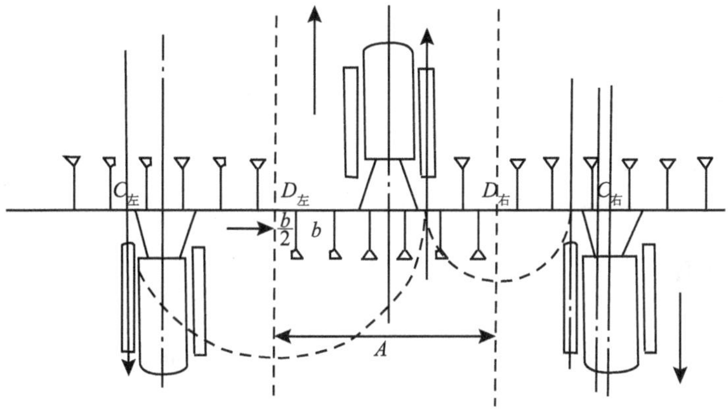

b—播种机行距；A—播种机工作幅宽。

图 4-2 拉绳法测定划印器臂长

- **材料准备**

实训辅助手册、行业规范与技术标准、播种机说明书、充足的油料、易损零配件、种子和肥料。

- **工具准备**

现代农业装备实训室、谷物播种机、中耕作物播种机、工具箱、实训服、手套、零件拆解摆台桌、毛巾、清洁剂。

- **人员准备**

人员分组，每组 6 人，明确职责分工（表 4-1）。

表 4-1 任务分工

任务角色	任务内容
组长：	任务：
组员 1：	任务：
组员 2：	任务：
组员 3：	任务：
组员 4：	任务：
组员 5：	任务：

任务实施

借助行业规范与技术标准、播种机说明书，完成播种作业前的准备工作。在准备过程中正确使用工具箱中的各种工具。

第一步，寻找合适的试验田。

第二步，进行田间准备。

第三步，按播种机装配技术要求，进行状态检查。

第四步，根据要求行距，确定开沟器数目，并安装。

第五步，调整划印器臂长。

任务检测

请扫描二维码答题。

项目四任务一
任务检测

任务评价

根据学生对播种机学习了解的认真程度及任务报告的完成情况进行考核评价（表 4-2）。

表 4-2　播种机考核评价细则

<table>
<tr><td colspan="2">姓名：</td><td colspan="2">班级：</td><td colspan="2">组别：</td><td rowspan="3">教师
签字：</td></tr>
<tr><td colspan="2">自评：
□合格　□不合格</td><td colspan="2">互评：
□合格　□不合格</td><td colspan="2">师评：
□合格　□不合格</td></tr>
<tr><td colspan="2">日期：</td><td colspan="2">日期：</td><td colspan="2">日期：</td></tr>
<tr><td colspan="7">考核评分细则</td></tr>
<tr><td>序号</td><td>考核项目</td><td>考核标准</td><td>考核方式</td><td>分值</td><td>评分要求</td><td>得分</td></tr>
<tr><td>1</td><td>条播的定义</td><td>□准确说出条播的定义</td><td>现场考核、问答考核</td><td>10</td><td>未完成扣10 分</td><td></td></tr>
<tr><td>2</td><td>播种机的分类</td><td>□准确说出 5 种方式的分类</td><td>现场考核、问答考核</td><td>20</td><td>未完成扣20 分</td><td></td></tr>
<tr><td>3</td><td>播种作业前的准备</td><td>□田间准备
□播种机准备</td><td>现场考核、问答考核</td><td>40</td><td>未完成一项扣 20 分</td><td></td></tr>
<tr><td>4</td><td>任务报告</td><td>□完成认真，内容正确
□绘制的形态图特征明显
□各部位标注正确</td><td>评阅考核</td><td>20</td><td>根据情况酌情扣分</td><td></td></tr>
<tr><td>5</td><td>学习态度</td><td>□具有团队协作精神
□具备科学严谨的态度
□观察认真，发言积极
□遵纪守时，爱护公物</td><td>自评、互评和师评相结合</td><td>10</td><td>根据情况酌情扣分</td><td></td></tr>
<tr><td colspan="4">合计</td><td>100</td><td></td><td></td></tr>
<tr><td colspan="2">自我评价与总结</td><td colspan="5"></td></tr>
<tr><td colspan="2">教师点评</td><td colspan="5"></td></tr>
</table>

任务二　常用播种机工作部件

任务导入

播种机类型很多，但从整体结构来看，不同类型的播种机的不同处仅为其工作部位的形式不同。现有一播种机发生故障，表现为开沟器无法升起。根据上述表现，对播种机进行故障诊断并维修。

任务工单

班级：________________　　姓名：________________　　学号：______________

任务名称	常用播种机工作部件
任务描述	根据实际情况，填写本任务的内容、目的、流程和方法。 任务内容：________________________________ ______________________________________。 任务目的：________________________________ ______________________________________。 任务流程：________________________________ ______________________________________。 任务方法：________________________________ ______________________________________。
获取信息	要完成任务，需要掌握相关的知识。请收集资料，回答以下问题。 1. 开沟器的作用是什么？常见的开沟器有哪些？ 2. 水平圆盘式排种器由哪些结构组成？ 3. 描述 2BF-24A 型施肥播种机的工作过程。 4. 常用播种机的一般部件有哪些？
制订计划	

（续表）

任务实施	按照预先制订的工作计划，完成本任务，并记录任务实施过程。			
	序号	完成的任务	遇到的问题	解决办法

任务准备

- **知识准备**

一、谷物条播机

1. 谷物条播机的构造和工作过程

我国生产的谷物条播机，均为能同时进行施肥的机型，一次完成开沟、排种、排肥、覆土等作业，故其主要由机架、种肥箱、排种器、排肥器、输种（肥）管、开沟器、覆土器、行走轮、传动装置、牵引或悬挂装置、起落及深浅调节机构等组成（图 4-3）。工作时，播种机由拖拉机牵引行进；开沟器开出种沟；地轮转动通过传动装置带动排种和排肥器，将种、肥排出，经输种（肥）管落入种沟；随后由覆土器覆土盖种。

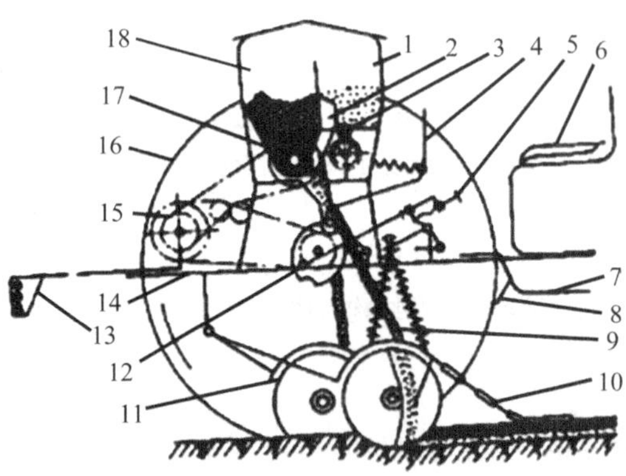

1—肥料箱；2—排肥量调节活门；3—排肥器；4—升降手柄；5—播深调节机构；6—座位；7—脚踏板；8—刮泥刀；9—输种（肥）管；10—覆土器；11—开沟器；12—升降机构；13—牵引装置；14—机架；15—传动装置；16—地轮；17—排种器；18—种肥箱。

图 4-3 2BF-24A 型施肥播种机

2. 2BF-24A 型施肥播种机结构与工作过程

2BF-24A 中各字母含义如图 4-4 所示。

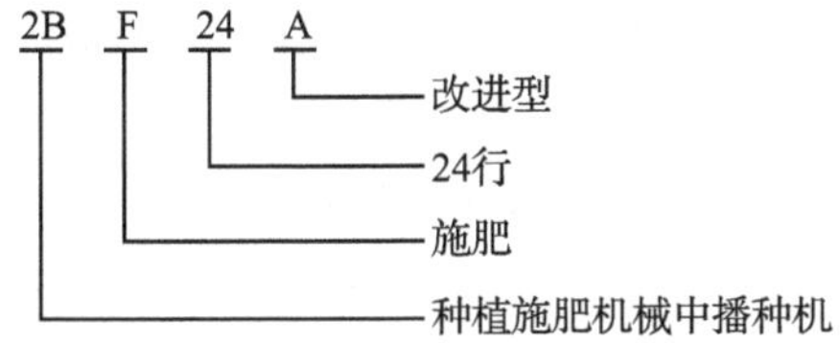

图 4-4　字母含义

2BF-24A 型施肥播种机是目前应用最广的谷物条播机，主要用于平原旱作地区麦类作物的条播，经适当调整后，也可条播玉米、大豆、高粱、谷子等作物，播种的同时施粒状或粉状化肥。

2BF-24A 型施肥播种机由工作部件和辅助部件两大部分组成。工作部件有排种器、排肥器、开沟器、输种（肥）管、覆土器等。辅助部件有种肥料箱、机架、地轮、传动及起落调节机构、划印器等，如图 4-3 所示。

其工作过程如下：拖拉机牵引播种机行进时，地轮转动通过传动机构驱动装在种肥箱下部的外槽轮式排种器将种子排出，经输种管落入由双圆盘开沟器所开出的种沟内，与此同时，肥料箱下部的星轮式排肥器将肥料排出，经输肥管落入种沟；开沟器过后，被开沟器分开的土流回种沟覆盖种子，随后覆土环将地面拖平。

（1）工作部件

①排种器。排种器是播种机的重要工作部件，其作用是将种子均匀连续、无损伤地按照规定播种量排出。2BF-24A 型施肥播种机采用外槽轮式排种器，其结构由排种盒、排种轴、外槽轮、阻塞套、内齿形挡圈、排种舌、卡箍等组成（图 4-5）。槽轮用轴销与排种轴相连并穿过排种盒，槽轮一端与阻塞套套装，另一端伸入内齿形挡圈。阻塞套外有突齿嵌入排种盒侧壁的缺口内，使套只能随轴左右移动而不转动。内齿形挡圈嵌在排种盒另一侧壁内，可随槽轮一起转动。阻塞套、挡圈可防止工作时种子从排种盒两侧漏出。卡箍夹紧在排种轴上，用以保证槽轮在排种轴上的位置。

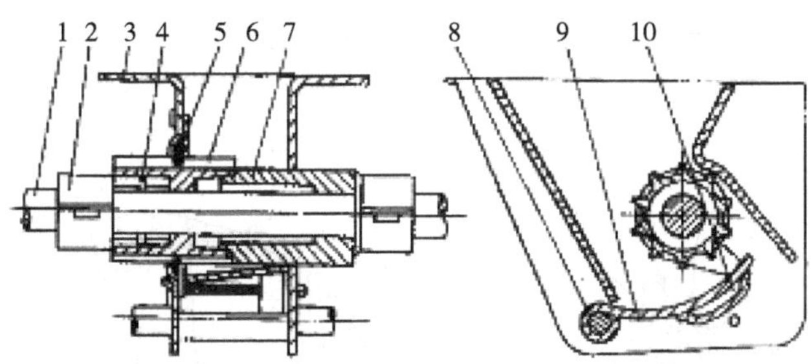

1—排种轴；2—卡箍；3—排种盒；4—轴销；5—内齿形挡圈；6—外槽轮；
7—阻塞套；8—排种舌轴；9—排种舌；10—开口销。

图 4-5　外槽轮式排种器结构

外槽轮式排种器的工作原理是利用槽轮凹槽进行强制排种。当排种轴带动槽轮转动时，种子充入槽轮凹槽内，在槽轮齿的推动下，经排种口排出，此层种子称为强制层。同时，处在槽轮外的种子，在槽轮与种子及种子间摩擦作用下也被带动排出，此层种子称为带动层。带动层种子的排种速度低于槽轮的圆周速度，且由内向外逐渐递减为零。带动层外，则是不流动的静止层。槽轮内和带动层的种子被排出后，静止层内种子逐步补给，从而完成连续排种（图 4-6）。

外槽轮式排种器分下排式和上、下排式（图 4-7）。下排式排种器，种子由下面排出，其排种舌位置可调，以适应大、小粒种子。上、下排式排种器，槽轮旋转方向可变换，种子可从下面或上面排出，其下排用于排中、小粒种子，其上排用于排大粒种子。

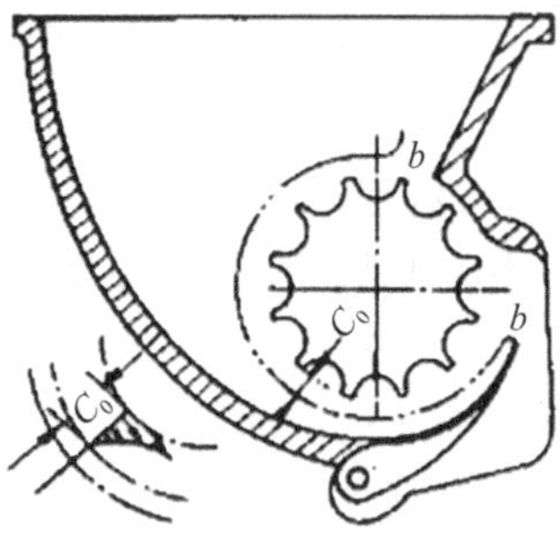

b-b—带动层曲线；C_0—带动层厚度。

图 4-6　外槽轮式排种器工作原理

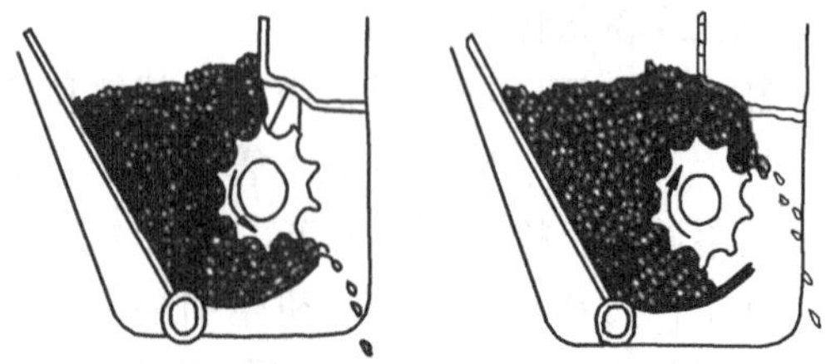

（a）下排　（b）上排

图 4-7　种子上排与下排

外槽轮式排种器排种量的大小，可通过改变槽轮的转速（传动速比）或工作长度（槽轮在排种盒内的长度）来调整。槽轮与轴销配合处制成一定深度的长槽，使槽轮沿排种轴能有少量轴向移动，以便单独调节每个排种器的工作长度，使各排种器排种量均匀一致。整台播种机播种量由播种量调节手柄控制。槽轮的转速，可用配换传动链轮的方法改变。

外槽轮式排种器具有结构简单、使用调整方便、通用性好、工作可靠、排种量稳定、准确等优点。

②开沟器。开沟器的作用是开种沟、导种入土和覆盖湿土。2BF-24A 型施肥播种机，采用双圆盘式开沟器，主要由开沟器体、平面圆盘、内锥体、外锥体、调整垫片、轴、毡圈、罩盖、导种板等组成（图 4-8）。

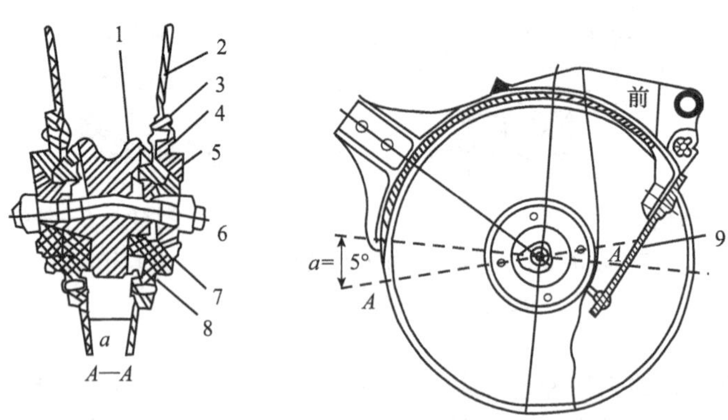

1—开沟器体；2—平面圆盘；3—圆盘毂；4—内锥体；5—外锥体；6—开沟器轴；7—调整垫片；8—毡圈；9—导种板；a—两圆盘开沟器的夹角。

图 4-8　双圆盘开沟器结构

开沟器轴插入开沟器体，其上套有内、外锥体，圆盘置于内、外锥体形成的“V”形槽内，二圆盘以一定夹角于前下方相交。内、外锥体间有调整垫片，可调整配合间隙，保证圆盘能自由转动且不晃动、不卡死。开沟器轴两端有螺母紧固，两端的螺纹，左为反扣螺纹，右为正扣螺纹，可防止螺母松脱。开沟器体内铸有导种管，种、肥经此落入种沟。导种板位于开沟器体后方，起均匀撒种、加宽苗幅和刮除圆盘内表面黏土的作用。开沟器前端借助拉杆安装在开沟器梁上，后端通过吊杆与升降臂相连。吊杆上装有弹簧，用来增加圆盘入土能力和调整开沟深度。

双圆盘开沟器工作时，圆盘受土壤摩擦力作用滚动前进，切开土壤并向两侧推挤形成种沟。种子在两圆盘间经导种板撒落于种沟内。圆盘过后，沟壁下层湿土先塌落回土覆盖种子，然后再覆盖上层干土。

双圆盘开沟器，具有切土能力较强、工作阻力小、不易挂草、不易堵塞等优点。但其结构复杂、重量大、覆土能力较弱。

③排肥器。排肥器的作用是将肥料均匀连续地按要求施肥量排出。2BF-24A 型施肥播种机，采用水平星轮式排肥器，主要由排肥星轮、活门、托盘、护板及传动装置等组成（图 4-9）。工作时，星轮由传动齿轮转动，在托盘上转动，以其轮齿拨动肥料，经护板上的活门，进至排肥口处，肥料靠自重经排肥口排出。排肥量可通过改变排肥星轮转速和调节活门开度进行调整。

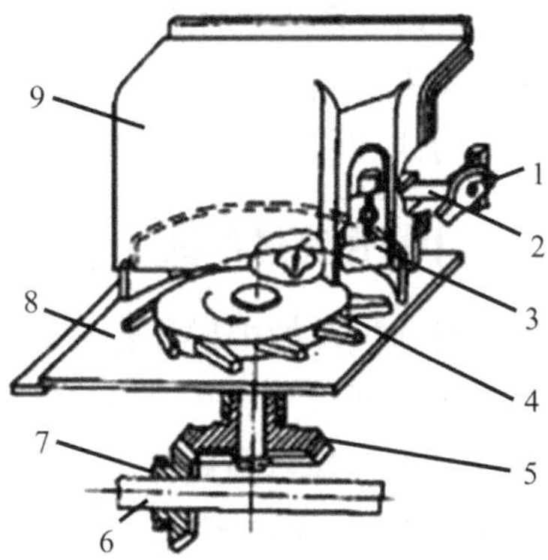

1—调节柄；2—肥量调节轴；3—活门；4—星轮；5—被动锥齿轮；6—排肥方轴；7—主动锥齿轮；8—托盘；9—护板。

图 4-9　星轮式排肥器结构

星轮式排肥器适用于干燥粒状或粉状化肥的排施，对吸湿性较强的化肥，因易产生架空和堵塞、星轮被粘住等现象，排施较困难。

④输种（肥）管。输种（肥）管的作用是将排种器和排肥器排出的种子和肥料导入开沟器。2BF-24A 型施肥播种机，采用卷片式输种（肥）管。输种（肥）管用弹簧钢带冷碾卷绕而成，上部为漏斗形用弹性卡簧安装在排种（肥）器下方，种、肥经同一管输出。

卷片式输种（肥）管能伸缩弯曲，比较灵活，输种可靠；但卷片式输种管容易出现局部伸长或变形，会开裂产生缝隙，影响工作，且不易修复；有的用塑料管替代。

⑤覆土器。覆土器的作用是对播后的种子进行覆土，以达到一定的播种深度。2BF-24A 型施肥播种机，采用拖环式覆土器，由 12 个铸铁圆环用链条连接而成。每环有一拉链挂在后列开沟器体上。工作时，覆土环在地面上拖动而覆土，并起到拖平播后地表的作用（图 4-10）。

（2）传动及起落机构

①传动装置。2BF-24A 型施肥播种机的传动装置，包括排种和排肥传动两大部分。

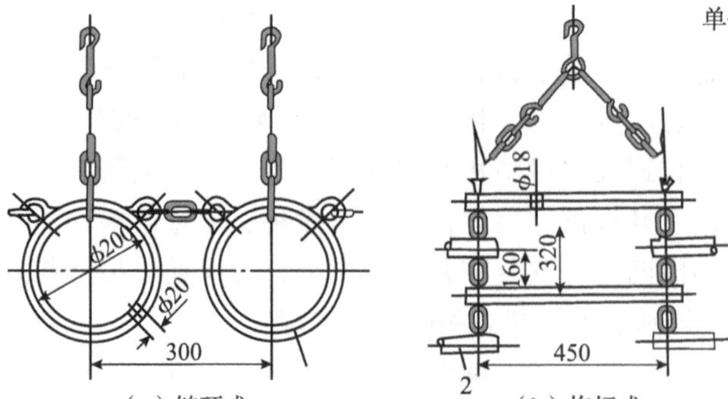

（a）链环式　　（b）拖杆式

图 4-10　覆土器结构

②传动离合器。传动离合器的作用是保证开沟器和排种、排肥器工作协调一致。即当开沟器一旦降落，排种和排肥器立即工作；而当开沟器升起时，随即停止排种和排肥。

③起落和播深调节机构。播种机起落机构用来完成开沟器的起落，有机力式和液力式两种形式。

小学士

传动及起落机构

二、中耕作物播种机

我国目前生产的中耕作物播种机，大多数是播种中耕通用机，既可播种，也可通过更换中耕工作部件后进行中耕作业。其结构为：主梁和地轮作为通用件，主梁上按要求行距安装数组工作部件，每组工作部件由开沟器、排种器和覆土镇压装置等组成（图 4-11）。工作时，播种机随拖拉机行进，开沟器开出种沟，地轮转动通过传动装置带动排种器排种，种子经排种口排出，成穴地落入种沟，然后由覆土器覆土，镇压轮压密。

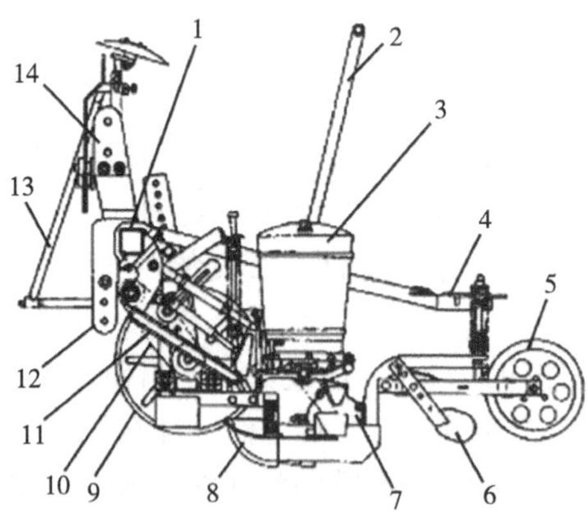

1—主梁；2—扶手；3—种筒及排种器；4—脚踏板；5—镇压器；6—覆土板；7—成穴盘；8—开沟器；9—地轮；10—传动链；11—机架；12—悬挂架；13—划印器；14—上悬挂架。

图 4-11　中耕作物播种机结构

中耕作物播种机机型很多，现以 LFBJ-6 型垄耕施肥精播机为例进行说明。字母含义如图 4-12 所示。

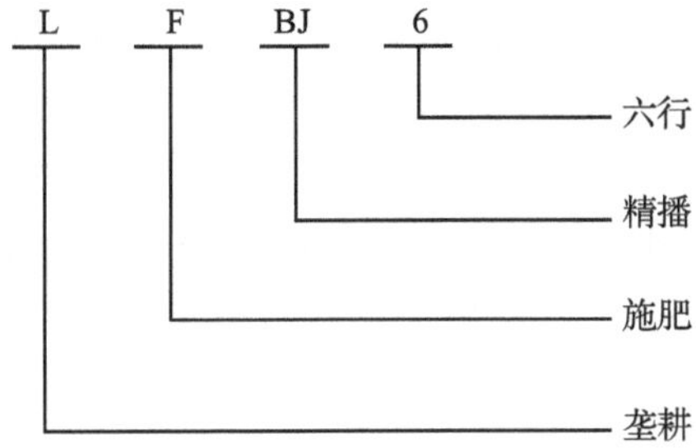

图 4-12　字母含义

LFBJ-6 型垄耕施肥精播机，是根据旱作少耕和深松、深施肥、精量播种联合作业的农业技术要求，吸取了国内外同类机具和主要部件的优点，综合设计而成的一种新型中耕作物播种机。该机既可联合作业，也可单项作业。联合作业时，垄体深松、分层施肥、培土作床、开沟播种、起垄镇压一次完成。更换部分零部件，可实现中耕蹚地追肥、深松起垄镇压、垄沟深松追肥、深松起垄施肥镇压等作业。单项作业时，可单独完成起垄、蹚地、深松、行间除草等作业。

该机的优点是：一架多具，一机多能，通用性广，可常年使用；联合作业，缩短工序间隔和作业周期，有利抗旱保墒，减少进地次数，减轻对土壤结构的破坏，节省能源，降低作业成本；实现精密播种，种子分布均匀，省种、省工、经济效益高；作业技术先进，继承和发展了传统垄作的特点，垄体深松形成上虚下实、虚实并存的耕层结构，既蓄水保墒又增温放寒，符合旱作少耕要求；分层施肥，提高了化肥利用率，解决了作物生长后期脱肥的问题。

LFBJ-6 型垄耕施肥精播机的结构主要由机架、地轮、仿形机构、犁铧部件、深松施肥部件、种肥箱、精播组装、传动链和划印器等组成（图 4-13）。

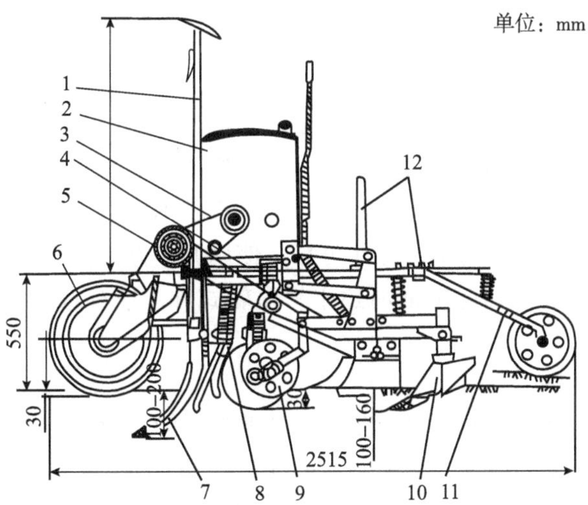

1—划印器；2—种肥箱；3—传动链；4—机架；5—中间传动；6—地轮；7—深松施肥部件；8—输肥管；9—仿形机构；10—犁铧部件；11—精播组装；12—扶手踏板。

图 4-13　LFBJ-6 型垄耕施肥精播机结构

该机为悬挂式，通过一个上悬挂点和两个下悬挂点与拖拉机悬挂机构相铰接，实现三点悬挂。工作时，播种机由液压机构操纵下降，呈牵引状态，播种机随拖拉机前行。地轮转动经传动机构分别驱动六个单体立式圆盘排种器排种，种子落入经芯铧式开沟器开出的种沟内。开沟器过后，部分被开沟器分开的土落回盖种，再利用犁铧起垄培土，镇压轮压实。同时，外槽轮式排肥器排肥，经输肥管落入由深松施肥部件松动的高低不同的土层中。

小学士

中耕作物播种机

三、常用播种机的工作部件

1. 开沟器

开沟器的功用是开种沟、导种入土，并有一定覆土作用，其工作质量好坏，对播种质量及种子发芽生长均有很大影响。

对开沟器的主要要求是：开沟深度和宽度符合规定要求，且开沟深度可调；开沟时不乱土层，将种子导至湿土上，并有一定回土作用，先用湿土盖种；入土性能良好，不易缠草和堵塞；结构简单，工作阻力小，使用、维护、调整方便。

开沟器类型按运动形式，可分为滚动式和移动式；按入土角度，可分为锐角式（入土角<90°）和钝角式（入土角>90°）两类。还有锄铲式开沟器、滑刀式开沟器等。

2. 排种器

排种器是播种机的核心工作部件。对排种器的要求是：排种均匀、播种量稳定、通用性好、种子损伤率低、结构简单、工作可靠、调整方便。

排种器的类型很多，除前面介绍的外槽轮式排种器外，常用的还有水平圆盘式、型孔轮式、倾斜圆盘勺轮、2NP 内充式等排种器。

小学士

开沟器

小学士

排种器

3. 排肥器

播种或中耕追肥机上所用排肥器，主要用于排施干燥的粒状或粉状化肥、粒状复合肥及自制的颗粒肥料。对排肥器的要求是：有一定的排肥能力，排肥量均匀稳定，不架空、不堵塞、不断条；通用性好，能施多种肥料；工作阻力小，工作可靠，使用调整方便；零部件耐腐蚀和耐磨。常用排肥器除前面所述水平星轮式外，还有振动式、搅龙式等排肥器。

小学士

排肥器

4. 覆土器、镇压轮

覆土器用来进行播后覆土，以达到一定的覆盖深度。对覆土器的要求是先覆湿土，且覆土均匀，不影响种子分布的均匀性。

播种的同时进行镇压可减少土壤中的大孔隙，起到“调水”和保墒的作用；可使种子与土壤密接，有利于种子发芽、生长；还可适当调节地温。一个好的镇压轮应具备的条件：转动灵活，不粘土、不壅土，镇压力可调，镇压后地表不产生鳞状裂纹。

小学士

覆土器、镇压轮

- **材料准备**

实训辅助手册、行业规范与技术标准、2BF-24A 型施肥播种机。

- **工具准备**

现代农业装备实训室、2BF-24A 型施肥播种机、工具箱、实训服、手套、零件拆解摆台桌、毛巾、清洁剂。

- **人员准备**

人员分组，每组 6 人，明确职责分工（表 4-3）。

表 4-3　任务分工

任务角色	任务内容
组长：	任务：
组员 1：	任务：
组员 2：	任务：
组员 3：	任务：
组员 4：	任务：
组员 5：	任务：

任务实施

借助行业规范与技术标准、2BF-24A 型施肥播种机说明书，拆解一台 2BF-24A 型施肥播种机并完成播种机的装配。在操作过程中正确使用工具箱中的各种工具。

知识补充

播种施肥机械

第一步，拆解 2BF-24A 型施肥播种机的外部零件。

第二步，拆解完成后，需要装配，一定注意零件的互相配合。

第三步，按照拆解的顺序，反向将发动机进行正确的装配。

第四步，检查在装配过程中，是否有遗漏的零件没有安装，如有，重新进行拆解和装配。

第五步，装配过程中，参照实训辅助手册、行业规范与技术标准、2BF-24A 型施肥播种机说明书等。

任务检测

请扫描二维码答题。

项目四任务二
任务检测

任务评价

根据学生对2BF-24A型施肥播种机学习了解的认真程度及任务报告的完成情况进行考核评价（表4-4）。

表4-4 2BF-24A型施肥播种机考核评价细则

<table>
<tr><td colspan="2">姓名：</td><td colspan="2">班级：</td><td colspan="2">组别：</td><td rowspan="3">教师签字：</td></tr>
<tr><td colspan="2">自评：
□合格 □不合格</td><td colspan="2">互评：
□合格 □不合格</td><td colspan="2">师评：
□合格 □不合格</td></tr>
<tr><td colspan="2">日期：</td><td colspan="2">日期：</td><td colspan="2">日期：</td></tr>
<tr><td colspan="7">考核评分细则</td></tr>
<tr><td>序号</td><td>考核项目</td><td>考核标准</td><td>考核方式</td><td>分值</td><td>评分要求</td><td>得分</td></tr>
<tr><td>1</td><td>开沟器的作用</td><td>□准确说出开沟器的作用</td><td>现场考核、问答考核</td><td>10</td><td>未完成扣10分</td><td></td></tr>
<tr><td>2</td><td>常见开沟器有哪些</td><td>□准确说出常见的开沟器</td><td>现场考核、问答考核</td><td>10</td><td>未完成扣10分</td><td></td></tr>
<tr><td>3</td><td>水平圆盘式排种器的结构</td><td>□准确说出水平圆盘式排种器的结构</td><td>现场考核、问答考核</td><td>10</td><td>未完成扣10分</td><td></td></tr>
<tr><td>4</td><td>描述2BF-24A型施肥播种机的工作过程</td><td>□准确说出2BF-24A型施肥播种机的工作过程</td><td>现场考核、问答考核</td><td>40</td><td>未完成扣40分</td><td></td></tr>
<tr><td>5</td><td>任务报告</td><td>□完成认真，内容正确
□绘制的形态图特征明显
□各部位标注正确</td><td>评阅考核</td><td>20</td><td>根据情况酌情扣分</td><td></td></tr>
<tr><td>6</td><td>学习态度</td><td>□具有团队协作精神
□具备科学严谨的态度
□观察认真，发言积极
□遵纪守时，爱护公物</td><td>自评、互评和师评相结合</td><td>10</td><td>根据情况酌情扣分</td><td></td></tr>
<tr><td colspan="4">合计</td><td>100</td><td></td><td></td></tr>
<tr><td colspan="2">自我评价与总结</td><td colspan="5"></td></tr>
<tr><td colspan="2">教师点评</td><td colspan="5"></td></tr>
</table>

项目五 中耕及植物保护机械

项目导读

作物在田间生长过程中，需要进行间苗、除草、松土、培土、灌溉、施肥和防治病虫害等作业，这些统称为田间管理作业。田间管理机械主要包括中耕机械和植物保护机械等。田间管理作业直接影响着作物的产量，因此需要培养中耕及植物保护机械操作的高技能人才。本教材介绍中耕机械、植保机械和植保无人机相关的基础知识和技术技能。要求学生能够掌握中耕机械的结构、调整方法，植保机械的类型、使用及保养维护；植保无人机的类型、结构、施药关键技术和使用及保养维修。使学生能够熟练使用中耕机械和植保机械，特别是植保无人机。

知识目标

①熟悉中耕的目的和要求，中耕机的工作部件、仿形机构和调整方法。

②掌握喷雾机和迷雾喷粉机的结构、使用及保养维修。

③掌握植保无人机的类型，多旋翼植保无人机的结构、原理和施药关键技术。

④熟悉掌握植保无人机的使用及保养修护。

技能目标

①根据作物生长状况，适时使用中耕机械。

②能够根据作物病虫害的种类，使用植保机械进行适当的操作。

③能够根据大田作物的病况，使用植保无人机施药和进行其他操作。

④能够对中耕机械和植保机械进行必要的保养和维护维修。

⑤当植保无人机出现简单的故障，能够对其进行必要的维修。

素质目标

①树立安全意识。熟知工作安全常识，以保障个人人身安全。

②提升自我管理能力。遵守工作纪律，能恰当有效地利用时间，按时完成各项任务。

③提升团队合作能力。能认知自己在团队中的角色，主动承担工作任务，尊重他人及意见，遵从集体决策，遵守各种行为规范和操作规范。

④提升独立思考能力。能积极学习知识，领悟所学内容，深入思考，灵活运用所学知识解决新的问题。

⑤提升交流沟通能力。能主动接触陌生人，通过聆听、交谈、交流获取信息。

⑥树立严谨求实的工作态度。能够严格按规范、标准一丝不苟地完成每一项检查工作。

思政目标

①懂农牧业、爱农牧民、爱农村牧区，做农牧人、干农牧事，增强投身“三农”的自豪感。

②作物出现病虫害，能够树立责任，及时使用植保机械和正确施药，将病虫害消灭掉，切实为农民着想，树立自己的责任担当。

③植保机械施的是化学药剂，对人对动物等有危害性，不能随意使用，须遵守农药管理的各项制度，树立生命安全第一的意识。

任务一　中耕机械

任务导入

作物生长过程中，需要间苗、除草、松土和培土等。农民王叔叔种植了几十公顷马铃薯，时节已到，需要对马铃薯进行间苗、除草、松土和培土等作业。根据作物的生长情况、行间距等选择合适的中耕机械，并完成间苗、除草、松土和培土等作业。

任务工单

班级:＿＿＿＿＿＿＿＿　姓名:＿＿＿＿＿＿＿＿　学号:＿＿＿＿＿＿＿＿

任务名称	中耕机械
任务描述	根据实际情况，填写本任务的内容、目的、流程和方法。 任务内容:＿＿＿＿＿＿＿＿＿＿＿＿＿＿＿＿＿＿＿＿。 任务目的:＿＿＿＿＿＿＿＿＿＿＿＿＿＿＿＿＿＿＿＿。 任务流程:＿＿＿＿＿＿＿＿＿＿＿＿＿＿＿＿＿＿＿＿。 任务方法:＿＿＿＿＿＿＿＿＿＿＿＿＿＿＿＿＿＿＿＿。

（续表）

<table>
<tr><td>获取信息</td><td colspan="4">要完成任务，需要掌握相关的知识。请收集资料，回答以下问题。
1. 中耕的目的和要求有哪些？具体阐述。

2. 中耕机有哪些主要工作部件？

3. 描述中耕机有哪些仿形机构。

4. 悬挂式垄作七铧犁Ⅲ型有哪些调整方法？</td></tr>
<tr><td>制订计划</td><td colspan="4"></td></tr>
<tr><td rowspan="6">任务实施</td><td colspan="4">按照预先制订的工作计划，完成本任务，并记录任务实施过程。</td></tr>
<tr><td>序号</td><td>完成的任务</td><td>遇到的问题</td><td>解决办法</td></tr>
<tr><td></td><td></td><td></td><td></td></tr>
<tr><td></td><td></td><td></td><td></td></tr>
<tr><td></td><td></td><td></td><td></td></tr>
<tr><td></td><td></td><td></td><td></td></tr>
</table>

任务准备

- **知识准备**

一、中耕的目的和要求

中耕是作物生长期内进行田间管理的主要作业之一。作业项目包括除草、松土、施肥、培土和间苗等。其目的是消灭杂草、疏松地表、蓄水保墒、提高地温、补充养分及加固植株，为作物生长创造良好的条件。

中耕作业，根据土壤条件、作物不同生长阶段的需要，有的着重除草，有的着重松土，有的着重培土或施肥，有的几项联合进行。

中耕作业应除草净，且不伤作物和根系；表土松碎，土壤位移小；培土到根部，不压倒作物；行距和耕深一致，且调整方便；仿形性好、不粘土、不缠草、不堵塞。

二、中耕机的类型

①按动力分类，中耕机可分为畜力和机力。机力又可分为牵引式和悬挂式。

②按工作条件分类，中耕机可分为水田、旱地和垄作中耕机。

③按用途分类，中耕机可分为全面中耕机、通田中耕机和通用机架中耕机。

三、中耕机的结构

中耕机一般由工作部件（除草铲、松土铲、培土器）、仿形机构、机架、地轮、牵引或悬挂装置、划印器等组成。

1. 中耕机的工作部件

中耕机的工作部件分为固定式和旋转式两类。固定式工作部件又称锄铲，应用最普遍，按作用可分为除草铲、松土铲和培土铲。

（1）除草铲

①除草铲的类型。除草铲主要用于作物早期的除草和松土，按结构和参数不同，可分为单翼除草铲、双翼除草铲和双翼通用铲（图 5-1）。

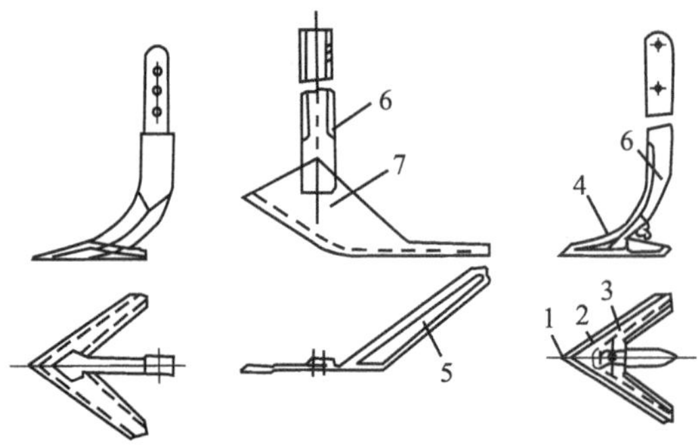

（a）双翼除草铲　（b）单翼除草铲　（c）双翼通用铲

1—铲尖；2—铲刃；3—铲面；4—铲胸；5—铲翼；6—铲柄；7—垂直护板。

图 5-1　除草铲的类型

a. 单翼除草铲主要用于作物早期除草，工作深度较浅，一般＜60 mm。单翼铲由带水平铲刃的铲翼和垂直护板两部分组成。工作时，铲翼除草和松碎表土，垂直护板保护幼苗不被压埋。

单翼除草铲有左、右之分，在机上配置时，要对称配置于幼苗两侧，并使水平铲刃保持水平。

b. 双翼除草铲的作用与单翼除草铲相同，通常与单翼铲配合使用。双翼除草铲两翼对称，铲面与地面夹角较小，除草作用较强，松土作用较弱。

c. 双翼通用铲的铲面与地面夹角较大，工作深度较深，一般可达 80～120 mm，兼有除草和松土的性能，常用于二次和以后的中耕。

②锄铲的磨刃。锄铲的刃口应保持锋利，刃口厚度不得超过 0.5 mm，工作中刃口磨钝后应及时磨锐。锄铲磨刃方法有上磨刃、下磨刃和上下磨刃三种。一般为避免铲面呈折面不易脱土，应采用下磨刃，但为了保证刃角和隙角的大小，此时锄铲上表面与地平面间的夹角 β 应＞25°；当 β＜15° 时，只能采用下磨刃，当 β=15°～25° 时，可采用上下磨刃。

（2）松土铲

松土铲的作用是松土，使土壤松碎但不翻转，松土深度可达 13～16 cm。松土铲由铲尖和铲柄两部分组成。常用松土铲有凿形、铧式和箭形三种（图 5-2）。

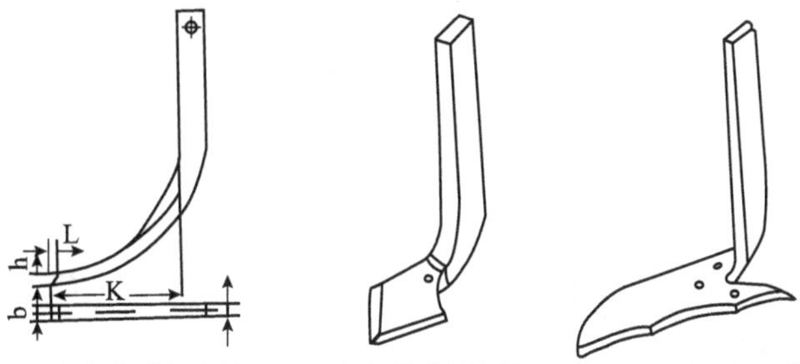

（a）凿形松土铲 （b）铧式松土铲 （c）箭形松土铲

b—松土厚度；h—铲尖厚度；L—铲刃长度；K—凿形松土铲铲长。

图 5-2 松土铲的类型

①凿形松土铲的铲尖呈凿形，入土性能好，松土深度较大，对土壤搅动较小，但松土区上宽下窄，松土层底面不平，松土深度不一致。

②铧式松土铲的铲尖呈三角形，工作表面为凸曲面，翼部较长，工作幅宽较大。适用于垄作第一、第二遍蹚地作业。

③箭形松土铲的铲尖呈三角形，工作面为凸曲面，耕后土壤松碎，沟底较平，适用于作物中后期的中耕松土作业，应用广泛。

（3）培土铲

培土铲主要用于培土和起垄作业，按工作面的不同有双壁曲面式和三角铧式两种。

①双壁曲面式培土铲主要由铲尖、铲胸、左右培土壁和调节臂、铲柄等组成（图 5-3）。铲尖、铲胸和左右培土壁构成一个光滑的双壁凹曲面，壁翼部分采用半螺旋形曲面。工作时，可将行间土壤松碎、提升、翻向两侧，完成培土或开沟要求。培土壁与铲胸为铰接，通过调节臂可调节培土壁的开度，调节范围为 275～430 mm。

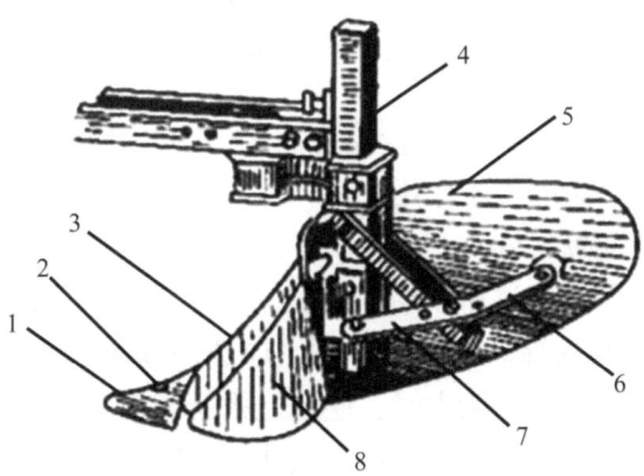

1—铲尖；2—螺栓；3—铲胸；4—铲柄；5—右培土壁；6—右调节臂；7—左调节臂；8—左培土壁。

图 5-3 双壁曲面式培土铲

②三角铧式培土铲是在三角铧的基础上，加装培土板而成，根据培土板的不同，分为平板式和凹板式两种（图 5-4），适用于垄作地区翻土、耙土、起垄和中耕培土用。平板式培土铲，培土板为平面，对土壤翻转少，可减少水分蒸发，以利保墒，但易粘

土、阻力较大。凹板式培土铲，培土板为曲面碎土性能好，工作阻力小，土壤翻动大。

齿翼形犁铧如图 5-5 所示，其工作阻力减小 1/3、重量减小 1/2，广泛用于起垄和中耕作业中。

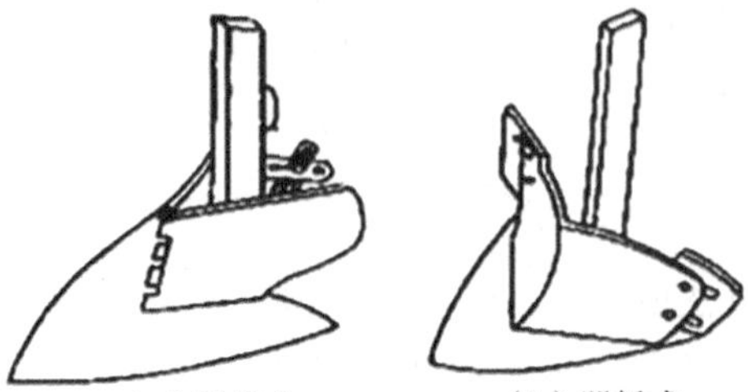
（a）平板式　（b）凹板式

图 5-4 三角铧式培土铲

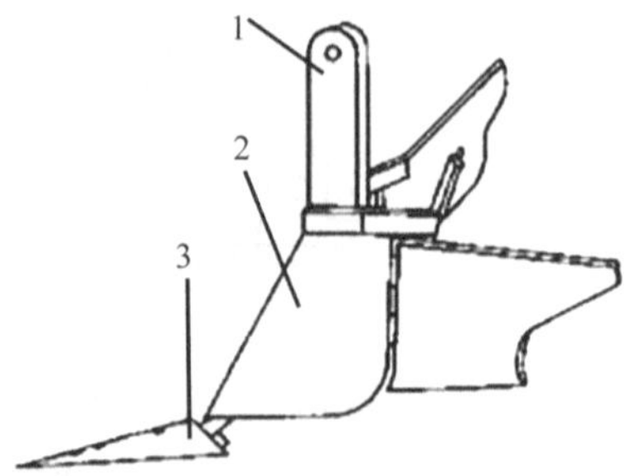

1—铧柄；2—分土板；3—松土铧。

图 5-5 齿翼形犁铧

（4）护苗器

由于中耕作业速度高，为保护幼苗，防止被土块压埋，中耕机装有护苗器。护苗器一般采用从动圆盘式，如图 5-6 所示。

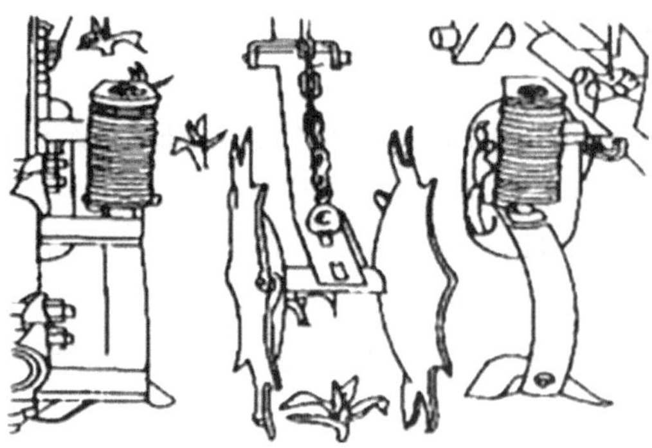
图 5-6 圆盘式护苗器

圆盘装在苗行两侧。工作时，圆盘尖齿插入土中，并随机器前进而转动，除起保护幼苗的作用外，也有一定的松土作用。

（5）锄铲的选择与配置

①锄铲的选择。平作第一遍中耕时，一般只要求除草，应选用单翼和双翼除草铲。第二遍及以后的中耕，要求除草和松土兼顾，应选用双翼通用铲。后期中耕以松土为主，应选用松土铲。若需追肥和堵土时，应选追肥铲和培土铲。

垄作中耕时，趟头遍地用小铧，趟二遍地用中铧加培土板，趟三遍地时用大铧加装培土板，且培土板开度加大。

②锄铲的配置。配置锄铲时，需注意锄铲间及锄铲与苗行的相互位置，以不伤苗、不漏锄、不堵塞为原则。常用配置方法如图 5-7 所示。

a. 除草铲的配置。为防止相邻锄铲间壅土堵塞，常将锄铲排成前后两列，两列纵向距离与耕深有关。当耕深为 10～20 cm 时，L=40～50 cm。为防止工作时因机器偏摆而产生漏锄；前后两列锄铲横向位置应有一定的重叠量（图 5-8）。按式（5-1）计算重叠量大小。

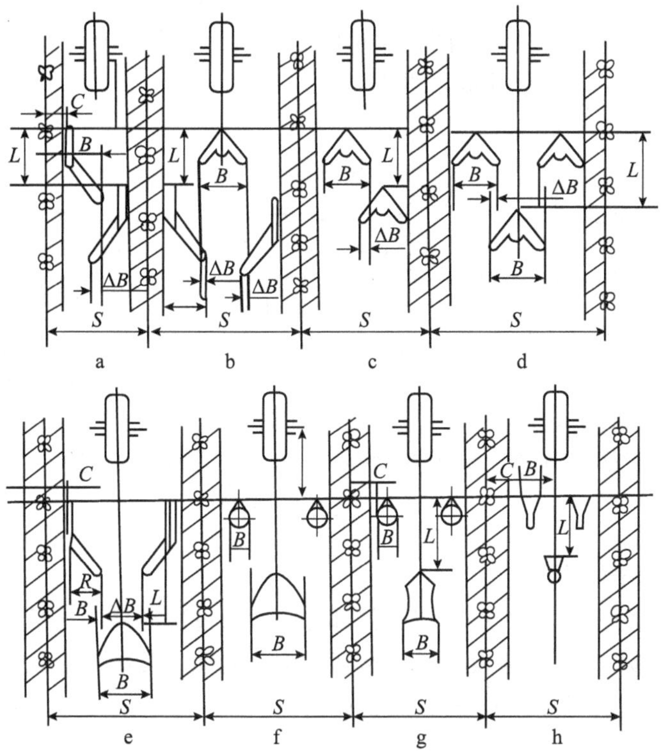

a，b—苗期除草；c，d—中期除草松土；e—除草培土；f—追肥培土；g—追肥松土；h—深松；ΔB—前后两列锄铲横向重叠量；L—前后两列锄铲纵向间距；S—作物行间距；C—除草铲与作物间的距离。

图 5-7　锄铲的配置方法

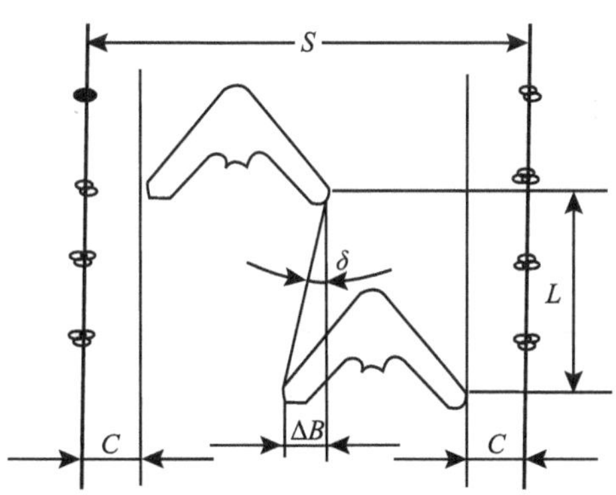

S—作物行间距；C—除草铲与作物间的距离；δ—机器偏摆角；ΔB—前后两列锄铲横向重叠量。

图 5-8　除草铲的配置

$$\Delta B=L\tan\delta \quad (5\text{-}1)$$

式中：ΔB——前后两列锄铲横向重叠量；

L——前后两列锄铲纵向间距；

δ——机器偏摆角（一般为 7°～9°）。

b. 松土铲的配置。由于松土铲耕深和起土角较大，工作时对前方和两侧土壤的影响范围较大。为使前后列松土铲工作中不堵塞、不漏耕，其前后纵向间距应大于铲尖前伸量和纵向影响范围 L 之和。同列锄铲的横向间距 S 应大于锄铲的侧向影响范围 B 而小于 $2B$，保证有一定的重叠量（图 5-9）。

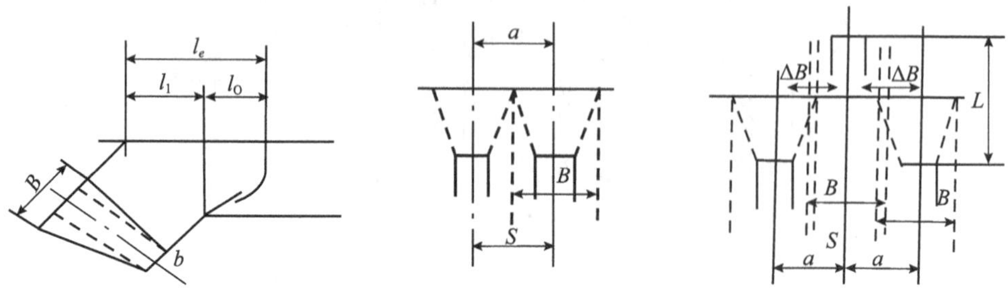

（a）松土铲对土壤的影响范围　（b）同列松土铲的配置　（c）前后列松土铲的配置

ΔB—前后两列锄铲横向重叠量；S—两锄铲的横向间距；L—纵向影响范围；B—侧向影响范围。

图 5-9　松土铲的配置

2. 中耕机的仿形机构

为保持工作深度的稳定，中耕机工作部件一般通过仿形机构与机架相连，使工作部件在工作中能随地形起伏而上下运动。常用仿形机构有单铰接式、平行四杆式和多杆双自由度式等。

小学士

中耕机的仿形机构

四、1LZ-770B 悬挂式垄作七铧犁Ⅲ型

1. 用途及性能特点

1LZ-770B 悬挂式垄作七铧犁Ⅲ型型号的字母含义如图 5-10 所示。

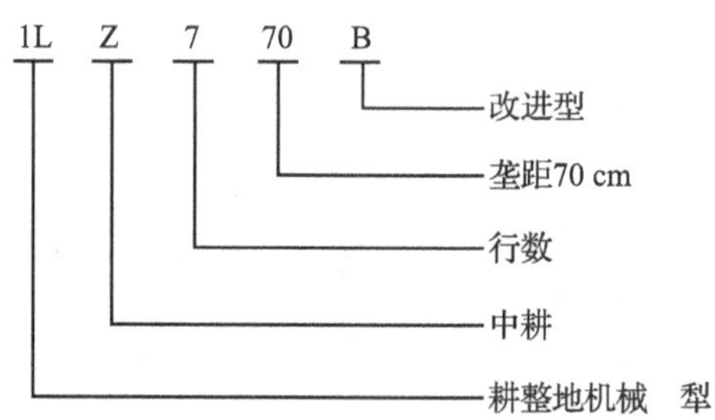

图 5-10　字母含义

（1）用途

悬挂式垄作七铧犁Ⅲ型适用于旱地作物区。该机型可用于深松起垄，垄体深松复原垄，深松起垄同时施肥，中耕深松、蹚地、起垄、搅麦茬等多项作业；增加附件后，还可进行行间除草，垄帮松土等作业。

（2）性能特点

①一架多具、一机多用，既是起垄犁、深松机，又是中耕机和施肥机。

②深松、起垄、施肥联合作业，减少进地次数，省油，降低作业成本。

③耕作技术先进，垄体深松上虚下实、虚实并存，既蓄水保墒，又增温防寒，符

合旱作少耕的要求。

④分层施肥可提高化肥利用率，解决作物生长后期脱肥的问题，增产效果好。

2. 结构

该机型主要由机架、地轮、仿形机构、犁铧、深松铲、深松施肥器、肥箱、传动装置、划印器及脚踏板等组成（图 5-11）。

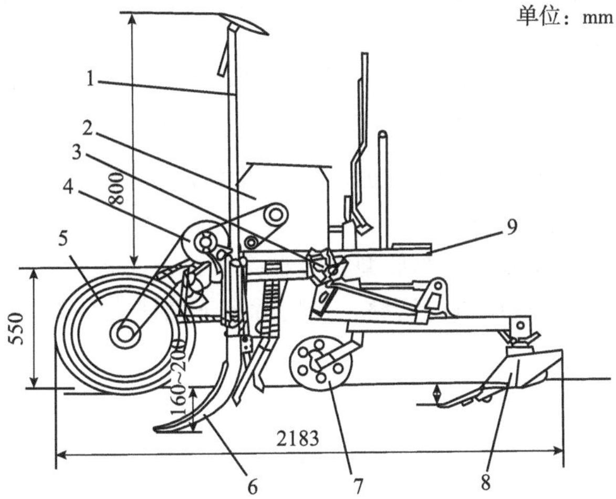

1—划印器；2—肥箱；3—机架；4—中间传动；5—地轮；6—深松施肥器；7—仿形机构；8—犁铧；9—脚踏板。

图 5-11　悬挂式垄作七铧犁Ⅲ型整机结构图

该机型部分结构如机架、地轮、深松施肥器、划印器及划印器起落机构等与 LFBJ-6 型垄耕施肥精播机相同，其他结构情况可扫描二维码查看。

小学士

悬挂式垄作七铧犁Ⅲ型的结构

小学士

悬挂式垄作七铧犁Ⅲ型的调整

● **材料准备**

实训辅助手册、行业规范与技术标准、中耕机。

● **工具准备**

现代农业装备实训室、工具箱、实训服、手套、中耕机、毛巾、清洁剂。

● **人员准备**

人员分组，每组 6 人，明确职责分工（表 5-1）。

表 5-1　任务分工

任务角色	任务内容
组长：	任务：
组员 1：	任务：
组员 2：	任务：
组员 3：	任务：
组员 4：	任务：
组员 5：	任务：

任务实施

借助行业规范与技术标准、说明书，掌握除草铲、松土铲、培土铲、悬挂式垄作七铧犁Ⅲ型的安装使用与调整。在安装与调整过程中正确使用工具箱中的各种工具。

第一步，将除草铲安装在拖拉机上，拖拉机牵引除草铲在大田中使用，行进过程中进行调整，最后拆卸下除草铲。

第二步，将松土铲安装在拖拉机上，拖拉机牵引松土铲在大田中使用，行进过程中进行调整，最后拆卸下松土铲。

第三步，将培土铲安装在拖拉机上，拖拉机牵引培土铲在大田中使用，行进过程中进行调整，最后拆卸下培土铲。

第四步，将悬挂式垄作七铧犁Ⅲ型安装在拖拉机上，拖拉机悬挂式垄作七铧犁Ⅲ型在大田中使用，行进过程中进行调整，最后拆卸下悬挂式垄作七铧犁Ⅲ型。

任务检测

请扫描二维码答题。

项目五任务一
任务检测

任务评价

根据学生对中耕机械学习了解的认真程度及任务报告的完成情况进行考核评价（表5-2）。

表5-2　中耕机械考核评价细则

姓名：		班级：		组别：		教师签字：
自评： □合格　□不合格		互评： □合格　□不合格		师评： □合格　□不合格		
日期：		日期：		日期：		
考核评分细则						
序号	考核项目	考核标准	考核方式	分值	评分要求	得分
1	除草铲	□将除草铲安装在拖拉机上 □拖拉机牵引除草铲在大田中使用 □过程中进行调整 □拆卸下除草铲	现场考核、问答考核	10	根据情况酌情扣分	
2	松土铲	□将松土铲安装在拖拉机上 □拖拉机牵引松土铲在大田中使用 □过程中进行调整 □拆卸下松土铲		10	根据情况酌情扣分	

（续表）

序号	考核项目	考核标准	考核方式	分值	评分要求	得分
3	培土铲	□将培土铲安装在拖拉机上 □拖拉机牵引培土铲在大田中使用 □过程中进行调整 □拆卸下培土铲	现场考核、问答考核	20	未完成一项扣 5 分	
4	悬挂式垄作七铧犁Ⅲ型	□将悬挂式垄作七铧犁Ⅲ型安装在拖拉机上 □拖拉机悬挂式垄作七铧犁Ⅲ型在大田中使用 □过程中进行调整 □拆卸下悬挂式垄作七铧犁Ⅲ型。	现场考核、问答考核	30	根据情况酌情扣分	
5	任务报告	□完成认真，内容正确 □中耕机械的结构、使用和调整 □工作过程正确	评阅考核	20	根据情况酌情扣分	
6	学习态度	□具有团队协作精神 □具备科学严谨的态度 □观察认真，发言积极 □遵纪守时，爱护公物	自评、互评和师评相结合	10	根据情况酌情扣分	
合计				100		
自我评价与总结						
教师点评						

任务二　植保机械

任务导入

作物在生长过程中，常常因遭受病菌、害虫和杂草等生物的侵害，轻则局部或个别植物发育不良，生长受到影响；重则全株或整片作物被毁坏。因此，做好植物保护工作、消灭病虫草害、及时防治会减少农业生产的损失，对于保持作物产量具有重要的意义。农民王叔叔种植的几十公顷小麦，经诊断感染了小麦白粉病、赤霉病等多种疾病，情况紧急，需要及时防治。根据以上情况选择合适的植保机械进行防治。

任务工单

班级：________ 姓名：________ 学号：________

<table>
<tr><td>任务名称</td><td colspan="4">植保机械</td></tr>
<tr><td>任务描述</td><td colspan="4">根据实际情况，填写本任务的内容、目的、流程和方法。
任务内容：____________________________________。
任务目的：____________________________________。
任务流程：____________________________________。
任务方法：____________________________________。</td></tr>
<tr><td>获取信息</td><td colspan="4">要完成任务，需要掌握相关的知识。请收集资料，回答以下问题。
1. 植保的意义和防治措施有哪些？
2. 施药方法有哪些？
3. 描述植物保护机械的分类。
4. 喷雾机的农业技术要求、构造和工作过程分别是什么？
5. 影响喷雾质量的因素分析有哪些？</td></tr>
<tr><td>制订计划</td><td colspan="4"></td></tr>
<tr><td rowspan="6">任务实施</td><td colspan="4">按照预先制订的工作计划，完成本任务，并记录任务实施过程。</td></tr>
<tr><td>序号</td><td>完成的任务</td><td>遇到的问题</td><td>解决办法</td></tr>
<tr><td></td><td></td><td></td><td></td></tr>
<tr><td></td><td></td><td></td><td></td></tr>
<tr><td></td><td></td><td></td><td></td></tr>
<tr><td></td><td></td><td></td><td></td></tr>
</table>

任务准备

● 知识准备

一、概述

1. 植保的意义和防治措施

作物在生长过程中，常常因遭受病虫草害而降低产量和质量。因此，做好植物保护工作，消灭病虫草害，对于确保稳产高产具有重要的意义。

防治病虫草害的方法很多，有农业技术防治法、生物防治法、物理防治法和化学防治法等。其中，化学防治法是利用喷施各种化学药剂来防治病虫草害的一种有效措施，应用非常广泛。

2. 施药方法

常用的化学药剂有液剂和粉剂两类。施药液的方法有喷雾法、弥雾法、超低量喷雾法和喷烟法等；施药粉则采用喷粉法。

（1）喷雾法

对药液施加一定的压力，通过喷头雾化成直径为 100～300 μm 的雾滴，喷洒到作物上。

（2）弥雾法

利用高速气流将粗雾滴吹散、破碎，雾化成直径为 75～100 μm 的雾滴，并吹送到远方，沉降到植株上。

（3）超低量喷雾法

通过高速旋转的齿盘将微量原药液甩出，雾化成直径为 15～75 μm 的雾滴，借助自然风或高速气流，吹送、漂移、沉降到植株上。

（4）喷烟法

利用高温气流对烟剂加热，使之发生热裂变，形成烟雾，再用高速气流吹送到远方，弥散到各处。

（5）喷粉法

利用高速气流将药粉喷撒到作物上。

3. 植保机械的种类

喷施化学药剂防治病虫草害所用的机械称为植保机械。植保机械通常按下列三种方法分类。

（1）按施药方法分类

可分为喷雾机、弥雾机、超低量喷雾机、喷烟机和喷粉机。

（2）按动力不同分类

可分为手动式和机动式两种。

（3）按机器的配置形式分类

可分为肩挂式、背负式、担架式、悬挂式和牵引式。

此外，还有航空植保机械。它具有经济、及时、喷洒效率高，不受地面各种条件限制等优点，适用于大面积的平原和林区。

二、喷雾机

1. 喷雾的农业技术要求

雾滴大小适宜，分布要均匀；雾滴要有足够的射程，使药液能喷到植株的各个部分；雾滴浓度一致，以免产生药害并降低效果；零部件应有较好的抗腐蚀性能，以保证机具能达到设计使用寿命；有良好的人身安全防护装置；整机结构简单，使用操作方便，工作安全可靠。

2. 喷雾机的构造和工作

（1）手动式喷雾器

手动式喷雾器主要由药液箱、活塞式液泵、空气室、胶管、开关、喷杆和喷头等组成（图 5-12）。

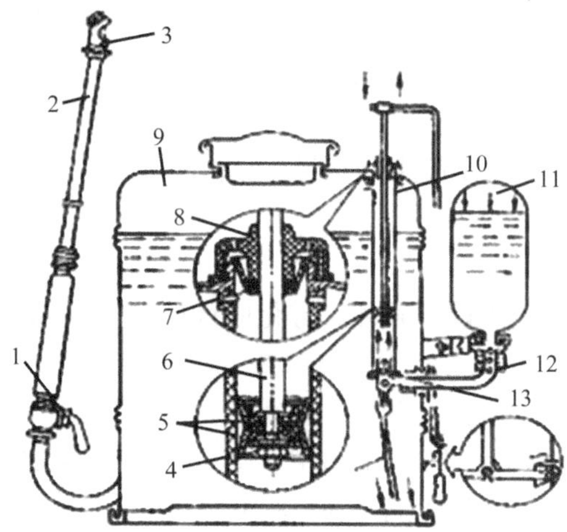

1—开关；2—喷杆；3—喷头；4—固定螺母；5—皮碗；6—塞杆；7—毡圈；8—泵盖；9—药液箱；10—泵筒；11—空气室；12—出水阀；13—进水阀。

图 5-12　工农 -16 型喷雾器结构

工作时，操作人员上下揿动手压杆，通过连杆带动活塞在泵筒内上下移动。当活塞上行时，药液被吸入泵筒内。当活塞下行时，泵筒内的药液被压入空气室。空气室内的空气被压缩，对药液产生压力。打开开关后，药液经喷头雾化成细小的雾滴喷洒到作物上。

（2）机动式喷雾机

机动式喷雾机主要由担架、汽油机、三缸活塞泵、空气室、调压阀、压力表、流量控制阀、射流式混药器、吸水滤网、喷头或喷枪等组成（图 5-13）。

工农 -36 型喷雾机的工作过程如图 5-14 所示。当汽油机驱动三缸活塞泵工作时，水流经吸水滤网被吸入泵缸内，然后压入空气室建立稳定的压力。压力水流经流量控制阀进入射流式混药器，借混药器的射流作用，将母液（原药液加少量水稀释而成）吸入混药器。水与母液在混药器内自动均匀混合后，经输液软管至喷枪，做远射程喷射。当要求雾化程度好或近射程喷射时，可卸下混药器，换装喷头，将吸水滤网放入混合好的药液桶内即可工作。

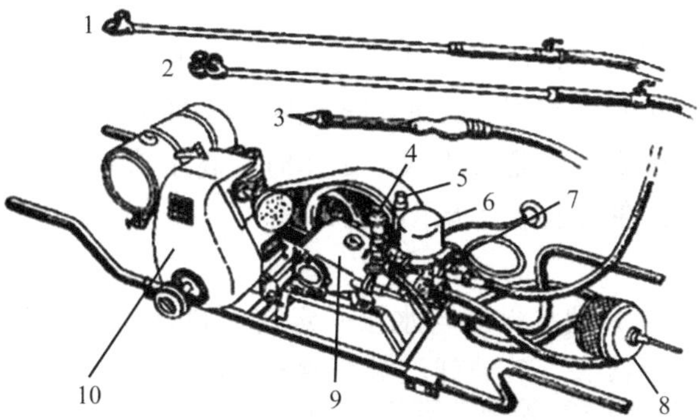

1—双喷头；2—四喷头；3—喷枪；4—调压阀；5—压力表；6—空气室；
7—流量控制阀；8—吸水滤网；9—三缸活塞泵；10—汽油机。

图 5-13　工农 -36 型机动式喷雾机结构

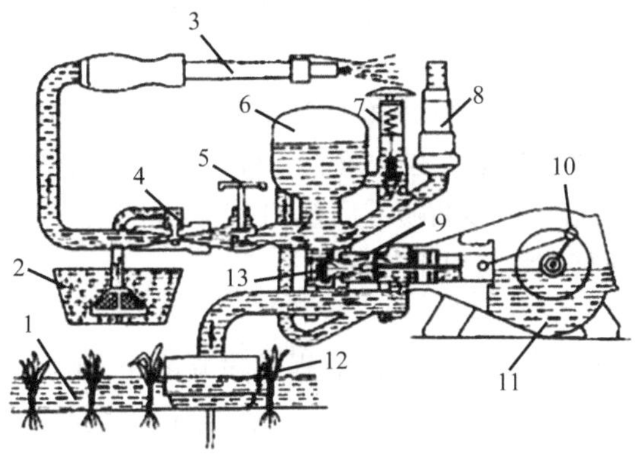

1—水田；2—母液；3—喷枪；4—混药器；5—流量控制阀；6—空气室；7—调压阀；
8—压力表；9—进液阀组；10—曲柄连杆机构；11—曲轴箱；12—吸水滤网；13—出液阀组。

图 5-14　工农 -36 型喷雾机的工作过程

3. 喷雾机的主要工作部件

（1）液泵

液泵的功用是为药液提供克服管道阻力和喷头雾化所需要的压力。喷雾机上使用的液泵有往复式和旋转式两大类，其中以往复泵应用最广。

（2）药液阀

药液阀在压力喷雾机上也是一个重要部件，控制各种流向或流量的阀都必须启闭灵敏，封闭严密，不易腐蚀或生锈，在压力变化或流量变化较大时亦能正常工作。否则将影响喷量的准确性和喷雾的均匀度。

（3）空气室

往复泵工作时，其排液过程是脉动的，必须与空气室配合使用，以稳定喷射压力，使药液能均匀而连续地进行喷射，保证喷雾质量。

（4）调压阀

调压阀用来调节液泵的工作压力，并起到安全阀的作用。它主要由调压轮、卸压手柄、回水室、锥阀、阻尼塞、弹簧座和弹簧等组成。

（5）压力表

压力表用于指示泵的工作压力。其种类有指针式和标杆式两种。标杆式压力表结构简单，工作可靠，抗震性能好，工农 -36 型喷雾机即采用这种表。标杆式压力表主要由指示帽、标杆、弹簧、柱塞等组成。工作时，高压药液顶压阻尼塞，通过柱塞压缩弹簧，使标杆上升，在指示帽上指示出压力值。

（6）混药器

混药器是利用射流原理将母液与水按一定比例自动均匀混合的装置。它由射嘴、衬套、射流体、“T”形接头、玻璃球和吸药滤网等组成。“T”形接头两端的孔径分别为 2 mm 和 4.5 mm，选用不同的孔，可改变吸取母液的量，从而改变喷出药液的浓度。不用的孔用管封封住。

（7）喷头

喷头的作用是使药液雾化和使雾滴均匀分布。其工作质量的好坏直接影响病虫害的防治效果。按照结构和雾化原理不同，喷头可分为涡流式、扇形雾式和撞击式三种形式。

4. 影响喷雾质量的因素

喷雾质量取决于雾化装置的特性和工作条件，以及被雾化液体的物理性质等。喷雾质量的主要指标有喷量、喷幅（雾锥角）、射程、雾滴大小及雾化均匀度等。喷头的类型不同，雾化原理也相同，影响喷雾质量的因素也不同。依据对涡流式喷头和扇形雾喷头的试验，得出喷雾质量与以下方面有关。

（1）喷雾压力

喷雾压力过低，药液雾化性能差，射程及喷幅减小，喷量减小；提高喷雾压力，可使雾滴变细，雾化均匀，射程及喷幅增大。但当压力增至一定值后，喷量的增加及雾滴的变小都不显著，而且由于雾滴过细及空气阻力的影响，射程反而减小。

（2）喷孔直径

当喷雾压力一定时，增大喷孔直径，喷量增加，雾锥角也增大。当喷孔直径增至一定值时，进入喷孔的液流旋转速度降低，雾锥角变小，雾滴变粗。但由于液流较集中，容易突破空气阻力，射程变远。

（3）涡流室深度

在喷雾压力不变的条件下，减小涡流室深度，可使雾滴变细、射程减小、雾锥角增大、喷幅变宽。

（4）涡流芯的尺寸

增大涡流芯螺旋槽的断面尺寸，可增大喷量。增大螺旋角，可使喷幅变窄、雾滴变粗、射程变远。

（5）药液的物理性质

药液黏度大，则雾化性能差。

三、弥雾喷粉机

弥雾喷粉机是一种既可以弥雾，又可以喷粉的多用植保机械。国产弥雾喷粉机多是背负式机动的，利用风机产生的高速气流吹送药剂，因此又称背负式机动弥雾喷粉机或风送式弥雾喷粉机。

1. 弥雾喷粉机的构造

弥雾喷粉机一般由 IE40F 型汽油机、机架、离心式风机、药箱和喷射装置等组成（图 5-15）。

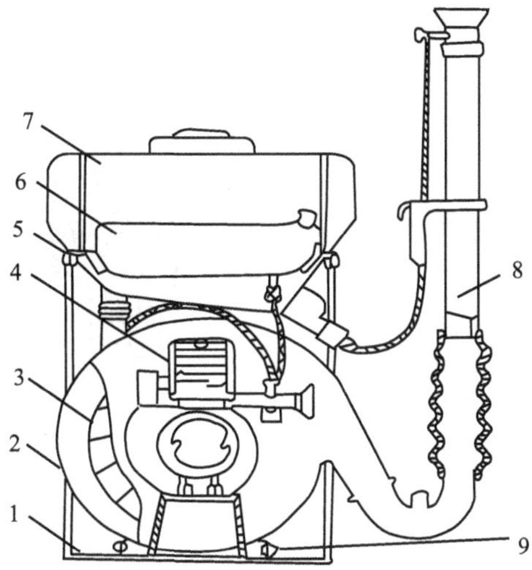

1—下机架；2—离心式风机；3—风机叶轮；4—汽油机；5—上机架；
6—油箱；7—药箱；8—喷射装置；9—减震装置。

图 5-15　东方红 -18 型弥雾喷粉机

（1）机架

机架由钢管焊成，包括上机架和下机架两部分。上机架用于安装药箱和油箱，下机架用来安装风机和汽油机。为减轻机器震动，机架上还装有减震装置。

（2）离心式风机

风机的功用是产生高速气流。风机出口通过弯头与喷射部件连接。风机上方开有小的出风口，通过进风阀将部分高速气流引入药箱。进风阀开度可以调节，以控制进入药箱的风量。

东方红 -18 型弥雾喷粉机采用后弯叶片的离心式风机，由蜗壳形风机壳和封闭式叶轮组成，具有功耗小的优点。但其风压低，结构体积也较庞大。

（3）药箱

药箱用塑料制成，用来盛装药液或药粉。药箱底部做成倾斜状，便于药剂输出。箱盖配有橡胶密封圈，保证密封。弥雾作业时，药箱内装有送风加压组件（图 5-16）。喷粉作业时，换装吹粉管（图 5-17）。

（4）喷射装置

根据作业要求不同，弥雾喷粉机有三种喷射装置可供选用。

①弥雾喷管装置。弥雾喷管装置由弯头、蛇形管、直管、弯管、出水塞、输液管、手把开关和弥雾喷头等组成（图 5-18）。

弥雾喷头属于气力式喷头，由喷管和喷嘴组成（图 5-19）。喷嘴装在喷管的喉管中央，有扭曲叶片式、阻流板式和高射式三种。扭曲叶片式喷嘴上装有 8 个扭曲叶片，每个叶片的背风面钻有孔径为 2 mm 的小孔，药液从此孔喷出。这种喷嘴喷幅较窄，但雾滴较细，适合喷施高浓度药液。阻流板式喷嘴喷幅较宽，但雾滴较粗。高射喷嘴喷幅较窄，雾滴较粗，但射程远，适于果园、森林的喷洒。

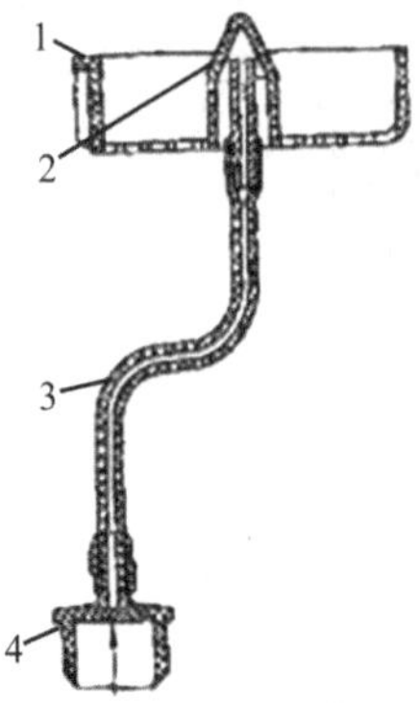

1—滤网；2—出气塞盖；3—进气管；4—进气塞。

图 5-16 送风加压组件

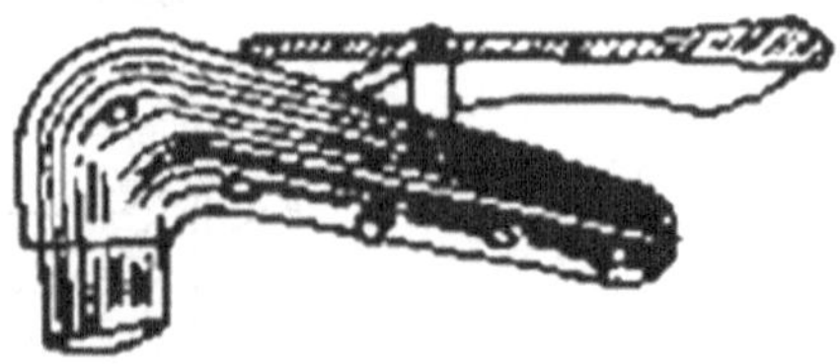

图 5-17 吹粉管

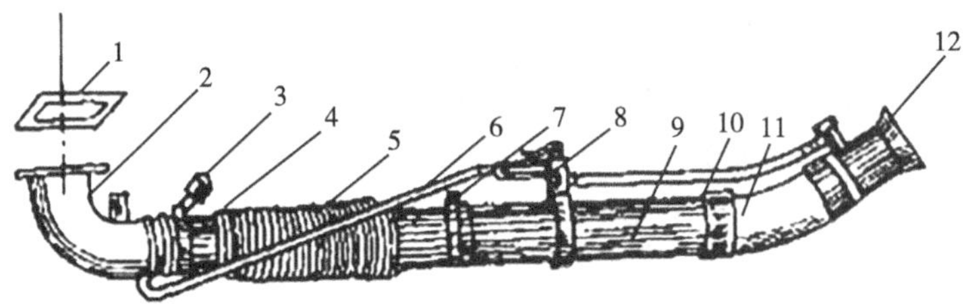

1—垫片；2—弯头；3—出水塞；4，7—卡环；5—蛇形管；6，10—输液管；8—手把开关；9—直管；11—弯管；12—弥雾喷头。

图 5-18 弥雾喷管装置

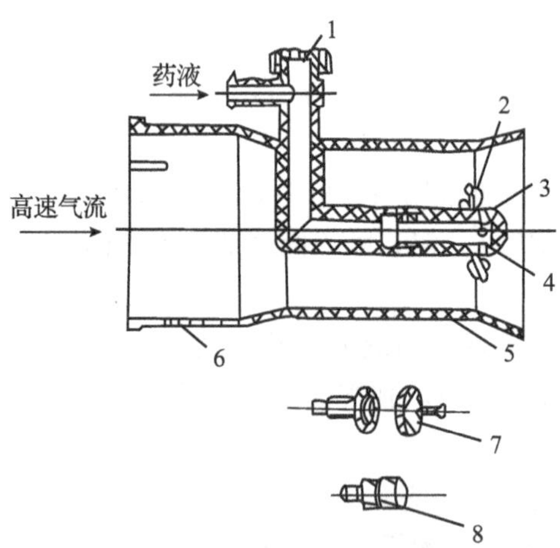

1—压盖；2—叶片；3—小孔；4—扭曲叶片式喷嘴；5—喉管；6—喷管；7—阻流板式喷嘴；8—高射喷嘴。

图 5-19 弥雾喷头

②喷粉喷管装置。将弥雾喷管装置卸掉出水塞、输液管和弥雾喷头，即成为喷粉喷管装置（图 5-20）。在弯头与药箱之间安装输粉管，即可喷粉。

图 5-20　喷粉喷管装置

③长薄膜喷管装置。它主要由缠绕长塑料薄膜管的摇把组装和长塑料薄膜管组成（图 5-21）。

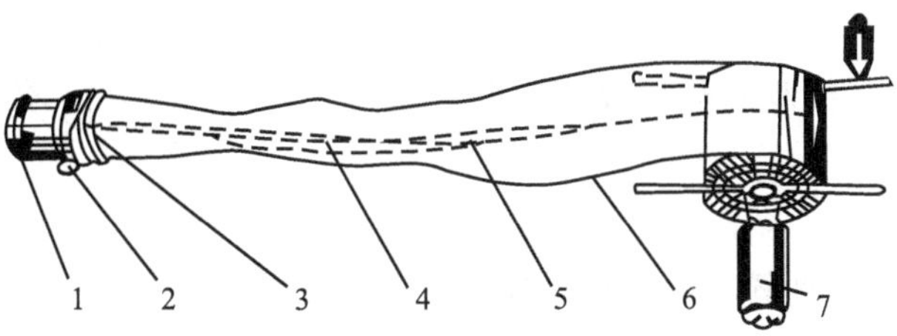

1—接管；2，3—卡环；4—松紧带；5—尼龙绳；6—塑料薄膜管；7—摇把组装。

图 5-21　长薄膜喷管装置

2. 弥雾喷粉机的工作过程

弥雾作业时，汽油机带动离心式风机高速旋转，产生高速气流。大部分高速气流经风机出口进入喷管，至喷头喉管处速度进一步提高，带走喷嘴周围的空气，使喷孔处产生负压。小部分高速气流经进风阀和送风加压组件进入药箱上部，对药液增压。增压药液在喷嘴处负压的作用下，经出药阀门、输液管和手把开关从喷嘴小孔径向喷出，被喷管内的高速气流垂直剪切、破裂成很细的雾滴，吹送到远方，弥散沉降到植株上（图 5-22）。

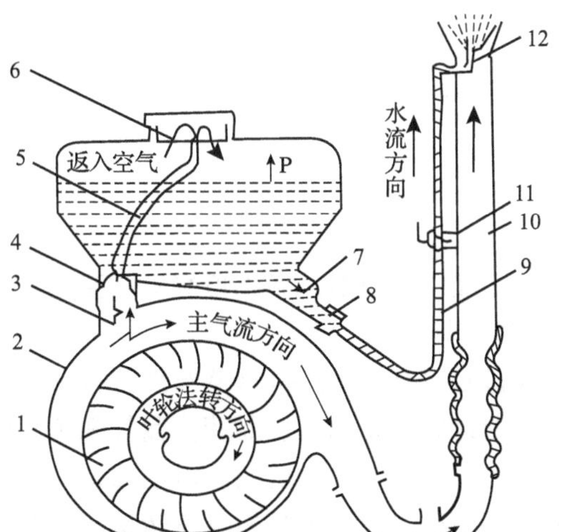

1—风机叶轮；2—风机壳；3—进风阀；4—进气塞；5—进气管；6—滤网；7—出药阀门；8—出水塞；9—输液管；10—喷管；11—手把开关；12—喷头；P—气流对药液的压力。

图 5-22　弥雾过程示意图

喷粉作业时，风机产生的高速气流，大部分经出口进入喷管。小部分高速气流经进风阀进入吹粉管，从吹粉管小孔吹出，将药箱底部的药粉吹松散，并向压力较低的出药阀门（又称粉门）吹送。同时，喷管内的高速气流通过弯头时，在输粉管出口处产生一定的负压，大量药粉被吸入喷管，与高速气流充分混合后吹向远方（图 5-23）。

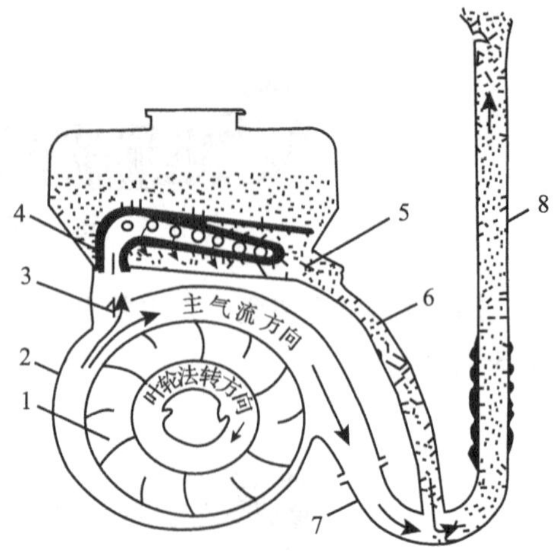

1—风机叶轮；2—风机壳；3—进风阀；4—吹粉管；5—粉门；6—输粉管；7—弯头；8—喷管。

图 5-23 喷粉过程示意图

● **材料准备**

实训辅助手册、行业规范与技术标准、植保机、拖拉机。

● **工具准备**

现代农业装备实训室、工具箱、实训服、手套、植保机、毛巾、清洁剂。

● **人员准备**

人员分组，每组 6 人，明确职责分工（表 5-3）。

表 5-3 任务分工

任务角色	任务内容
组长：	任务：
组员 1：	任务：
组员 2：	任务：
组员 3：	任务：
组员 4：	任务：
组员 5：	任务：

任务实施

借助行业规范与技术标准、说明书，完成喷雾机的使用及保养维护。在操作过程中正确使用工具箱中的各种工具。

第一步，机具技术状态的检查。检查机具零部件是否齐全完整，各连接处是否紧固，运动部件是否灵活，密封处有无漏油、漏药、漏气现象，供油、供药系统是否畅通；对各注油点加注润滑油，并检查动力机的润滑油面，缺少时添加润滑油；检查压力表和安全阀是否正常；起动动力机，观察机具运转情况，有无卡滞和异常响声，操纵是否灵活可靠。

第二步，选择合适的喷头，包括喷头数的确定、喷头的配置方式。

第三步，在大面积喷药之前，应先将药箱内加满水进行试喷。在试喷过程中，检查喷射部件的雾化情况，观察各连接处有无漏液、漏气现象，并进行调整、紧固等。

第四步，在大面积喷药之前，应先进行小区施药对比试验，以便检验选择的农药品种、浓度、施药量是否合适。

喷雾作业最好在无风或微风天进行。喷雾方向尽可能与风向一致，机具前进方向与风向垂直或偏斜一定角度，从下风头开始，按梭形走法进行喷洒（图 5-24）。

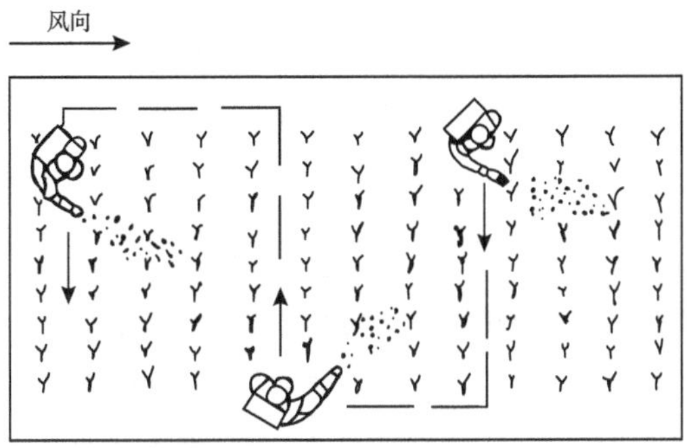

图 5-24　机具行走路线

操作人员要身体健康，了解农药的毒性、应用范围、使用方法、残效期以及中毒后的症状、急救措施等。

操作人员必须穿戴防护用具，尽可能避免与农药直接接触。作业中严禁进食和吸烟；作业后用肥皂洗净手脸，以防农药入口中毒。

喷雾机发生故障时，必须先降低管道中的压力，然后停机检查，排除故障。

作业结束后，清除药箱、管路中的残存药液，用清水冲洗后擦干，放在阴凉、干燥、通风处。较长时间存放时，应卸下喷头、喷管、胶管等集中存放。塑料件应避免因压、折而变形或损坏。

任务检测

请扫描二维码答题。

项目五任务二
任务检测

任务评价

根据学生对植保机械学习了解的认真程度及任务报告的完成情况进行考核评价（表 5-4）。

表 5-4　植保机械考核评价细则

姓名：		班级：		组别：		教师签字：
自评： □合格　□不合格		互评： □合格　□不合格		师评： □合格　□不合格		
日期：		日期：		日期：		
考核评分细则						
序号	考核项目	考核标准	考核方式	分值	评分要求	得分
1	机具技术状态的检查	□检查机具零部件 □检查动力机的润滑油面 □检查压力表和安全阀 □观察机具运转情况	现场考核、问答考核	10	根据情况酌情扣分	
2	喷头的选择域配置	□喷头数的确定 □喷头的配置方式	现场考核、问答考核	10	未完成一项扣 5 分	

（续表）

序号	考核项目	考核标准	考核方式	分值	评分要求	得分
3	机具的试喷	□药箱内加满水进行试喷 □检查喷射部件的雾化情况 □观察各连接处有无漏液、漏气现象 □调整、紧固	现场考核、问答考核	20	未完成一项扣 5 分	
4	使用与安全技术	□小区施药对比试验 □操作人员要身体健康 □操作人员必须穿戴防护用具 □作业结束后，清除药箱	现场考核、问答考核	30	根据情况酌情扣分	
5	任务报告	□完成认真，内容正确 □喷雾机的使用及保养维护 □工作过程正确	评阅考核	20	根据情况酌情扣分	
6	学习态度	□具有团队协作精神 □具备科学严谨的态度 □观察认真，发言积极 □遵纪守时，爱护公物	自评、互评和师评相结合	10	根据情况酌情扣分	
合计				100		
自我评价与总结						
教师点评						

任务三　植保无人机

任务导入

由于生长到中后期的农作物普遍植株体型较大，这给传统基于地面行驶的施药机械带来了极大的困难。植保无人机的出现解决了这一局限。植保无人机又称遥控飞行喷雾机，是用于农业生产的一种以无线电遥控或自由程序控制为主的不载人飞机。由于植保无人机是在空中作业，所以可以完全规避基于地面作业的植保机械对农作物的碾压损害，可以方便快捷且有效地完成农作物在各个时期的植保工作。

农民王叔叔种植的几十公顷的小麦，经诊断感染了小麦白粉病、赤霉病等多种疾病，情况比较紧急，需要及时防治。请根据上述情况帮助王叔叔选择合适类型的植保无人机进行防治。

任务工单

班级：________________　姓名：________________　学号：________________

<table>
<tr><td>任务名称</td><td colspan="4">植保无人机</td></tr>
<tr><td>任务描述</td><td colspan="4">根据实际情况，填写本任务的内容、目的、流程和方法。
任务内容：____
____。
任务目的：____
____。
任务流程：____
____。</td></tr>
<tr><td>任务描述</td><td colspan="4">任务方法：____
____。</td></tr>
<tr><td>获取信息</td><td colspan="4">要完成任务，需要掌握相关的知识。请收集资料，回答以下问题。
1. 什么叫植保无人机？

2. 植保无人机的类型有哪些？

3. 多旋翼植保无人机的结构和原理是什么？

4. 植保无人机施药关键技术有哪些？

5. 植保无人机关键施药设备有哪些？</td></tr>
<tr><td>制订计划</td><td colspan="4"></td></tr>
<tr><td rowspan="6">任务实施</td><td colspan="4">按照预先制订的工作计划，完成本任务，并记录任务实施过程。</td></tr>
<tr><td>序号</td><td>完成的任务</td><td>遇到的问题</td><td>解决办法</td></tr>
<tr><td></td><td></td><td></td><td></td></tr>
<tr><td></td><td></td><td></td><td></td></tr>
<tr><td></td><td></td><td></td><td></td></tr>
<tr><td></td><td></td><td></td><td></td></tr>
</table>

任务准备

● **知识准备**

植保无人机，又名无人飞行器，是用于农林植物保护作业的无人驾驶飞机。该型无人飞机由飞行平台（固定翼、直升机、多轴飞行器）、导航飞控、喷洒机构三部分组成，通过地面遥控或导航飞控来实现喷洒作业，可以喷洒药剂、种子、粉剂等。

一、植保无人机的类型

1. 按动力分类

（1）电动植保无人机

电动植保无人机采用电池作为动力源，特点是结构比较简单，飞手通过遥控操纵飞机，设置好飞行区域后，自动规划路线，整个飞行过程对操作水平的要求不高；机器整体重量轻便，方便转场，并可适应坡地、山区等各种复杂地形的作业。缺点是电池续航时间较短，抗风能力比较弱，图 5-25 为电动单旋翼植保无人机，图 5-26 为电动多旋翼植保无人机。

图 5-25　电动单旋翼植保无人机

图 5-26　电动多旋翼植保无人机

（2）油动植保无人机

油动植保无人机采用燃油作为动力源，其特点是燃料可快速添加，无人机可持续工作，载重能力强，在同等载荷情况下，油动植保无人机工作时形成的风场下压效果更明显，抗风能力较强。缺点是结构较电动机型复杂，不易掌控，对飞手的操作技术要求高，且控制精准度较电动无人机低。图 5-27 为油动单旋翼植保无人机，图 5-28 为油动多旋翼植保无人机。

图 5-27　油动单旋翼植保无人机

图 5-28　油动多旋翼植保无人机

2. 按旋翼数量分类

（1）单旋翼植保无人机

单旋翼植保无人机大多数是油动机型。单旋翼植保无人机有双桨、三桨两种。单旋翼植保无人机通过调整主桨的角度可控制前进、后退、上升、下降四个飞行动作，通过调整尾部的尾桨实现无人机的转向，且主桨和尾桨的风场基本不会相互干扰。其优点是旋翼大，飞行稳定，抗风能力好；风场下压效果好，下旋气流大，雾滴穿透力强，可以穿过植物冠层，渗透到根茎部位，植保效果好；作业周期长。其缺点是价格高、操控难度比较大，对飞手操作技术要求较高。

（2）多旋翼植保无人机

多旋翼植保无人机大多数是电动机型。多旋翼植保无人机有四旋翼、六旋翼、八旋翼、十二旋翼等机型。多旋翼植保无人机通过调整不同桨叶的转速来实现前进、后退、横移、转向、升高、降低的各种动作，但由于飞行中相邻的两个桨叶旋转方向是相反的，所以存在风场相互干扰的问题，会造成一定的风场紊乱。其优点是自动化程度较高，且造价相对便宜；技术门槛低、操控简单，飞手短时间培训后即可上手作业；操控灵活，对起降场地要求不高，能实现垂直起降、空中悬停。其缺点是由于无人机重量轻，所以抗风性能较弱，连续作业能力较差，效率不高。

3. 植保无人机的优势

植保无人机因具有安全高效、操作简便、成本低廉、环保性能优异的特征，在现代农业发展中得以有效地推广应用。以大疆 T20 为例，其最大载重提升至 20 kg，配合 7 m 宽喷幅，单架次作业效率提升至 1.67 hm^2，每小时作业效率提升至 12 hm^2，远远高于人工效率，与大喷幅的高地隙大型植保器械效率相当。植保无人机飞行时旋翼转动产生下旋气流，扰动作物叶片，药液雾滴更容易渗入作物内部，且雾滴直径很小，依附叶片能力强，可减少 20% 以上的农药用量，不仅节约药量，而且能有效杀虫。同时，通过远距离遥控无人机进行植保作业，农民不需要直接接触农药，大大减少了人身伤害，有效保障农民健康和生命安全。农用无人机在使用过程中，不会受到农作物高度及地形的限制，只要将其飞行的高度及信号控制在合理的范围内，就可以通过遥控操作使农用无人机按照预先设定好的轨迹实施飞行喷洒作业，减少了人工喷洒农药中存在的一些问题。植保无人机适用于多种农作物，如水稻、小麦、玉米、棉花等，同时利用其仿地飞行功能，还适用于丘陵山区作业，因此在果树及林木防治方面的应用也日趋增多。

二、多旋翼植保无人机的结构和原理

旋翼的基本理论，玩过竹蜻蜓的人应该都知道：当手的搓动给了竹蜻蜓一个力，使竹蜻蜓快速旋转，就会产生升力，让竹蜻蜓起飞。同理，多旋翼无人机也是由电机带动旋翼旋转产生升力和推力使无人机运动。比如四旋翼无人机，当飞机四个螺旋桨的升力之和等于飞机总重量时，即飞机所受的升力与重力相平衡，飞机就可以悬停在空中了。

1. 结构形式

旋翼对称分布在机体的前后左右四个方向，四个旋翼处于同一高度平面，且四个旋翼的结构和半径都相同，四个电机对称地安装在飞行器的支架端，支架中间空间安放飞行控制计算机和外部设备。

2. 工作原理

四旋翼飞行器通过调节四个电机转速来改变旋翼转速，实现升力的变化，从而控制飞行器的姿态和位置，其工作原理如图 5-29 所示。四旋翼飞行器是一种有六个自由度的垂直升降机，虽然只有四个输入力，但是同时却有六个状态输出，因此它又是一种欠驱动系统。

四旋翼飞行器的电机 1 和电机 3 逆时针旋转的同时，电机 2 和电机 4 顺时针旋转，因此当飞行器平衡飞行时，陀螺效应和空气动力扭矩效应均被抵消。

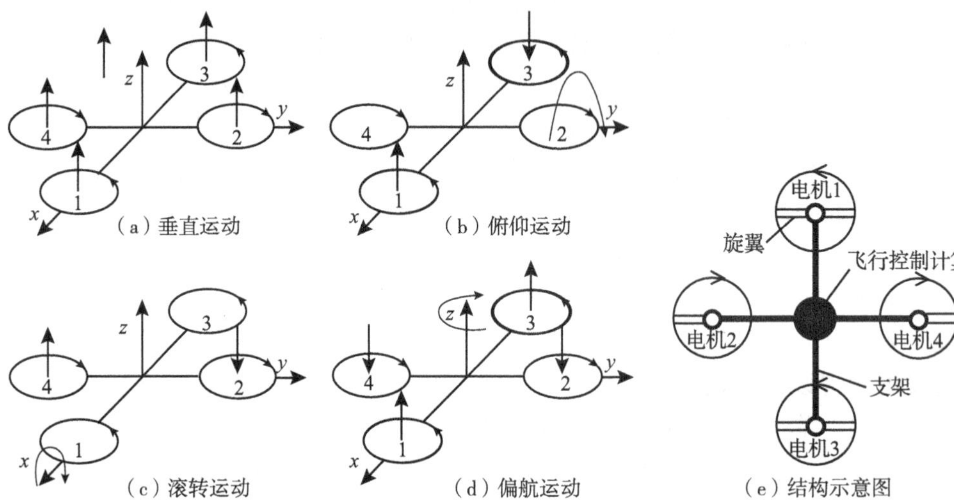

图 5-29　四旋翼飞行器工作原理

在图 5-29 中，电机 1 和电机 3 作逆时针旋转，电机 2 和电机 4 作顺时针旋转；规定沿 x 轴正方向运动称为向前运动；箭头在旋翼的运动平面上方表示此电机转速提高，在下方表示此电机转速下降。

（1）垂直运动

同时增加四个电机的输出功率，旋翼转速增加使得总的拉力增大，当总拉力足以克服整机的重量时，四旋翼飞行器便离地垂直上升；反之，同时减小四个电机的输出功率，四旋翼飞行器则垂直下降，直至平衡落地，实现了沿 z 轴的垂直运动。当外界扰动量为零时，旋翼产生的升力等于飞行器的自重时，飞行器便保持悬停状态。

（2）俯仰运动

在图 5-29（b）中，电机 1 的转速上升，电机 3 的转速下降（改变量大小应相等），电机 2、电机 4 的转速保持不变。由于旋翼 1 的升力上升，旋翼 3 的升力下降，产生的不平衡力矩使机身绕 y 轴旋转，同理，当电机 1 的转速下降，电机 3 的转速上升，机身便绕 y 轴向另一个方向旋转，实现飞行器的俯仰运动。

（3）滚转运动

与图 5-29（b）的原理相同，在图 5-29（c）中，改变电机 2 和电机 4 的转速，保持电机 1 和电机 3 的转速不变，则可使机身绕 x 轴旋转（正向和反向），实现飞行器的滚转运动。

（4）偏航运动

旋翼转动过程中由于空气阻力作用会形成与转动方向相反的反扭矩，为了克服反扭矩影响，可使四个旋翼中的两个正转，两个反转，且对角线上的各个旋翼转动方向相同。反扭矩的大小与旋翼转速有关，当四个电机转速相同时，四个旋翼产生的反扭矩相互平衡，四旋翼飞行器不发生转动；当四个电机转速不完全相同时，不平衡的反扭矩会引起四旋翼飞行器转动。在图 5-29（d）中，当电机 1 和电机 3 的转速上升，电机 2 和电机 4 的转速下降时，旋翼 1 和旋翼 3 对机身的反扭矩大于旋翼 2 和旋翼 4 对机身的反扭矩，机身便在富余反扭矩的作用下绕 z 轴转动，实现飞行器的偏航运动，转向与电机 1、电机 3 的转向相反。

（5）前后运动

要想实现飞行器在水平面内前后、左右的运动，必须在水平面内对飞行器施加一定的力。增加电机 3 转速，使拉力增大，相应减小电机 1 转速，使拉力减小，同时保持其他两个电机转速不变，反扭矩仍然要保持平衡。按图 5-29（b）的理论，飞行器首先发生一定程度的倾斜，从而使旋翼拉力产生水平分量，因此可以实现飞行器的前飞运动。向后飞行与向前飞行正好相反。在图 5-29（b）和图 5-29（c）中，飞行器在产生俯仰、翻滚运动的同时也会产生沿 x 轴、y 轴的水平运动。

（6）倾向运动

由于结构对称，所以倾向飞行的工作原理与前后运动完全一样。

三、植保无人机施药

1. 植保无人机施药系统

植保无人机施药系统如图 5-30 所示，该系统主要包括喷头、泵、药液箱、药液管、喷杆以及相应控制单元。整个系统配合无人机飞行状态实施喷洒任务，随着无人机喷洒作业朝着智能化方向发展，还集成了导航系统、变量施药控制系统、自动避障系统以及各类传感器。

1—定位系统；2—控制系统；3—药液管；4—喷头；5—泵；6—药液箱；7—喷杆。

图 5-30　植保无人机施药系统

2. 植保无人机施药关键技术

（1）变量施药

变量施药是未来植保技术发展主要趋势之一，与传统施药技术相比，变量施药可以根据病虫害发生程度、作物疏密信息按需给药，不仅可以解决农药过量使用的问题，而且能够节省成本，提高防治效率。

目前变量施药系统大多基于PWM技术，通过改变占空比，来控制隔膜泵转速从而实现喷施量调节。系统可通过软件远程实现对无人机施药状态、施药参数的调整，还可实现流量与飞行速度自动匹配，或采用图像处理技术对非作物区进行识别，控制喷头实施精准施药。

（2）避障技术

无人机施药时农田周围环境较为复杂，有建筑、电网、通信等设施，这对安全作业产生威胁，因此无人机自主避障是目前研究的一个热点课题。因障碍物形状特征差异较大，且分布随机化，所以无人机避障技术的难点在于障碍物的自主识别。采用自动避障系统以及自主避障算法，可实现无人机与障碍物之间距离的检测和避障。

（3）减漂技术

影响雾滴漂移的因素很多，包括喷施技术、冠层类型和高度、气象条件及药液理化性质。目前主要减漂手段有研发减漂喷头、添加飞防助剂、优化喷洒技术、设置漂移缓冲区及种植树篱带等。

喷头通过控制雾滴粒径大小来减小漂移。改变喷头类型、尺寸、压力，开发空气诱导型喷头都可以减少漂移。目前被广泛使用的减漂喷头采用射流技术，在喷头内部将空气和药液混合形成二相流后雾化成液滴。

（4）雾滴检测

根据雾滴沉积特性可直接对无人机喷洒质量做出评判，目前常用的评价方法包括雾滴密度判定法和50%有效沉积量判定法。近期研究出现基于激光雷达反射原理测量雾滴分布的新方法，与人工测量值相比，该方法测量结果相对误差较小，且具有扫描周期短，精度高等优点，以及使用一个背光图像采集系统和图像处理技术测量不同类型喷头的雾滴粒径，试验证明该方法可用来以非侵入方式来测量雾滴粒径分布情况。

3. 植保无人机施药关键设备

（1）雾化装置

雾化装置是施药系统的核心部件，市场上现有的雾化装置普遍存在以下问题：制造、分类标准欠缺以及材质和工艺不佳限制了雾化效果；雾化理论基础研究不足；雾化装置研发与喷洒需求分离。这些问题造成我国雾化装置落后于发达国家。无人机喷洒作业环境比较复杂，需要专用雾化装置，因此随着植保无人机技术的发展，亟须开发无人机专用雾化装置。

（2）静电施药系统

静电施药系统采用异性电荷相吸原理，通过电极对雾滴充电，使其携带电荷，然后在电场力、重力和喷施压力共同作用下向靶标飞去，从而改善沉积性能。静电施药系统主要由药液箱、药液管、静电喷头、泵、高压电发生器等组成，因充电过程发生在药液雾化后，所以电极多与喷头结合在一起，即静电喷头。静电喷头的荷电性能和雾化效果直接影响施药效果，因此成为系统中的关键部件。

然而，因绝缘材料差、荷电量不足等问题，静电施药系统并未大范围推广应用。

- **材料准备**

实训辅助手册、行业规范与技术标准、四旋翼植保无人机。

- **工具准备**

现代农业装备实训室、工具箱、实训服、手套、四旋翼植保无人机、毛巾、清洁剂。

- **人员准备**

人员分组，每组 6 人，明确职责分工（表 5-5）。

表 5-5　任务分工

任务角色	任务内容
组长：	任务：
组员 1：	任务：
组员 2：	任务：
组员 3：	任务：
组员 4：	任务：
组员 5：	任务：

任务实施

借助行业规范与技术标准、说明书，进行植保无人机的使用及保养维护。在操作过程中正确使用工具箱中的各种工具。

一、作业前准备

1. 作业区块要求

作业区块及周边应避免有影响安全飞行的林木、高压线塔、电线、电杆等障碍物。作业区块及周边应有适合农业无人机起落的场地和飞行航线。禁止在国家有规定的禁飞区域飞行。

2. 操控人员的要求

操控人员必须获得相关机构的培训证书。操控人员不能在酒后及身体不适的状态下操控无人机。对农药有过敏情况者不能操控无人机。

3. 农药要求

根据作物要求，选择符合相关标准规定、适合农业植保无人机要求的高效低毒农药。

4. 气象条件

作业前应查询作业区块的气象信息，包括温度、湿度、风向、风速等气象信息。雷雨天气禁止作业。风力大于 3 级或室外温度超过 30 ℃禁止作业。

5. 确定作业方案

根据作业区地理情况，设置农业植保无人机的飞行高度、速度、喷幅宽度、喷雾流量等参数。根据作业区作物及病虫害情况、农药使用说明和当地农业植保部门的规定，确定药品、药量，以及配药标准。制定突发情况的处理预案，确定农业植保无人机发生故障时的紧急迫降点（必须远离人群）。

6. 设备准备

农业植保无人机必须按标准生产，有产品合格证。根据使用说明书要求检查农业植保无人机的完整性及辅助设备是否齐全。操控人员做好无人机的各项检查，确保农业植保无人机处于正常状态，严禁农业植保无人机带病作业。检查电池电量或燃料量及飞行信号灯状态。调试对讲机、检查辅助人员在作业区最远处通信是否正常，确保操控人员作业时沟通顺畅。操控人员须先对农业植保无人机进行不喷农药的模拟飞行，模拟飞行正常后，才可以进行作业飞行。

二、植保无人机的检查

植保无人机及其附属产品在环境复杂的田间地头作业时，灰尘、药液、露水、杂物等外在的因素都会对无人机及其附属产品性能带来影响，应及时对设备进行保养维护、清洗擦拭、润滑涂油、检查校准、更换易损件等，保证设备工作时处于最佳状态以延长其使用寿命。

第一，从植保无人机的机身来说，多旋翼无人机机身采用强度高、重量轻、耐腐蚀的碳纤维和铝合金等材料组成。由于飞防作业喷洒的药液和田间的灰尘会吸附在机身上，作业后需要及时用抹布擦拭机身上的药液，避免长期积累形成刺鼻的农药味，促使搬移设备时会无意中接触农药，对相关人员的健康造成不良影响。

第二，与药液直接接触的喷洒系统，包括药箱、管路、隔膜泵、喷头、喷嘴、流量计等。农药属于化学制剂，对金属、塑料有一定的腐蚀性，作业结束后应及时用清水冲洗系统中残留的药液，直到清水流出；在清水中用毛刷刷洗喷嘴。若喷洒有吸附性的除草剂、生长调节剂时，需要用含有洗衣粉的温水浸泡和反复清洗。定期检查，必要时更换喷嘴和流量计。

第三，植保无人机动力系统保养，主要包括智能电池、插头、电机等组件的保养。智能电池在充电、存放过程中使用方法不对，会对其寿命产生影响。一般来说智能电池充电电流在1～2 C，且没有紧急情况，建议用小电流充电。另外高温条件下充放电容易引起电池鼓包，智能电池亏电储存对其寿命有显著的不利影响，长时间储存电量应保持在50%～60%，每隔3个月充放电一次。

第四，智能电池需配备专门智能平衡充电器，其充电功率高（额定功率在1 000 W左右）、电流较大。选用插座时要考虑电流承载能力，一般农村家用电线能够承载四个充电器同时使用。插头的保养一般容易被忽视，常常出现插头发黑、打电火花等情况。植保无人机上的插头具有防打火能力，若出现上述情况说明插头的表层绝缘涂料磨损，因此在飞防作业过程中要及时用毛刷清理插头的灰尘。

任务检测

请扫描二维码答题。

项目五任务三
任务检测

任务评价

根据学生对植保无人机学习了解的认真程度及任务报告的完成情况进行考核评价（表 5-6）。

表 5-6　植保无人机考核评价细则

<table>
<tr><td colspan="2">姓名：</td><td colspan="2">班级：</td><td colspan="2">组别：</td><td rowspan="3">教师签字：</td></tr>
<tr><td colspan="2">自评：
□合格　□不合格</td><td colspan="2">互评：
□合格　□不合格</td><td colspan="2">师评：
□合格　□不合格</td></tr>
<tr><td colspan="2">日期：</td><td colspan="2">日期：</td><td colspan="2">日期：</td></tr>
<tr><td colspan="7">考核评分细则</td></tr>
<tr><td>序号</td><td>考核项目</td><td>考核标准</td><td>考核方式</td><td>分值</td><td>评分要求</td><td>得分</td></tr>
<tr><td>1</td><td>植保无人机使用前的准备</td><td>□作业区块要求
□操控人员的要求
□农药要求
□气象条件
□确定作业方案
□设备准备</td><td>现场考核、问答考核</td><td>10</td><td>根据情况酌情扣分</td><td></td></tr>
<tr><td>2</td><td>植保无人机使用中的检查</td><td>□植保无人机的机身
□和药液直接接触的喷洒系统
□植保无人机动力系统保养
□电池配备专门智能平衡充电器</td><td>现场考核、问答考核</td><td>10</td><td>根据情况酌情扣分</td><td></td></tr>
<tr><td>3</td><td>维护保养基本要点</td><td>□外观清洗
□结构检查
□易损件更换
□养护存放</td><td>现场考核、问答考核</td><td>20</td><td>未完成一项扣 5 分</td><td></td></tr>
<tr><td>4</td><td>农业植保无人机操作安全作业注意事项</td><td>□符合中国民用航空局的飞行要求
□飞行范围应严格按照作业方案执行
□操作人员必须穿戴防护用具
□作业结束后，清理药箱</td><td>现场考核、问答考核</td><td>30</td><td>根据情况酌情扣分</td><td></td></tr>
<tr><td>5</td><td>任务报告</td><td>□完成认真，内容正确
□植保无人机的使用及保养维护
□工作过程正确</td><td>评阅考核</td><td>20</td><td>根据情况酌情扣分</td><td></td></tr>
<tr><td>6</td><td>学习态度</td><td>□具有团队协作精神
□具备科学严谨的态度
□观察认真，发言积极
□遵纪守时，爱护公物</td><td>自评、互评和师评相结合</td><td>10</td><td>根据情况酌情扣分</td><td></td></tr>
<tr><td colspan="4">合计</td><td>100</td><td></td><td></td></tr>
<tr><td>自我评价与总结</td><td colspan="6"></td></tr>
<tr><td>教师点评</td><td colspan="6"></td></tr>
</table>

项目六 收获机械

项目导读

收获作业是农业生产过程中的重要环节。机械化收获，生产效率高、作业质量好、总损失较少、劳动强度低，能及时收获、保证丰产丰收。

知识目标

①熟悉收获机械的基本分类。

②掌握谷物收获机的结构组成、工作过程及构造。

③掌握谷物收获机主要工作部分的组成、技术保养、使用及维修方法。

技能目标

①掌握谷物收获机械的调整方法，特别是预防性的保养。

②能够根据谷物收获部分的工作情况，及时做好调整和修理。

③能够对收获机械出现的故障，进行排除及简单的维修。

素质目标

①树立安全意识。熟知工作安全常识，以保障个人人身安全。

②提升自我管理能力。遵守工作纪律，能恰当有效地利用时间，按时完成各项任务。

③提升团队合作能力。能认知自己在团队中的角色，主动承担工作任务，尊重他人的意见，遵从集体决策，遵守各种行为规范和操作规范。

④提升独立思考能力。能积极学习知识，领悟所学内容，独立思考，梳理知识，建立自己可靠的知识基础，活学活用解决新的问题。

⑤提升交流沟通能力。能主动与小组成员、同学、老师、陌生人接触，通过聆听、交谈、交流等方式获取信息，有效地进行交流沟通。

⑥树立严谨求实的工作态度。能够严格按规范、标准一丝不苟地完成每一项检查工作。

思政目标

①懂农牧业、爱农牧民、爱农村牧区，做农牧人、干农牧事，增强投身“三农”的自豪感。

②发扬精益求精的工匠精神，对收获机械中的各部分做到结构分解清楚、准确调整安装，培养认真细心的工作态度。

③通过国内已有的收获机械，展示我国农业机械的发展历程和已取得的巨大成就，激发爱国情怀。

任务一　谷物联合收获机

任务导入

谷物收获的方法因各地情况而异，收获的工艺过程包括切割、铺放、捆束、捡拾、运输、脱粒、清选等。收获作业可分别由各种机械单独或部分联合进行，也可由一种机械联合进行。

任务工单

班级：＿＿＿＿＿＿＿＿　姓名：＿＿＿＿＿＿＿＿　学号：＿＿＿＿＿＿＿＿

任务名称	谷物联合收获机
任务描述	根据实际情况，填写本任务的内容、目的、流程和方法。 任务内容：＿＿＿＿＿＿＿＿＿＿＿＿＿＿＿＿ ＿＿＿＿＿＿＿＿＿＿＿＿＿＿＿＿＿＿＿＿。 任务目的：＿＿＿＿＿＿＿＿＿＿＿＿＿＿＿＿ ＿＿＿＿＿＿＿＿＿＿＿＿＿＿＿＿＿＿＿＿。 任务流程：＿＿＿＿＿＿＿＿＿＿＿＿＿＿＿＿ ＿＿＿＿＿＿＿＿＿＿＿＿＿＿＿＿＿＿＿＿。 任务方法：＿＿＿＿＿＿＿＿＿＿＿＿＿＿＿＿ ＿＿＿＿＿＿＿＿＿＿＿＿＿＿＿＿＿＿＿＿。
获取信息	要完成任务，需要掌握相关的知识。请收集资料，回答以下问题。 1. 谷物收获的方法是什么？ 2. 谷物收获机的工作原理是什么？

（续表）

<table>
<tr><td>获取信息</td><td colspan="4">3. 谷物收获机主要由哪些结构组成?

4. 谷物收获机主要包括哪些工作部分?

5. 往复式切割器由哪些结构构成?

6. 往复式切割器有哪些调整方法?</td></tr>
<tr><td>制订计划</td><td colspan="4"></td></tr>
<tr><td rowspan="6">任务实施</td><td colspan="4">按照预先制订的工作计划，完成本任务，并记录任务实施过程。</td></tr>
<tr><td>序号</td><td>完成的任务</td><td>遇到的问题</td><td>解决办法</td></tr>
<tr><td></td><td></td><td></td><td></td></tr>
<tr><td></td><td></td><td></td><td></td></tr>
<tr><td></td><td></td><td></td><td></td></tr>
<tr><td></td><td></td><td></td><td></td></tr>
</table>

任务准备

- **知识准备**

一、谷物收获的方法

常用的谷物收获方法有以下几种。

1. 分别收获法

收获过程的各项作业由人工或各种机械分别进行。这种方法虽然生产率较低、劳动强度和收获损失较大，但所用机具比较简单，使用操作方便，设备投资小，在我国农村地区仍普遍采用。

2. 联合收获法

用联合收获机在田间一次完成收割、脱粒和清选等作业，生产率高、作业及时、劳动强度和收获损失小。但机器复杂、造价高，一次性投资大，且每年使用时间短，因而收获成本较高，对使用技术和作业条件要求也较高。

3. 两段收获法

谷物收获过程分两段进行，先用割晒机或收割机将谷物割倒，成条铺放在一定高度的割茬上，经晾晒后，再用带拾禾器的联合收获机进行捡拾、脱粒和清选。两段收获的特点是充分利用作物的后熟作用，使作物可提前收割，延长了收割期。作物籽粒饱满、千粒重增加、产量有所提高，且由于籽粒含水量小，减轻了晒场负担。机器作业效率高、故障少，但增加了机器下地作业次数，对土壤的压实程度较大。在多雨潮湿地区，谷物铺放在田间，易发芽和霉烂，不宜采用此法。另外，两段收获单位产量的耗油量比联合收获高 7%～10%。

二、谷物收获机械的特点

①收割干净，损失小。在收获全过程中总损失率和破碎率低，有较高的清洁率。

②割茬低，有利于茬地的耕翻。

③铺放整齐，便于打捆，不影响机器下一行程的工作。

④能收割多种作物和适应不同的耕作制要求，可提高机器的利用率。

三、谷物收获机械的种类、特点和工作过程

1. 收割机

收割机完成稻麦等谷物的收割和铺放（或捆束）两道工序，目前生产上广为应用的是收割机和割晒机。

（1）按铺放形式分类

①收割机。收割时，将谷物铺放在割茬上，形成转向条铺（禾秆倾倒方向约与机器前进方向垂直）或间断性条堆，割后适于人工捆束。这种机器型号较多，应用较广，多与手扶和小型拖拉机配套，为悬挂式，如上海 -108、北京 -185 等，少数也有自走式。

②割晒机。收割时，收谷物放成顺向条铺，适于装有拾禾器的联合收获机拾禾脱谷。割晒机的割幅较大，多为 4 m 及以上，有牵引式、悬挂式和自走式三种，如牵引割晒机 GS-4.6、悬挂式割晒机 GSX-4.0 等。

③割捆机。收割时，将谷物捆成小捆，并抛于地面。收割机、割捆机用于分段收获，割晒机用于两段收获。

（2）按结构形式分类

①卧式割台收割机，是将已割作物卧倒在割台上进行横向输送。其纵向尺寸较大，工作可靠。割幅较宽的收割机采用这种形式，主要由台架、分禾器、拨禾轮、切割器、输送器、悬挂架、传动和起落机构等组成（图 6-1）。工作时，分禾器插入谷物，将待割和不割的作物分开；待割作物在拨禾装置作用下，进入切割器被切割；割下的谷物卧倒在输送器上被送往割台一侧，成条铺放于田间。

②立式割台收割机，是将已割作物保持直立状态横向输送，其纵向尺寸小、结构紧凑，但割幅较窄，适于小地块作业，主要由机架、切割器、拨禾星轮、立式输送器、分禾器等组成（图 6-2）。工作时，分禾器将作物分开，作物由切割器割断后，仍呈直立状态，由输送带横向输送，在拨禾星轮配合作用下，将割下作物排出机外，横向铺放于田间。

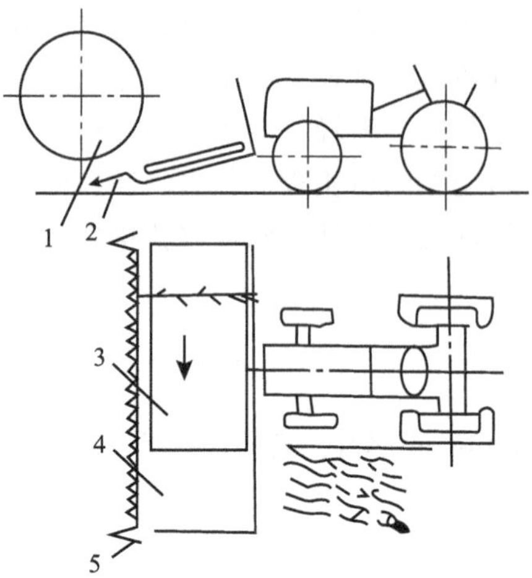

1—拨禾轮；2—切割器；3—输送带；
4—放铺口；5—分禾器。

图 6-1 卧式割台收割机

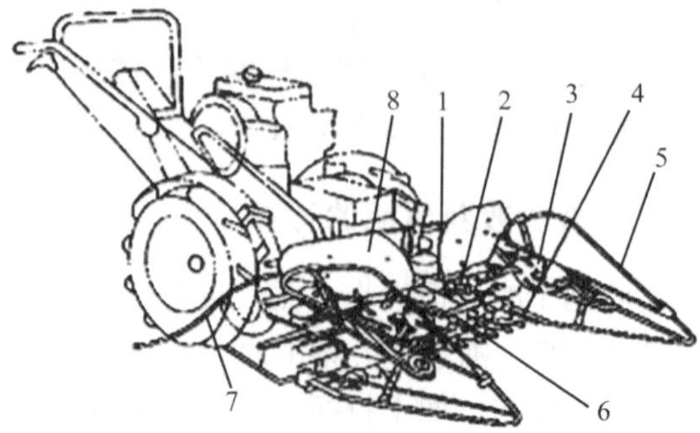

1—换向阀门；2—上输送带；3—拨禾轮；4—切割器；
5—分禾器；6—下输送带；7—铺禾杆；8—后挡板。

图 6-2 立式割台收割机

2. 脱粒机械

（1）脱粒机械的功用、种类和特点

脱粒机的功用主要是对割下的谷物进行脱粒，并对脱出物再进行分离。有的脱粒机还能进行清选，以便得到干净的谷粒。

脱粒机的种类很多，按适应作物情况可分为通用脱粒机和专用脱粒机；按作物喂入方式可分为全喂入式和半喂入式；按结构的复杂程度可分为简易式、半复式和复式。

全喂入式脱粒机，脱粒时将作物全部喂入脱粒装置。半喂入式脱粒机，脱粒时茎秆尾部被夹持，仅穗部进入脱粒装置。

简易脱粒机结构简单，仅有脱粒装置，只能将谷粒从穗上脱下，并不进行分离和清选。半复式脱粒机除有脱粒装置外，还有简单的分离和清选装置，可以进行初步的分离和清选。复式脱粒机结构复杂，有完善的脱粒、分离和清选装置，可完成脱粒、分离和多次清选，并能将谷粒分级。

（2）脱粒机的结构与工作过程

性能比较完善的复式脱粒机，主要由喂入、脱粒、分离、清选、输送、杂余处理等工作装置以及传动装置、机架和行走轮等组成。喂入装置由输送槽、链板式输送链和传动轴等组成（图 6-3）。

脱粒装置采用双滚筒式，第一滚筒为钉齿式，第二滚筒为纹杆式。分离装置由逐稿轮、逐稿器和挡帘等组成，逐稿轮为叶轮式，逐稿器为双轴四键式。清选装置由两个清粮室组成，第一清粮室由阶梯板、上筛、下筛和风扇等组成，上筛为鱼鳞筛，下筛为冲孔筛；第二清粮室装在机体左侧，由箱体、滑板和风扇等组成。输送装置由谷粒螺旋推运器、升运器和杂余螺旋推运器等组成。杂余处理装置由复脱器、抛扔器和除芒器等组成。

工作时，谷物经人工放到自动喂入装置的输送槽上，由输送链送入脱粒装置，经两个滚筒脱粒。脱粒后的长茎秆从滚筒和凹板间排出，经逐稿轮和逐稿器分离出夹杂在其中的谷粒，茎秆被逐出机外。滚筒脱下的谷粒及杂余混合物，从凹板孔漏下，和由分离装置分离出来的谷粒一起落到阶梯板上，经阶梯板进入第一清粮室，在风扇和两层筛子作用下被清选，从筛孔筛下的谷粒，由推运器和升运器送至除芒器，除芒后进入第二清粮室（不需除芒时可直接进入第二清粮室），进行清选和分级，从出粮口流出。清粮室清除的杂余，轻的被吹出机外；断穗等较大杂余，从尾筛落入杂余推运器，送往复脱器再次脱粒，然后被抛送回阶梯板，重新参与清选。

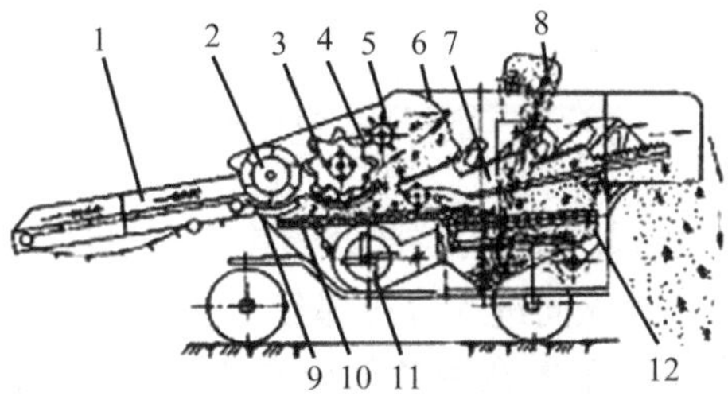

1—喂入装置；2—前滚筒；3—后滚筒；4—凹板；5—逐稿轮；6—挡草帘；7—逐稿器；8—升运器；9—第一凹板；10—阶梯板；11—风扇；12—清选筛。

图 6-3　脱粒机的结构和工作示意图

3. 谷物联合收获机

谷物联合收获机实质上就是收割机和脱粒机的组合，两者之间用输送装置相连，能一次完成谷物的切割、脱粒、分离和清选，直接获得清洁的谷粒，具有生产率高、损失小、机械化程度高等优点。

（1）谷物联合收获机的种类和特点

①按动力配套形式分类，可分为牵引式、自走式和背负式。

a. 牵引式。牵引式联合收获机由拖拉机牵引行走，并由拖拉机动力输出轴驱动工作，也有些机型本身备有发动机，带动工作装置工作，拖拉机仅做牵引动力。牵引式联合收获机结构较简单、造价较低，但机组较长、机动性差、不能自行开道。

b. 自走式。自走式联合收获机自备动力和底盘行走部分，能独立行走和工作，收割台配置在机器前方，具有结构紧凑、机动性好、操纵方便、能自行开道等优点，但结构复杂，造价很高，动力和底盘的利用率低。

c. 背负式。背负式联合收获机是将收割台和脱谷等工作装置悬挂在拖拉机上，由拖拉机驱动工作。它既具有自走式机动性高和能自行开道的优点，又具有造价低、拖拉机的利用率高等优点，在我国的农村有一定的适应性，但悬挂装置拆装不够方便，性能也受一定的限制。

②按谷物的喂入方式分类，可分为半喂入式和全喂入式。

a. 半喂入式。半喂入式联合收获机多采用立式割台，用夹持链夹紧作物的茎秆，只将穗部喂入脱粒装置，因而脱粒后茎秆能保持完整，但生产率较低，适用于收割水稻。

b. 全喂入式。全喂入式联合收获机割下的作物全部喂入脱粒装置进行脱粒。按作物进入脱粒装置的流向，有切流型和轴流型两种，切流型较为传统。近年来国内外有些联合收获机开始采用轴流滚筒型，以简化机器结构。

③按作物在整个机器的流向分类，可分为 T 型、Γ 型和直流型（图 6-4）。

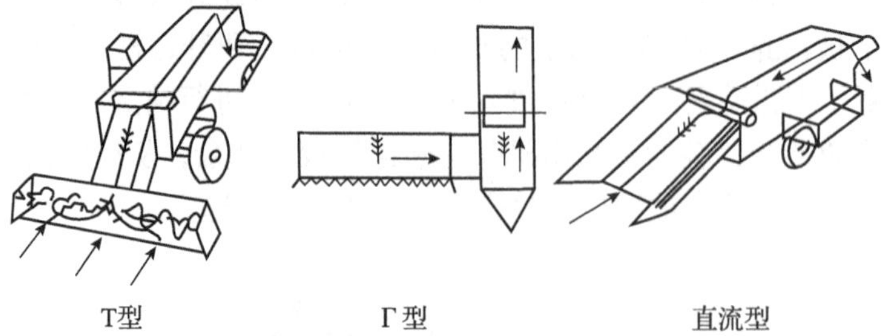

图 6-4 联合收获机作物的流向

a. T 型联合收获机。割台配置在脱粒部分的前方，割幅比脱粒部分宽。割下的作物先从割台两侧向中央输送，再纵向进入脱粒部分。

b. Γ 型联合收获机。割台配置在脱粒部分右侧。割下的作物先横向输送，然后转向纵向进入脱粒部分。

c. 直流型联合收获机。割台配置在前方，割幅与脱粒部分等宽。割下的作物沿纵向直接进入脱粒装置，喂入作物层厚薄均匀，有利于提高脱粒和分离质量，但生产率较低。

（2）谷物联合收获机的结构和工作过程

谷物联合收获机的构造比较复杂，现以自走式联合收获机为例，说明其组成和工作过程（图 6-5）。

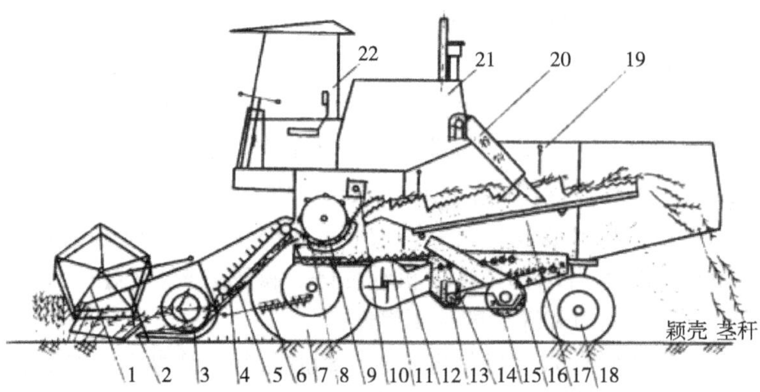

1—拨禾轮；2—切割器；3—割台螺旋推运器和伸缩扒指；4—输送链耙；5—倾斜输；送器（过桥）；6—割台升降油缸；7—驱动轮；8—凹板；9—滚筒；10—逐稿轮；11—阶状输送器（抖动板）；12—风扇；13—谷粒螺旋和谷粒升运器；14—上筛；15—杂余螺旋和复脱器；16—下筛；17—逐稿器；18—转向轮；19—挡帘；20—卸粮管；21—发动机；22—驾驶室。

图 6-5 谷物联合收获机的组成和工作过程示意图

①结构组成。自走式联合收获机由割台、脱粒部分、发动机、底盘部分、传动系统、液压系统、电器系统和操纵系统等组成。

a. 收割台和脱粒部分是联合收获机的主要工作部件，二者用倾斜输送器连成一体。

b. 发动机是联合收获机的动力来源，一般装在脱粒部分的上方，横向布置，便于动力的传递。

c. 底盘部分主要由行走离合器、无级变速器、齿轮变速箱、前桥、后桥和行走轮等组成。前轮为驱动轮，后轮为转向轮。

d. 传动系统由皮带、皮带轮、链条、链轮和离合器等组成，布置在机器两侧，把发动机的动力传给行走和工作部分。

e. 液压系统由油箱、油泵、分配器、液压方向机、油缸和管路等组成，用来完成工作部件的调整、行走无级变速和转向操纵。

f. 电器系统由蓄电池、起动装置、照明设备、信号装置和监视装置等组成，用来起动发动机、夜间照明、监视和指示工作情况。

g. 操纵系统配置在驾驶台（室）上，由方向盘、操纵手柄、配电盘、仪表盘等组成，用来操纵、控制机器的行走和工作。

②工作过程。谷物联合收获机工作时，待割作物被拨禾轮拨向切割器，并在其扶持下被切割器切断。割下的作物铺放在割台上，由螺旋推运器向中央集中，并向后输送，经倾斜输送器喂入到脱粒装置。谷物经脱粒装置脱粒后，分成两路：脱下的大部分谷粒和颖壳、碎茎秆，经凹板筛孔落到阶梯抖动板上；长茎秆和夹杂物，在逐稿器作用下，谷粒被分离出来，经键箱滑板滑到阶梯抖动板末端，与凹板分离出来的脱出物一起清选，茎秆则被送往机外或集草箱。阶梯抖动板上的脱出物，被向后输送到清选筛上。在风扇气流和筛子的配合作用下，轻质杂物被向后吹出机外；谷粒则从筛孔落下，由谷粒推运器和升运器送往粮箱。未脱净的穗头杂余从尾筛筛孔落下，经杂余推运器和升运器送回脱粒装置或送往复脱器，进行再次脱粒。粮箱装满后，谷粒经卸粮装置卸出。

小学士

联合收获机的主要部件

四、收割机的使用

1. 作业前的准备

（1）机具准备

按使用说明书安装收割机，包括悬挂部分的安装、动部分的安装、割台的安装等。全面润滑后，发动发动机，结合动力，升降割台，观察有无异常现象，如有，应及时排除。

（2）田间准备

地块中电线杆、坟堆、树木等周围应人工割出空地，在危险地段设明显标志。用机器和人工割出机组回转地头，地边割出铺放带（后放铺机具不用）。

2. 收割机作业

①进入割区后，落下割台，选好挡位，接通动力，平稳起步，慢加油门，待距作物 0.5 m 左右时，提高转速，进行作业。

②收割时力求走直，油门要稳，尽量不用或少用拖拉机离合器。

③机组遇到田埂、沟时，降低机速，控制割台，防止扬头割穗头或吃土。

④机组作业中，随时注意割茬高度，铺放角度，有无漏割等。

⑤机组到地头时，应在割完作物一瞬间，减小油门，升起割台，待作物全部送出

机外后，方可切断动力。

3. 收割机安全操作规则

①起步和结合动力时，观察周围，然后鸣号起步或结合动力。

②检查、调整、排除故障和清除杂物时，必须停车，切断动力后方可进行。

③夜间工作时，照明设备要可靠，不许用明火照明。

4. 故障分析与排除方法

收割机工作中常见故障及排除方法，如表 6-1 所示。

表 6-1 收割机常见故障及排除方法

序号	故障	故障原因	排除方法
1	销放角 <90°	卧式割台： ①机速太低，输送速度高； ②后带末端低，收较密作物时造成拖铺； ③后带偏后，收较矮小作物时主要由前带输送；后带偏前，收较高作物时，主要由后带输送	①选合适的机速； ②抬高后带末端； ③适当调节后带前后位置
		立式割台： 输送带打滑或根部受阻	调整输送带紧度
2	压倒作物或漏割	①分禾器变形（尖端向里弯）； ②壅土过多； ③扶禾器撑杆推倒作物，扶禾星轮不转，扶禾三角带过松	①修复； ②清理； ③调整
3	割茬不齐	①割刀间隙过大； ②切制器各部磨损、松动，造成动、定刀片不对中； ③作物过多； ④拨禾星轮不转，扶禾三角带过松	①调整动定刀配合间隙； ②紧固，调整或更换； ③控制机速； ④检查调整
4	输送不顺利	①输送带过松打滑； ②拨齿脱落过多； ③扶禾三角带脱落或压力弹簧松动； ④作物倒伏严重； ⑤负荷过大	①检查调整； ②修复； ③检查调整； ④扶禾校正； ⑤控制机速

5. 维护与保养

①按规定进行润滑。

②检查各操纵手柄是否灵活可靠，各部分紧固件有无松动，传动带是否变松等。

6. 保管

①全面检查各部分，换修损坏零件。

②进行全面清洗、润滑、涂油，以防锈蚀。刀杆卸下，涂油垂直吊挂存放。

③将机件集中存放在库房或机棚内，严防风吹、日晒和雨淋雪浸。

7. 作业质量检查

①割茬高度。在已割地块对角线上实测几点，取各点割茬高的平均值。

②放铺质量。放铺角度与前进方向≥80°，不得有拖铺、紊乱现象；割晒条铺方

向、宽度适宜，穗头不着地。

③损失率。损失率≤1%。检查每平方米面积内，掉穗、漏割穗及掉粒数，取几处平均数，按式（6-1）计算损失率。

$$损失率 = [(q \times a + c) \times 10\,000 \times (g/1\,000) / (1\,000 \times Q)] \times 100\% \cdots\cdots (6-1)$$

式中：q——每平方米面积内损失的穗数；

a——每穗平均粒数；

c——每平方米面积内掉粒数；

g——千粒重（g）；

Q——作物估产量（kg/hm^2）。

五、脱谷机的使用

1. 作业前准备

（1）场地准备

脱谷场应平坦、干燥、坚实、运输方便，并配好用具、电器设备和防火用具。

（2）机器准备

①检查技术状态，调整工作部件，按规定润滑。

②按传动图挂好皮带和链条，调好紧度。

（3）机器安装

按照说明书正确安装。

（4）试运转

首先，用手转动，观察各部位运转是否正常；其次，结合动力空转，从低速逐渐增至正常速度；最后，待一切工作部件正常后，喂入作物正常作业。

2. 安全操作规则

①清理机器周围物品、工具，防止进入机器造成事故。

②工作中经常检查脱粒质量、脱净情况、谷粒清洁度和破碎情况等，发现问题及时解决。

③机器保养、调整和排除故障，必须在停车后进行。

3. 常见故障分析及排除方法

脱谷机常见故障及排除方法如表 6-2 所示。

表 6-2　脱谷机常见故障及排除方法

序号	故障	故障原因	排除方法
1	脱粒不净：排除茎秆中有未脱净谷穗	①滚筒转速太低； ②作物湿度大，脱粒间隙过大； ③喂入量过大或喂入不均； ④纹杆与凹板严重磨损	①适当增加转速； ②减小脱粒间隙； ③均匀连续喂入； ④更换，凹板调 180° 使用
2	碎粒太多：谷粒中有过多碎粒	①喂入不均； ②滚筒转速过高； ③脱粒间隙过小； ④除芒器弹簧太紧	①均匀连续喂入； ②适当降低转速 ③调节到合适间距； ④放松弹簧

（续表）

序号	故障	故障原因	排除方法
3	滚筒堵塞：滚筒转速明显降低甚至停转	①作物湿度大； ②喂入量过大； ③滚筒缠草； ④滚筒转速过低	①进行翻晒； ②均匀连续喂入； ③调节挡帘高度，切穗头脱粒； ④适当增加转速
4	清粮损失过大：洁选装置的排出物中有过多谷粒	①风速过高； ②鱼鳞筛孔开度过小； ③吹风部位靠后； ④尾筛倾角过小	①减小风量； ②增大开度； ③调节吹风部位； ④抬高尾筛或后挡板
5	谷粒清洁率低：谷粒中含有过多杂物	①筛孔开度过大； ②风速过小或吹风部位不对； ③尾筛过高； ④作物湿度过大； ⑤复脱、除芒能力过低	①减小开度； ②减小风量，清洗吹风部位； ③减小尾筛倾角； ④进行翻晒； ⑤增加弹簧紧度

4. 维护与保养

①每班作业结束停止喂入后，需空转 10 min，以清除机内残存物。

②检查各工作部分的技术状态是否正常，紧固已松动的螺栓。

③按润滑图表定期注油。

5. 保管

①将全部传动带、链条和筛子卸下，清理后放在库内保管。

②清洗各部轴承后注入润滑油，各调节螺栓涂润滑油，以防锈蚀。

③关闭各风扇的进风口，盖好喂入口和出草口，以免雨雪侵蚀内部机件。

④停放在干爽不积水的场地上或存放在棚内保管。

小学士

作业质量检查

六、联合收获机的使用

1. 作业前的准备

（1）机器的准备

①做好各部分安装、检查、调整和润滑工作。

②进行试运转。发动机空转试运转→联合收获机空转试运转（试运转前，将脱粒间隙调至最大，打开各升运器下盖用手转动前中间轴传动皮带轮，使各工作部件转动，若各部装配、调整正常，一个人即可转动）→联合收获机行走试运转→联合收获机负荷试运转→试割。

（2）田间准备

①田间区。大面积地块收获时，应将收获区划分成若干小区，一般应能使一台联合收获机工作 2～3 d 为宜。

②开割道。在正式收割前应先把小区的边道、运行道和卸粮道割出来（称为开割

道）。运行道和边道最好用自走式联合收获机来收割，开成“V”形割道或弧形割道（图 6-6）。当收割小区较长或作物产量较高时，可在小区中部开出卸粮干道。

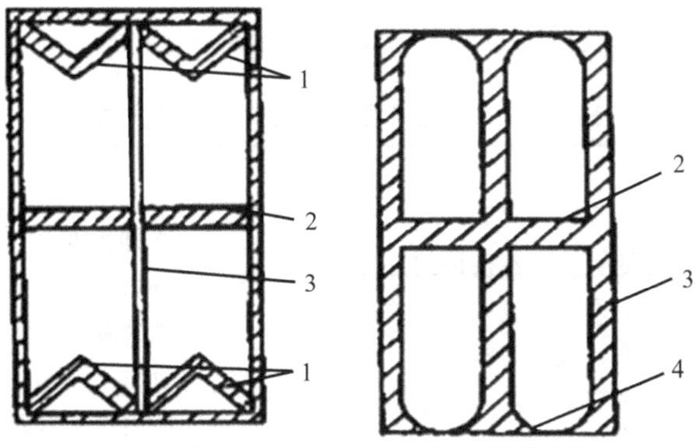

（a）“V”形割道　　（b）圆形割道

1—“V”形割道；2—卸料干道；3—边割道；4—弧形割道。

图 6-6　割道

2. 联合收获机作业的使用

（1）入区

当联合收获机开到距作物 10～15 m 时，在发动机低转速状态下，平稳结合工作离合器，将割台降至正常割茬高度，然后逐渐加大油门，在发动机达到额定转速下入区收割。

（2）正常收割

入区收割后，工作 100～150 m，应停车检查作业质量，并进行适当调整，直至作业质量满足要求后，再继续收割工作。

（3）停车

联合收获机停止作业后，空转 2～3 min，排出所有喂入的作物，切断作业离合器，同时减小油门，发动机以中速或低速空转 5 min 后熄火。

3. 联合收获机作业安全技术规则

①不允许非驾驶人员驾驶联合收获机。

②按规定起动发动机，预先检查变速连杆的挡位，各传动离合器处于分离位置。

③准确地运用信号。接合作业离合器和行走前，必须发出信号，以确保机器和人的安全。

④联合收获机工作时，不允许用手触动机器的各工作部件。各种调整和保养只有在停车切断传动后才可进行。

⑤联合收获机工作时，允许最大坡度为 15°，上下坡时不允许换挡。在斜坡上停车时，要用刹车制动，并用定位器卡住刹车踏板。

知识补充

S700 联合收获机

⑥机器停车后，应将变速杆放空挡位置，切断作业离合器，在割台未放到可靠支撑物上之前，禁止到割台下方，以免割台下降压伤人。

⑦及时清除发动机和散热器护罩上的茎秆碎末，排除漏油现象，检查电器系统连

接情况。

⑧不许在收获地块内加油、吸烟，夜间禁止用明火照明。

4. 常见故障分析及排除方法

联合收割机常见故障及排除方法如表 6-3 所示。

表 6-3 联合收割机常见故障及排除方法

序号	故障	故障原因	排除方法
1	割刀堵塞	①遇石块、木棍钢丝等险碍物； ②割刀间隙过大，塞草； ③刀片或护刀器损坏； ④田间杂草过多，割茬过低	①立即停车，分离作业离合器，排除障碍物； ②正确调整间隙； ③更换； ④适当提高割茬
2	割台前堆积作物	①割台推运器与割台台面间隙过大； ②拨禾轮位置偏高，偏前	①调小间隙； ②拨禾轮下降和后移
3	拨禾轮打落籽粒太多	①拨禾轮转速太高； ②拨禾轮位置过高，打击穗头	①降低拨禾轮转速； ②降低拨禾轮高度
4	拨禾轮带挂谷物	①拨禾轮位置太低； ②弹齿倾角后倾角太大	①抬高拨禾轮； ②减小弹齿倾角
5	割台噪声大	①连接部件松动； ②切制器有关间隙过大； ③连接零件损坏	①紧固有关部件； ②正确调节； ③更换
6	倾斜输送器前堆积作物或堵塞	①链耙与底板间隙不合适； ②割台堆积作物太多，突然喂入； ③安全离合器传递扭矩不够	①适当调整间隙； ②调整割台； ③调整安全离合器弹簧
7	滚筒堵塞	①滚筒转速太低； ②喂入量过大； ③作物潮湿； ④排出不畅	①提高滚筒转速； ②减小喂入量； ③稍干后收割； ④调大出口间隙，调整分离机构
8	脱粒不净	①滚筒转速低； ②脱粒间隙大； ③喂入量过大； ④作物潮湿； ⑤纹杆磨损或凹板变形	①提高滚筒转速； ②减小脱粒间隙； ③降低行走速度，改善喂入情况； ④稍干收获，抬高割台； ⑤修复后使用
9	籽粒破碎多	①滚筒转速高； ②脱粒间隙小	①降低滚筒转速； ②增大脱粒间隙
10	分离损失大	①逐稿器转速太低； ②逐稿器键面和箱内堵塞； ③挡帘太低或损坏	①检查传动有无打滑； ②清理； ③降低挡帘或修复

5. 维护与保养

①彻底清除机器内外的残留物。清洗空滤器。

②检查皮带链条的张紧度。

③检查各运动部件的运动情况。

④检查各螺栓紧固情况。

⑤按要求检查、维护保养发动机、液压、电器系统和行走部分。

6. 保管

①在初步清扫后，起动车带动工作部件运转排除残存物。

②拆下全部传动带，放入凉而干燥的室内保管。

③拆下链条，清洗干净后，放入油内浸泡润滑，然后入库保存。

④把各弹簧放松，以防弹性失效。

⑤各润滑点注油润滑。

⑥发动机清理后，放出水箱和机体内水。放松风扇皮带。用油纸包好发电机、液泵、燃油泵等精密部件，遮盖发动机。

⑦卸下蓄电池，每月充电一次。

⑧给掉漆处涂漆，各运动部件涂防锈油。

⑨将割台放拖车上，并将拖车垫起，无拖车的，应将割台降下，放在垫木上。

⑩支起联合收获机，轮胎放气至 5 kPa，并遮盖起来，防止日晒雨淋老化。

7. 作业质量的检查

见收割机和脱谷机。

- **材料准备**

实训辅助手册、行业规范与技术标准、谷物收获机说明书、谷物收获机图纸。

- **工具准备**

现代农业装备实训室、谷物收获机、工具箱、实训服、手套、零件拆解摆台桌、毛巾、清洁剂。

- **人员准备**

人员分组，每组 6 人，明确职责分工（表 6-4）。

表 6-4　任务分工

任务角色	任务内容
组长：	任务：
组员 1：	任务：
组员 2：	任务：
组员 3：	任务：
组员 4：	任务：
组员 5：	任务：

任务实施

借助行业规范与技术标准、谷物收获机图纸、谷物收获机说明书，拆解一台谷物收获机工作部分，并完成装配。在操作过程中正确使用工具箱中的各种工具。

第一步，拆解谷物收获机的零件。

第二步，拆解完成后，对谷物收获机的零件进行重新装配。

第三步，检查在装配过程中，是否有遗漏的零件没有安装，如有，重新进行拆解和装配。

第四步，装配过程中，参照实训辅助手册、行业规范与技术标准、谷物收获机说明书、谷物收获机图纸等。

第五步，进行谷物收获机的使用与维护，使其能正常工作。

任务检测

请扫描二维码答题。

项目六任务一
任务检测

任务评价

根据学生对本任务学习了解的认真程度及任务报告的完成情况进行考核评价（表 6-5）。

表 6-5　谷物联合收获机械考核评价细则

<table>
<tr><td colspan="2">姓名：</td><td colspan="2">班级：</td><td colspan="2">组别：</td><td rowspan="3">教师
签字：</td></tr>
<tr><td colspan="2">自评：
□合格　□不合格</td><td colspan="2">互评：
□合格　□不合格</td><td colspan="2">师评：
□合格　□不合格</td></tr>
<tr><td colspan="2">日期：</td><td colspan="2">日期：</td><td colspan="2">日期：</td></tr>
<tr><td colspan="7">考核评分细则</td></tr>
<tr><td>序号</td><td>考核项目</td><td>考核标准</td><td>考核方式</td><td>分值</td><td>评分要求</td><td>得分</td></tr>
<tr><td>1</td><td>谷物收获方法</td><td>□准确说出方法和特点</td><td>现场考核、问答考核</td><td>10</td><td>未完成扣 10 分</td><td></td></tr>
<tr><td>2</td><td>谷物收获机的工作原理</td><td>□准确说出工作原理</td><td>现场考核、问答考核</td><td>10</td><td>未完成扣 10 分</td><td></td></tr>
<tr><td>3</td><td>谷物收获机的结构组成</td><td>□割台
□脱粒部分
□发动机
□底盘部分
□传动系统
□液压系统
□电器系统
□操纵系统</td><td>现场考核、问答考核</td><td>10</td><td>根据情况酌情扣分</td><td></td></tr>
</table>

（续表）

序号	考核项目	考核标准	考核方式	分值	评分要求	得分
4	谷物收获机主要工作部件的构成	□脱谷部分 □输送装置 □清选装置 □分离装置 □脱粒装置 □切割装置 □拨禾装置 □收割台	现场考核、问答考核	20	根据情况酌情扣分	
5	往复式切割器的构成	□动刀片 □定刀片 □护刃器 □摩擦片 □刀杆 □压刃器	现场考核、问答考核	10	根据情况酌情扣分	
6	往复式切割器的调整	□准确说出使用和调整方法	现场考核、问答考核	10	根据情况酌情扣分	
7	任务报告	□完成认真，内容正确 □绘制的图形特征明显 □各部位标注正确	评阅考核	20	根据情况酌情扣分	
8	学习态度	□具有团队协作精神 □具备科学严谨的态度 □观察认真，发言积极 □遵纪守时，爱护公物	自评、互评和师评相结合	10	根据情况酌情扣分	
合计				100		
自我评价与总结						
教师点评						

任务二　玉米联合收获机械

任务导入

玉米是一种高产稳产的粮食作物，也是畜牧业、轻工业、食品业等不可缺少的原料。目前，我国玉米联合收获机一般是收获果穗，用拖车将果穗运回，经自然干燥，再进行脱粒，这样果穗不易霉烂。虽然干燥后脱粒损失少，但摘果穗时落粒掉穗损失较大。

任务工单

班级：__________ 姓名：__________ 学号：__________

<table>
<tr><td>任务名称</td><td colspan="4">玉米联合收获机械的构造与原理</td></tr>
<tr><td>任务描述</td><td colspan="4">根据实际情况，填写本任务的内容、目的、流程和方法。
任务内容：__________。
任务目的：__________。
任务流程：__________。
任务方法：__________。</td></tr>
<tr><td>获取信息</td><td colspan="4">要完成任务，需要掌握相关的知识。请收集资料，回答以下问题。
1. 玉米联合收获机有哪些分类？分别有什么特点？
2. 玉米联合收获机包括哪些构造？
3. 描述玉米联合收获机的工作过程。</td></tr>
<tr><td>制订计划</td><td colspan="4"></td></tr>
<tr><td rowspan="6">任务实施</td><td colspan="4">按照预先制订的工作计划，完成本任务，并记录任务实施过程。</td></tr>
<tr><td>序号</td><td>完成的任务</td><td>遇到的问题</td><td>解决办法</td></tr>
<tr><td></td><td></td><td></td><td></td></tr>
<tr><td></td><td></td><td></td><td></td></tr>
<tr><td></td><td></td><td></td><td></td></tr>
<tr><td></td><td></td><td></td><td></td></tr>
</table>

任务准备

- **知识准备**

一、玉米联合收获机的分类

我国目前开发研制的玉米联合收获机大致可分为背负式、自走式、玉米割台 3 种。

1. 背负式机型

背负式玉米收割机配套四轮拖拉机，具有摘穗、集穗、秸秆粉碎还田等功能。

2. 自走式机型

自走式机型为多行式，具有摘穗、剥皮、集穗、秸秆粉碎还田等功能，生产率高。

3. 玉米割台

玉米割台又称玉米摘穗台。我国开发的玉米割台与联合收割机配套使用，没有脱粒功能。

二、玉米联合收获机的构造和工作过程

1. 构造

玉米联合收获机一般为站秆摘穗，由分禾装置、输送装置、摘穗装置、果穗输送器、除茎器、剥皮装置、苞叶输送器、籽粒回收装置和茎秆切碎装置等组成，如图 6-7 所示。

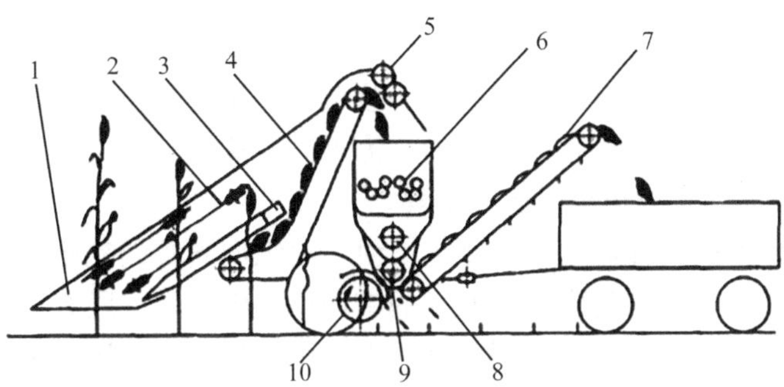

1—分禾装置；2—输送装置；3—摘穗装置；4—果穗第一输送器；5—除茎器；6—剥皮装置；7—果穗第二输送器；8—苞叶输送器；9—籽粒回收装置；10—茎秆切碎装置。

图 6-7　玉米联合收获机的一般构造和工作过程

（1）分禾装置

分禾装置可将直立茎秆导向输送装置或摘穗装置中，因部分玉米茎秆倒伏，为此分禾装置应能扶起倒伏的茎秆，将其导入夹持输送装置。分禾装置的尖部需紧贴地面，能轻轻扶起茎秆，使茎秆缓和地沿分禾装置表面竖起，而不推不挂茎秆。

（2）茎秆输送装置

茎秆输送装置一般采用链条式夹持输送，其作用是牢靠地夹住茎秆，并平稳地向摘穗装置运送茎秆，准确地喂入摘辊。

（3）果穗升运器

一般装有两个果穗升运器，第一升运器用来输送由摘辊摘落的果穗；第二升运器用来输送由剥苞叶装置送出的果穗和由籽粒回收螺旋推运器送出的籽粒。

（4）籽粒回收装置

常用的是螺旋推运器式籽粒回收装置。螺旋推运器式籽粒回收装置由苞叶推运器、籽粒回收器和籽粒回收推运器等组成。苞叶推运器将剥下的苞叶以及所夹带的籽粒在向机体外推送的同时进行翻动，使夹带的籽粒通过籽粒回收筛分离出来落入下方的籽

粒回收推运器中，再推送到第二升运器里。

（5）茎秆切碎装置

能将摘穗后的茎秆切碎还田做肥料或者收集做饲料。

2. 工作过程

分禾装置从根部将茎秆扶正并引向带有拨齿的拨禾链。拨禾链将茎秆扶持并引向摘穗装置。摘穗装置为纵向倾斜装置，每行有一对，相对向里侧回转，两辊在回转中将茎秆引向摘辊间隙之中，并不断向下方拉松，由于果穗直径较大，通不过间隙而被摘落。摘掉的果穗，由摘辊上方滑向中央第一升运器中被运到上方，并掉落到剥皮装置中，若果穗中含有被拉断的茎秆，则由上方的除茎器排出；剥皮装置的剥皮辊回转时，将果穗的苞叶撕开和咬住，从两辊间的缝隙中拉下。苞叶经下方的输送螺旋推向一侧，排出机外。苞叶中夹带的少许已脱落的籽粒，在苞叶输送中从螺旋底壳的孔漏下，经下方的籽粒回收螺旋落入第二升运器，已剥去苞叶的果穗沿剥皮辊向下滑入第二升运器，和回收籽粒一道输送到后方的拖车上。

三、玉米摘穗装置

摘穗装置是摘穗机完成摘穗作业的核心装置，其功能是使果穗和茎秆分离。现有机器上所用的摘穗装置皆为辊式，按结构分为纵卧式摘辊、立式摘辊、横卧式摘穗和纵向摘穗板四种。下面主要讲解纵卧式摘辊。

纵卧式摘辊多用在站秆摘穗的机型上，由一对纵向斜置的摘辊组成，如图 6-8 所示。两辊的轴线平行并具有高度差，摘穗的结构前、中、后三段有所不同。前段为带螺纹的锥体，主要起引导茎秆和有利于茎秆进入摘辊间隙的作用；中段为带有螺纹凸棱的圆柱体，起到摘穗的作用；后段为强拉段，主要作用是将茎秆的末梢部分和在摘穗中已拉断的茎秆强制从缝隙拉出或咬断，以防堵塞。

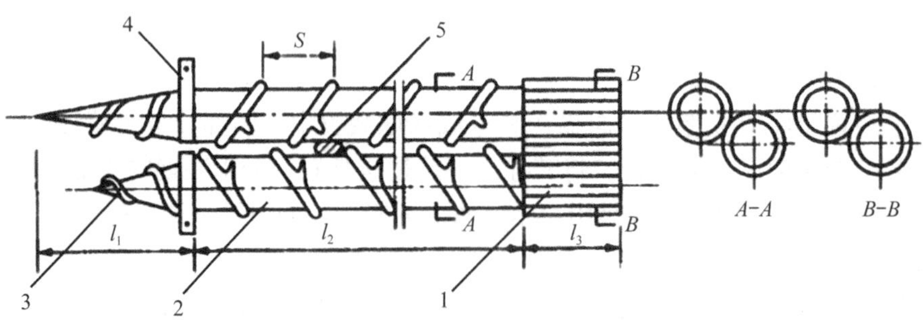

1—强拉段；2—摘穗段；3—导锥；4—可调轴承；5—茎秆；l_1, l_2, l_3—摘穗结构前、中、后端长度。

图 6-8 纵卧式摘辊

纵卧式摘穗的主要特点是：在摘穗时茎秆的压缩行程较小，因而功率耗用较小，对茎秆不同状态的适应性较强，工作较可靠，但摘落的果穗带有苞叶较多。

- **材料准备**

实训辅助手册、行业规范与技术标准、玉米联合收获机说明书、玉米联合收获机图纸。

- **工具准备**

现代农业装备实训室、玉米联合收获机、工具箱、实训服、手套、零件拆解摆台桌、毛巾、清洁剂。

- **人员准备**

人员分组，每组 6 人，明确职责分工（表 6-6）。

表 6-6　任务分工

任务角色	任务内容
组长：	任务：
组员 1：	任务：
组员 2：	任务：
组员 3：	任务：
组员 4：	任务：
组员 5：	任务：

任务实施

借助行业规范与技术标准、玉米联合收获机图纸、玉米联合收获机说明书，拆解一台玉米联合收获机，并完成装配。在操作过程中正确使用工具箱中的各种工具。

第一步，拆解玉米联合收获的零件。

第二步，拆解完成后，对玉米联合收获的零件重新进行装配。

第三步，检查在装配过程中，是否有遗漏的零件没有安装，如有，重新进行拆解和装配。

第四步，装配过程中，参照实训辅助手册、行业规范与技术标准、玉米联合收获机说明书、玉米联合收获机图纸等。

任务检测

请扫描二维码答题。

项目六任务二
任务检测

任务评价

根据学生对本任务学习了解的认真程度及任务报告的完成情况进行考核评价（表 6-7）。

表 6-7 玉米联合收获机械考核评价细则

<table>
<tr><td colspan="2">姓名：</td><td colspan="2">班级：</td><td colspan="2">组别：</td><td rowspan="3">教师签字：</td></tr>
<tr><td colspan="2">自评：
□合格 □不合格</td><td colspan="2">互评：
□合格 □不合格</td><td colspan="2">师评：
□合格 □不合格</td></tr>
<tr><td colspan="2">日期：</td><td colspan="2">日期：</td><td colspan="2">日期：</td></tr>
<tr><td colspan="7">考核评分细则</td></tr>
<tr><td>序号</td><td>考核项目</td><td>考核标准</td><td>考核方式</td><td>分值</td><td>评分要求</td><td>得分</td></tr>
<tr><td>1</td><td>玉米联合收获机的分类</td><td>□准确说出方法和特点</td><td>现场考核、问答考核</td><td>15</td><td>未完成扣15分</td><td></td></tr>
<tr><td>2</td><td>玉米联合收获机的工作过程</td><td>□准确说出工作过程</td><td>现场考核、问答考核</td><td>20</td><td>未完成扣20分</td><td></td></tr>
<tr><td>3</td><td>玉米联合收获机的构造</td><td>□分禾装置
□输送装置
□摘穗装置
□果穗输送器
□除茎器
□剥皮装置
□苞叶输送器
□籽粒回收装置
□茎秆切碎装置</td><td>现场考核、问答考核</td><td>30</td><td>根据情况酌情扣分</td><td></td></tr>
<tr><td>4</td><td>任务报告</td><td>□完成认真，内容正确
□绘制的图形特征明显
□各部位标注正确</td><td>评阅考核</td><td>20</td><td>根据情况酌情扣分</td><td></td></tr>
<tr><td>5</td><td>学习态度</td><td>□具有团队协作精神
□具备科学严谨的态度
□观察认真，发言积极
□遵纪守时，爱护公物</td><td>自评、互评和师评相结合</td><td>15</td><td>根据情况酌情扣分</td><td></td></tr>
<tr><td colspan="4">合计</td><td>100</td><td></td><td></td></tr>
<tr><td colspan="2">自我评价与总结</td><td colspan="5"></td></tr>
<tr><td colspan="2">教师点评</td><td colspan="5"></td></tr>
</table>

任务三 马铃薯收获机械

任务导入

目前国内进行马铃薯小面积收获时，采用多种形式的挖掘犁，将薯块挖出地面后用人工捡拾。马铃薯收获的工艺过程包括切茎、挖掘、分离、捡拾、分级和装运等工序。根据收获过程的不同，可以分为分段收获法和联合收获法等。分段收获法是用机器挖掘、分离，用人工完成捡拾和分级；联合收获法是用联合收获机一次作业，基本上完成马铃薯收获的全部工艺过程。

任务工单

班级：____________ 姓名：____________ 学号：____________

<table>
<tr><td>任务名称</td><td colspan="4">马铃薯收获机械</td></tr>
<tr><td>任务描述</td><td colspan="4">根据实际情况，填写本任务的内容、目的、流程和方法。
任务内容：____________________。
任务目的：____________________。
任务流程：____________________。
任务方法：____________________。</td></tr>
<tr><td>获取信息</td><td colspan="4">要完成任务，需要掌握相关的知识。请收集资料，回答以下问题。
1. 马铃薯收获机械有哪些分类？具体是什么？

2. 马铃薯挖掘机的工作过程是什么？

3. 描述马铃薯联合收获机的工作过程。</td></tr>
<tr><td>制订计划</td><td colspan="4"></td></tr>
<tr><td rowspan="6">任务实施</td><td colspan="4">按照预先制订的工作计划，完成本任务，并记录任务实施过程。</td></tr>
<tr><td>序号</td><td>完成的任务</td><td>遇到的问题</td><td>解决办法</td></tr>
<tr><td></td><td></td><td></td><td></td></tr>
<tr><td></td><td></td><td></td><td></td></tr>
<tr><td></td><td></td><td></td><td></td></tr>
<tr><td></td><td></td><td></td><td></td></tr>
</table>

任务准备

- **知识准备**

马铃薯收获机按照完成的工艺过程，大致可以分成马铃薯挖掘机和马铃薯联合收获机两种。马铃薯挖掘机有机动和畜力两种，可完成挖掘和初步分离，然后用人工捡拾和分选。马铃薯联合收获机可同时完成挖掘、分离、分选和装袋等工序，部分工序需辅以人工。

一、马铃薯挖掘机

图 6-9 所示的是我国使用比较广泛的一种抖动链式马铃薯挖掘机，由限深轮、挖掘铲、抖动输送链、集条器、传动机构和行走轮等组成，与 29.4 kW 以上的拖拉机配套使用，适合在地势平坦、种植面积较大的沙壤土地上作业。工作时，挖掘铲入土，将挖起的薯块和土块输送到第一输送链。杆条式输送链在输送薯块和土块过程中，可以随抖动轮上下抖动，以加快土块的破碎及土块与薯块的分离。第一输送链将薯块和未被分离的土块送入第二输送链，进一步分离土块并且降低薯块的离地高度。通过第二输送链送出的薯块由集条器集成一条后落到地面上，便于后续的人工捡拾。

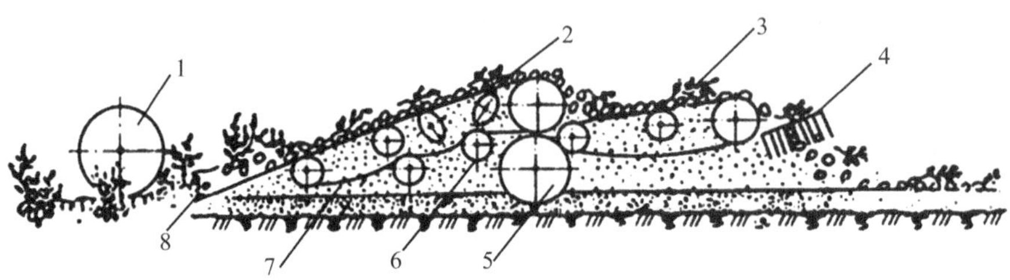

1—限深轮；2—抖动轮；3—第二输送链；4—集条器；5—行走轮；6—托链轮；7—第一输送链；8—挖掘铲。

图 6-9 马铃薯挖掘机

二、马铃薯联合收获机

马铃薯联合收获机一次作业可以完成挖掘、分离、初选和装箱等作业。图 6-10 所示的是一种丘陵山区小型马铃薯挖掘分级一体收获机，包括悬挂装置、挖掘装置、升运分离装置、滚筒二次分离分级装置、过渡壳、二次输送装置和薯块收集车七个部分。挖掘装置包括挖掘铲、挖掘铲固定板和固定铆钉；升运分离装置包括升运装置和升运分离装置动力传递装置；升运装置包括主动轮、分离筛杆条、分离杆、主动轴、加强筋、从动轴、升运装置安装板和从动轮；滚筒二次分离分级装置包括滚筒装置和滚筒动力传递装置；过渡壳包括一级过渡壳和二级过渡壳；薯块收集车包括一级薯块收集车和二级薯块收集车。马铃薯联合收获机三点悬挂于拖拉机上，并由拖拉机输出动力，将覆膜、薯块、秧蔓、土块挖掘出来，将马铃薯从秧蔓、覆膜、土块中分离出来；并将马铃薯二个等级分级集中，土块分离到田间，残膜和秧蔓收集集中。马铃薯联合收获机提高了丘陵山区马铃薯收获的效率，降低了成本，还保护了生态环境。

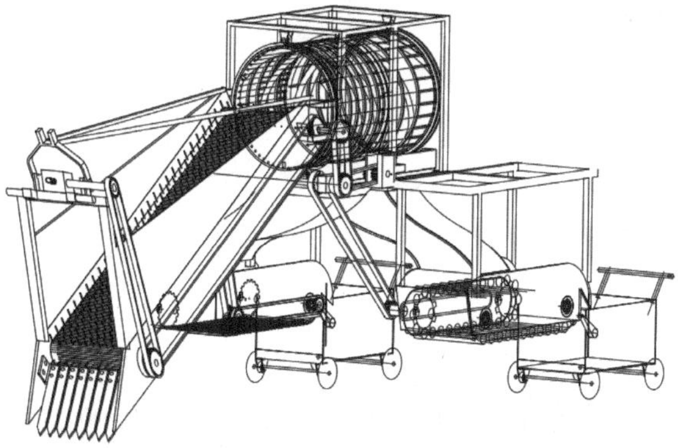

图 6-10　丘陵山区小型马铃薯挖掘分级一体收获机

- **材料准备**

实训辅助手册、行业规范与技术标准、马铃薯联合收获机说明书、马铃薯联合收获机图纸。

- **工具准备**

现代农业装备实训室、马铃薯联合收获机、工具箱、实训服、手套、零件拆解摆台桌、毛巾、清洁剂。

- **人员准备**

人员分组，每组 6 人，明确职责分工（表 6-8）。

表 6-8　任务分工

任务角色	任务内容
组长：	任务：
组员 1：	任务：
组员 2：	任务：
组员 3：	任务：
组员 4：	任务：
组员 5：	任务：

任务实施

借助行业规范与技术标准、马铃薯收获机图纸、马铃薯收获机说明书，拆解一台马铃薯联合收获机，并完成装配。在操作过程中正确使用工具箱中的各种工具。

第一步，拆解马铃薯联合收获机的零件。

第二步，拆解完成后，对马铃薯联合收获机的零件重新进行装配。

第三步，检查在装配过程中，是否有遗漏的零件没有安装，如有，重新进行拆解和装配。

第四步，装配过程中，参照实训辅助手册、行业规范与技术标准、马铃薯收获机说明书、马铃薯收获机图纸等。

任务检测

请扫描二维码答题。

项目六任务三
任务检测

任务评价

根据学生对本任务学习了解的认真程度及任务报告的完成情况进行考核评价（表 6-9）。

表 6-9 马铃薯收获机械考核评价细则

<table>
<tr><td colspan="2">姓名：</td><td colspan="2">班级：</td><td colspan="2">组别：</td><td rowspan="3">教师
签字：</td></tr>
<tr><td colspan="2">自评：
□合格 □不合格</td><td colspan="2">互评：
□合格 □不合格</td><td colspan="2">师评：
□合格 □不合格</td></tr>
<tr><td colspan="2">日期：</td><td colspan="2">日期：</td><td colspan="2">日期：</td></tr>
<tr><td colspan="7">考核评分细则</td></tr>
<tr><td>序号</td><td>考核项目</td><td>考核标准</td><td>考核方式</td><td>分值</td><td>评分要求</td><td>得分</td></tr>
<tr><td>1</td><td>马铃薯收获机的分类</td><td>□准确说出分类和特点</td><td>现场考核、问答考核</td><td>15</td><td>未完成扣 15 分</td><td></td></tr>
<tr><td>2</td><td>马铃薯挖掘机的工作过程</td><td>□准确说出工作过程</td><td>现场考核、问答考核</td><td>20</td><td>未完成扣 20 分</td><td></td></tr>
<tr><td>3</td><td>马铃薯联合收获机的工作过程</td><td>□准确说出工作过程</td><td>现场考核、问答考核</td><td>30</td><td>根据情况酌情扣分</td><td></td></tr>
<tr><td>4</td><td>任务报告</td><td>□完成认真，内容正确
□绘制的图形特征明显
□各部位标注正确</td><td>评阅考核</td><td>20</td><td>根据情况酌情扣分</td><td></td></tr>
<tr><td>5</td><td>学习态度</td><td>□具有团队协作精神
□具备科学严谨的态度
□观察认真，发言积极
□遵纪守时，爱护公物</td><td>自评、互评和师评相结合</td><td>15</td><td>根据情况酌情扣分</td><td></td></tr>
<tr><td colspan="4">合计</td><td>100</td><td></td><td></td></tr>
<tr><td colspan="2">自我评价与总结</td><td colspan="5"></td></tr>
</table>

项目七 智慧农机

项目导读

智慧农机主要是指配置有各类传感器、中央处理器、无线通信系统等的农业机械装备，经由对信息平台、卫星定位系统的联合运用，即可通过智能客户端来实现对农机实际运作情况的统计、实时测定、集中管理。为了培养高素质人才，为我国农业现代化输送力量，本项目让学生了解拖拉机无人自动驾驶技术应用、旱地激光平地机和人工智能与植保机械化的相关知识。

知识目标

①了解拖拉机无人自动驾驶技术的应用。

②了解旱地激光平地机的相关知识。

③了解人工智能与植保机械化的相关知识。

技能目标

掌握激光平地机的结构组成。

素质目标

①激发学生的学习意识和创新意识。

②提升独立思考能力。能积极学习知识，领悟所学内容，独立思考，梳理知识，建立自己可靠的知识基础，活学活用解决新的问题。

思政目标

①懂农牧业、爱农牧民、爱农村牧区，做农牧人、干农牧事，增强投身“三农”的自豪感。

②教育学生要全面了解当下智慧农业的发展状况，使学生树立远大的目标。

任务一　拖拉机无人自动驾驶技术的应用

任务导入

近年来，随着精准农业的推进，信息化成为推动农机化发展的新动能。加装导航及自动作业系统的农机逐渐成为市场的新宠，让现代农业生产更加高效、智能、精准。

智能拖拉机利用导航辅助自动驾驶系统，在无人驾驶的情况下能完成土地耕整、精密播种等作业；电动方向盘北斗导航系统可实现直线精度 ±10 cm，液压控制转向北斗导航系统可实现直线精度 ±2.5 cm、接行精度 ±2.5 cm，根据 2D 地形补偿（横滚、航向），可以确保土地耕种、精密播种时起伏地面的作业效果。

自动导航系统用于播种作业时，可使土地利用率提高 0.5%～1.0%，且拖拉机手驾驶水平不受严格限制，节省薪酬支出；作业不受光线、昼夜的限制，至少提高作业效率 20%；解决了“播行不直，接行不准”的技术瓶颈。

任务工单

班级：__________________　姓名：__________________　学号：________________

任务名称	拖拉机无人自动驾驶技术
任务描述	根据实际情况，填写本任务的内容、目的、流程和方法。 任务内容：____________________。 任务目的：____________________。 任务流程：____________________。 任务方法：____________________。
获取信息	要完成任务，需要掌握相关的知识。请收集资料，回答以下问题。 1. 拖拉机无人自动驾驶导航系统包含哪些主要组件？ 2. 拖拉机自动转向系统按执行机构主要分为哪两种？
制订计划	

（续表）

任务实施	按照预先制订的工作计划，完成本任务，并记录任务实施过程。			
	序号	完成的任务	遇到的问题	解决办法

任务准备

● **知识准备**

一、拖拉机无人自动驾驶导航系统的主要组件

该系统主要有卫星接收天线、车载接收机、控制器、液压阀、角度传感器以及车载终端等。

1. 卫星接收天线

卫星接收北斗信号兼容 GPS、伽利略等卫星信号，结构坚固，防水、防尘性能好，具有较强的抗震性，同时具有耐高低温等特点。

2. 车载接收机

车载接收机是北斗高精度定位设备，接收北斗卫星信号，并通过电台或者网络等通信方式获取基站差分数据，从而输出高精度坐标、航向、速度等定位信息。

3. 控制器

控制器是根据北斗高精度接收机与角度传感器的实时信息，以及车辆在规划路线上所处的状态进行实时的闭环计算，并实时向液压阀发送指令，使车辆始终准确地沿预定航线行驶。

4. 液压阀

液压阀是系统的液压控制系统，其主要以液压油为工作介质，进行能量转换、传递和控制。

5. 角度传感器

角度传感器实时感应车辆转向角度并向控制器发送高精度转向信息。

二、拖拉机无人驾驶自动转向系统的分类

拖拉机自动转向系统按执行机构主要分为两种，一种是电机动力转向系统，另一种是电控液压转向系统。前者由于不需要改变拖拉机原有转向系统，具有结构简单、容易实现、可复制性强的特点；而后者则需要对原有液压转向油路以及结构进行改变，但是该方式比前者有着更高的控制精度与更快的反应速度，适用于在大型农场作业使用。

1. 电动方向盘转向

电机动力转向的原理是电控单元通过分析传感器采集到的信息，计算出转向轮期望转角以及所需要的转向力矩，控制电机为转向轮提供转向力矩，实现自动转向。

2. 液压控制转向

液压控制转向的原理是将前轮期望转角与实际转角进行计算，得到转角差值，通过控制电磁阀芯开度来改变液压油的流向与流速，进而控制转向轮的偏转方向与角度。该转向系统默认的是人工转向，但需要自动转向时，只需要接通电磁阀即可，转向方式切换简单。

三、拖拉机无人驾驶技术农田作业模式

1. 全程无人自动驾驶夏收夏种模式

以雷沃生产的农机具及其研制的主从导航无人驾驶收获系统为例，介绍技术作业模式。

该系统主要由主机无人驾驶收获机和从机无人驾驶运粮车两部分组成。两台车分别装备了雷沃 AGCS-1 自动导航系统，结合两台车的整车控制实现主从协同作业。首先，当收获机发送卸粮命令，运粮车根据无人收获机作业路线和卸粮筒长度，智能规划自身行走路线，并通过转向和油门准确控制与收获机的相对位置，确保在收获作业过程中可同时将粮食准确卸至运粮车中，收卸同步，节约卸粮时间，提高收获效率。其次，雷沃欧豹拖拉机配套方捆机将田间铺放的麦秸自动捡拾起来，通过输送喂入、压捆成型、打结包扎等工序，形成了规则的长方体草捆；最后，在清理干净的麦田里，搭载着雷沃免耕播种机的雷沃欧豹拖拉机，无须翻地将玉米种子直接播下，夏收、夏种的工作完成。

2. 全程无人自动驾驶秋收秋种作业技术模式

雷沃全程无人驾驶与雷沃智能农事数字化平台，为农业生产提供了智慧农田作业解决方案，充分展现了现代农机装备的机电技术、物联网技术、大数据技术、人工智能技术深度融合的新发展。由主机无人驾驶收获机和从机无人驾驶运粮车两部分组成雷沃主从导航无人驾驶收获系统，实现了无人化收卸同步作业。搭载着还田机的雷沃欧豹拖拉机完成玉米秸秆还田作业后，无人驾驶雷沃欧豹拖拉机牵引液压翻转犁、深松机对收割完的地块进行耕整、深松作业演示。搭载着雷沃免耕播种机的雷沃无人驾驶拖拉机灵活地驶出机库，沿道路行驶，到拐弯处，自动减速转弯，准确地进入田间作业；完成播种作业后自动驶回机库，停到出发时的位置上。在作业期间，安装了智能作业监测设备的无人驾驶农机将作业数据实时传送到雷沃智能农事数字化平台。此平台融合作物、环境和农机作业系统，监控作物生长全程，为农业生产提供智慧农田作业解决方案，根据逐步积累农业数据，为未来发展农业智慧精准决策系统做好基础。

四、拖拉机无人驾驶技术存在的问题及解决办法

在自动导航驾驶模式下，有的系统不具备避障、避险功能，作业人员应注意安全并在必要的时候进行人工干预；自动作业时，驾驶员必须坐在驾驶室，及时处理意外情况，如果需要下车，请先停止作业车辆。

农机手对拖拉机无人自动驾驶技术缺乏了解。通过调研，发现目前我国农机合作社对拖拉机无人自动驾驶技术知之甚少。推广机构及农机企业应加大宣传力度，通过新闻媒体、网络及召开机具演示会等多种形式宣传拖拉机无人自动驾驶技术。

拖拉机无人自动驾驶系统价格高，目前市场价在 4 万元上下。产品价格高，农机手难以接受，政府部门应加大补贴金额，促进该项新技术、新机具的推广。山东实行农机补贴，电动方向盘北斗导航自动驾驶系统补贴 1.3 万元，液压控制北斗导航自动驾驶系统补贴 1.477 万元；同类产品安徽农机补贴额分别是 2.3 万元、2.8 万元。

无人自动驾驶专业人才短缺。为了让拖拉机手掌握新技术，农技推广机构及生产企业实行先培训再购买拖拉机无人自动驾驶系统的政策，同时加强北斗导航自动驾驶的售后服务，如每年提供不少于两次以上实际操作培训，让每个用户能够熟练地掌握好、使用好北斗导航自动驾驶系统。

安装了北斗导航设备的拖拉机虽然提高了驾驶员的舒适性，但是降低了驾驶员的警惕性，如有人作业时打盹。因此建议离地头 30 m 处安装报警装置，起到提醒驾驶员的作用。因为每设置行驶线路时，拖拉机要空跑一趟，会增加油耗，且土地经过两次碾压车辙印较深，造成土地压实，影响作物生长，所以建议研发一种手持式光感定点设备。

- **材料准备**

实训辅助手册、行业规范与技术标准、无人驾驶拖拉机、天线、控制器、显示器、角度传感器、电磁阀。

- **工具准备**

现代农业装备实训室、无人驾驶拖拉机、工具箱、实训服、手套、毛巾、清洁剂。

- **人员准备**

人员分组，每组 6 人，明确职责分工（表 7-1）。

表 7-1　任务分工

任务角色	任务内容
组长：	任务：
组员 1：	任务：
组员 2：	任务：
组员 3：	任务：
组员 4：	任务：
组员 5：	任务：

任务实施

借助行业规范与技术标准、无人驾驶操作规程，操作无人驾驶拖拉机悬挂旋耕机，完成一片大田的无人旋耕作业。在操作过程中正确使用工具箱中的各种工具。

第一步，在不同地点进行探测、避障系统的实地测试。开工之前，应测试拖拉机的检测和避障系统及安全功能，以确保其在拖拉机将要作业的田间环境中能正常运行。每当无人驾驶设备移动到新的田间位置时，应再次进行功能测试。

第二步，操作人员应进行专业的培训和使用有效的通信手段。

拖拉机操作人员应接的培训有：导航系统和探测、防撞系统的功能操作，急救和心肺复苏术，使被压在拖拉机下的工人脱身所需的程序和拖拉机的其他功能操作。

拖拉机操作人员应确保在紧急情况下使用有效的通信手段，如移动电话或无线电等。

第三步，对学生进行培训，并约束其行为。

所有进入自动驾驶拖拉机作业现场的学生均应穿着高能见度反光背心，并接受以下培训。

①导航系统和探测、防撞系统的功能操作。

②拖拉机的急停功能操作。

③如何迅速向申请人报告事故或险情。

拖拉机在无人驾驶模式下运行时，禁止所有学生在田间躺下、睡觉或打瞌睡。此外，不允许学生佩戴耳机、耳塞和任何可能妨碍听力的设备。

第四步，放置“无人驾驶车辆作业”警示牌。应将“无人驾驶车辆作业”警示牌放置在拖拉机运行的每个区域，如场地的所有角落、所有入口、每条道路、人行道或过道。这些标志的间隔不要超 180 m，张贴在与公共通行权相邻的区域，或有不低于 1.8 m 的围栏保护。视力正常的人在 7.6 m 外应能清晰地看到这些标志。警示牌应包含现场拖拉机操作人员的联系信息。

第五步，夜间作业要求。无人驾驶拖拉机不得在夜间（从日落到日出）运行，除第四步要求张贴的标志照明足够易于看到外。

第六步，实地进入无人旋耕作业。

第七步，实地操作无人旋耕机完毕后，对机器及工具进行清洗、整理、收尾工作等。

任务检测

请扫描二维码答题。

项目七任务一
任务检测

任务评价

根据学生对拖拉机无人自动驾驶技术的学习了解认真程度及任务报告的完成情况进行考核评价（表 7-2）。

表 7-2　拖拉机无人自动驾驶技术考核评价细则

<table>
<tr><td colspan="2">姓名：</td><td>班级：</td><td colspan="2">组别：</td><td colspan="2" rowspan="3">教师签字：</td></tr>
<tr><td colspan="2">自评：
□合格　□不合格</td><td>互评：
□合格　□不合格</td><td colspan="2">师评：
□合格　□不合格</td></tr>
<tr><td colspan="2">日期：</td><td>日期：</td><td colspan="2">日期：</td></tr>
<tr><td colspan="7">考核评分细则</td></tr>
<tr><td>序号</td><td>考核项目</td><td>考核标准</td><td>考核方式</td><td>分值</td><td>评分要求</td><td>得分</td></tr>
<tr><td>1</td><td>拖拉机无人自动驾驶导航系统的主要组件</td><td>□拖拉机无人自动驾驶导航系统的主要组件</td><td>现场考核、问答考核</td><td>20</td><td>未完成扣 20 分</td><td></td></tr>
<tr><td>2</td><td>拖拉机自动转向系统按执行机构主要分为哪两种</td><td>□准确说出分类</td><td>现场考核、问答考核</td><td>20</td><td>未完成扣 20 分</td><td></td></tr>
<tr><td>3</td><td>拖拉机无人驾驶技术存在的问题及解决办法</td><td>□简要回答</td><td>现场考核、问答考核</td><td>30</td><td>根据回答情况酌情扣分</td><td></td></tr>
<tr><td>4</td><td>任务报告</td><td>□完成认真，内容正确
□绘制的形态图特征明显
□各部位标注正确</td><td>评阅考核</td><td>20</td><td>根据情况酌情扣分</td><td></td></tr>
<tr><td>5</td><td>学习态度</td><td>□具有团队协作精神
□具备科学严谨的态度
□观察认真，发言积极
□遵纪守时，爱护公物</td><td>自评、互评和师评相结合</td><td>10</td><td>根据情况酌情扣分</td><td></td></tr>
<tr><td colspan="4">合计</td><td>100</td><td></td><td></td></tr>
<tr><td colspan="2">自我评价与总结</td><td colspan="5"></td></tr>
<tr><td colspan="2">教师点评</td><td colspan="5"></td></tr>
</table>

任务二　旱地激光平地机

任务导入

近年来，农村土地经营模式逐步改变，正朝着集中化、土地集约化的农场种植模式发展。同时，农业装备有效地推动了农业耕作技术进步，使农业劳作强度降低、生产效率明显提高、生产成本降低，促进农业增效和农民增收。为了解决分户耕种的小块地合并后，田间存在的墒沟及伏脊给农田抗旱灌溉造成水电费用高、灌水量不均匀、浇灌后旱涝不均等问题，以确保粮食稳产、高产和维护农业现代化可持续发展，必须建设高标准农田，实施农田标准化、精细化平整。为此，需要大力研究开发和推广应用旱地平地机械，以实现农田标准化、精细化平整。

任务 工单

班级：__________ 姓名：__________ 学号：__________

<table>
<tr><td>任务名称</td><td colspan="4">旱地激光平地机</td></tr>
<tr><td>任务描述</td><td colspan="4">根据实际情况，填写本任务的内容、目的、流程和方法。
任务内容：______________________________。
任务目的：______________________________。
任务流程：______________________________。
任务方法：______________________________。</td></tr>
<tr><td>获取信息</td><td colspan="4">要完成任务，需要掌握相关的知识。请收集资料，回答以下问题。
1. JPD-360 型激光平地机由哪几部分组成？

2. 激光部分包括哪些系统？

3. 描述旱地激光平地机的工作过程。

4. 简述旱地激光平地机的创新点。</td></tr>
<tr><td>制订计划</td><td colspan="4"></td></tr>
<tr><td rowspan="6">任务实施</td><td colspan="4">按照预先制订的工作计划，完成本任务，并记录任务实施过程。</td></tr>
<tr><td>序号</td><td>完成的任务</td><td>遇到的问题</td><td>解决办法</td></tr>
<tr><td></td><td></td><td></td><td></td></tr>
<tr><td></td><td></td><td></td><td></td></tr>
<tr><td></td><td></td><td></td><td></td></tr>
<tr><td></td><td></td><td></td><td></td></tr>
</table>

任务准备

• 知识准备

一、旱地激光平地机的结构组成

JPD-360 型旱地激光平地机由激光发射系统、激光接收系统、控制系统、液压控制系统和刮土铲总成组成，如图 7-1 所示。

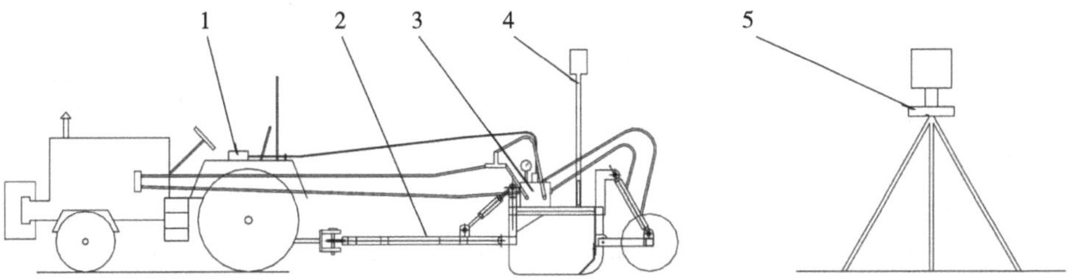

1—控制系统；2—刮土铲总成；3—液压控制系统；4—激光接收系统；5—激光发射系统。

图 7-1　激光平地机结构示意图

1. 平地机机械部分的组成

平地机机械部分主要包括铲刀主体、机架和液压系统，如图 7-2 所示。铲刀主体包括铲刃和两边的护板，利用铲刃切削土壤，卷动土壤进铲体，推移土壤，回填和平铺土壤，完成平地；机架起布置、安装和人工调整作用；液压系统根据指令完成铲刀高度的调整。

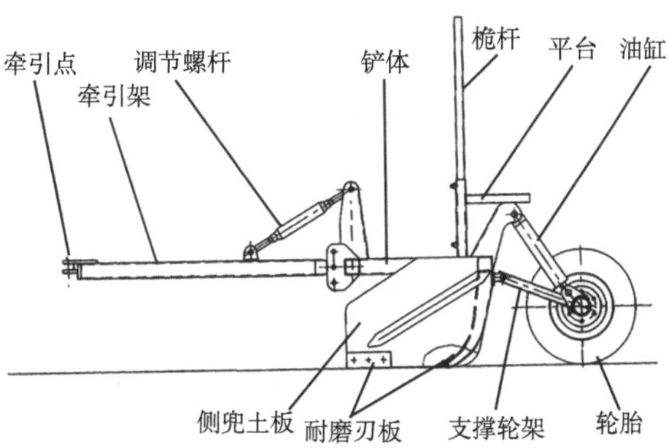

图 7-2　平地机机械部分结构图

2. 激光部分的组成

激光部分包括控制系统、激光接收系统及激光发射系统。激光发射装置可以放在平整地块某一位置，用高度可以调整的三角架支撑，通过微调螺钉调整水平，其内设有自动旋转折射板，可在一个水平面内 360° 发射自动旋转的激光光线信号。激光接收系统安装在平地机机架上，与控制系统导接，接收激光信号并转换成电信号传输给控制装系统。控制系统安装在驾驶位置左前下方，有红、绿、黄指示灯：红灯亮提示无激光信号接收；绿灯亮表示正常接收；黄灯亮提示地面高低差太大，超出自动调整的范围。

二、旱地激光平地机的工作原理

1. 平地原理

平地原理如图 7-3 所示。其中，两个高度基准 A 与 B，A 是激光发射平面的高度，B 是土地平整高度（即铲刃水平面）；A 与 B 之间垂直高度差称为 L。激光发射系统安放好了，A 就固定了，调整好 L，铲刃根据地面高低自动调整高度，确保 B 不变，就实现了平整。因此，作业前应首先确定土地的平均高度（即平整高度 B），要保证刮土量和填土量基本一致。

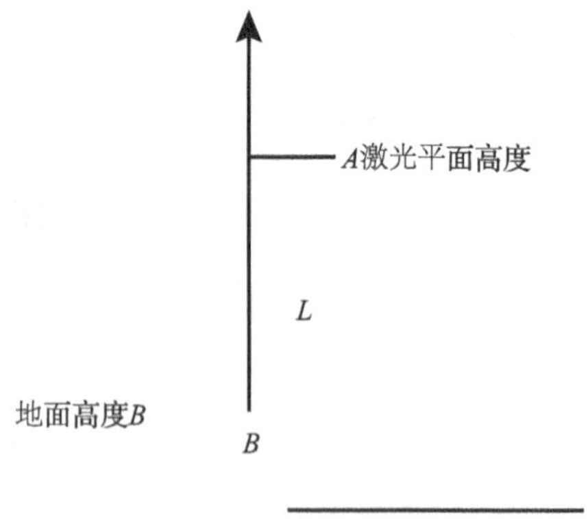

图 7-3　平地原理

2. 作业过程

平地机由机械部分、激光部分和液压系统三部分组成，作业原理如图 7-4 所示。作业时，拖拉机牵引前进，机械部分的刮土铲自动调整高度，实现刮土和平铺。刮土铲的高度调整原理：激光发射系统发出激光信号，接收系统接收激光信号，并进行高度判断，给控制系统发送判断结果电信号；控制系统发出指令控制液压泵的供油阀门和回油阀门关闭或开启，控制液压系统油缸（油缸两端安装在后轮轴与平地铲之间）的伸缩，实现刮土铲升降。作业时，遇到地面凸处，油缸缩短降低刮土铲，铲刀切削土壤并推移前进；遇到地势凹处时，油缸伸长提升铲刀，将铲刀在凸处推移的土壤铺卸该处，完成土地平整工作。

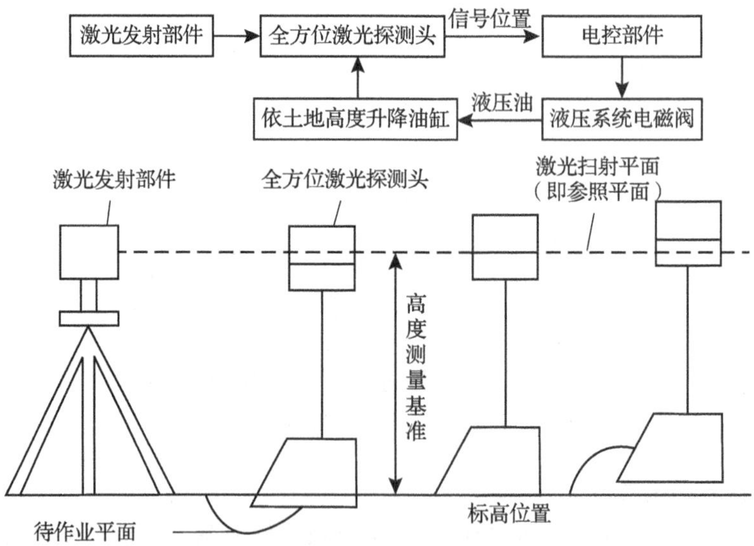

图 7-4　激光平地机作业原理图

三、旱地激光平地机的技术要求与指标

1. 技术要求

①配置激光发射系统、激光接收系统和激光控制系统，信号接收稳定。

②旱地激光平地机分设作业限深轮和运输行走轮。

③拖土斗采用矩形方管焊合主架，上部、左端、右端及后部用钢板从内侧封闭。

④机具作业时限深轮升降采用激光发射系统发出信号；接收系统接收、判断并发送电信号指令给控制系统；控制系统执行指令控制液压系统油缸伸缩，实现刮土铲升降。

⑤采用液压缸调节激光接收器高低位置。

⑥配套动力为 88.2～117.0 kW 轮式拖拉机。

⑦挂接方式采用后置拖拉式与拖拉机连接。

2. 技术指标

①机具工作幅宽为 3.6 m。

②作业前进速度为 3～7 km/h（Ⅱ档作业）。

③拖土斗容积为 1.5～2.5 m^3。

④激光发射器、激光接收器工作半径为 400 m。

⑤重量≤1 200 kg。

⑥机具田间作业平整度≤5 cm。

⑦使用可靠性≥90%。

四、关键技术

1. 机架设计

机架是基础部件，要求安装、定位和调整方便，外形美观，制造成本低。研究设计内容：材料抗拉伸、抗弯曲、抗扭曲性能高，机械焊接工艺好。实验对比后选取中碳优质方形管材。为了确保焊接时不产生热变形，制造工艺上采取以下措施。

①焊接工艺使用科学合理的工装模具和焊接设备。

②设计焊后工件校检装备，校正机架焊合时的热变形。

2. 拖土斗设计

拖土斗的功能主要是收集和储存凸处铲削土，并在低洼处顺利卸土，因此对拖土斗的研究设计主要在其结构形状和集土容积上。设计方案：选用型钢焊接做骨架，上下、左右和后端用钢板封闭，前部为敞开式，外大内小，呈“U”形断面；刮土铲和拖土斗结合部位设置加强横梁，并用沉头螺丝安装固定，避免集土和卸土过程中黏结泥土。

3. 刮土铲设计

刮土铲是该机具的关键部件，要求较高的强度和刚性，耐磨性较好，并有较好的热处理工艺。材料选用 65#Mn 合金钢板制造，为了防止热处理变形，采用将刮土铲多分节制。进行热处理工艺时，板材水平放置，减少变形。刮土铲铲刃倾斜角设计成 35°～40°。

4. 牵引架设计

作业时，该机具靠拖拉机牵引。牵引力全部集中在牵引架上。牵引架选抗弯抗扭方钢管材料，机械焊合制作。

5. 液压限深装置设计

该设计关键点包括限深轮架的结构型式、限深轮选配、液压泵的配置、液压缸的位置安装。试验确定选用方钢管焊接成爬梯型限深轮架；选用 6.50-16 橡胶轮胎作限深轮；选用齿轮式液压泵，功率按适用功率的 150% 选用；液压缸上端安装在机架后端，下端与限深轮架中间横梁固定，液压缸轴线与限深轮架轴线呈 45° 左右倾斜角。

6. 激光发射器、激光接收器、控制器的设计

激光发射器、激光接收器和控制器的性能是该机性能质量的关键，应具备防水侵蚀、防风防日晒、抗摔抗震性能好的特点。因此，在激光发射器、激光接收器和控制器的制造方面严格控制配合间隙，装配设置了防震膜；激光接收器支撑杆（钢管，一共由 2 根支撑杆组成，分别为上部和上部）下部直径 60 mm，上部直径 33 mm，激光接收器支撑杆由 3 根稳定拉线呈三角支撑连接，在 3 根稳定拉线的中部增设了调紧装置，解决了激光接收器抖动的问题；在上部钢管和下部钢管中间设置液压缸，利用液压缸将上部钢管向上抽推，完成了高激光接收器升高及降低的液压调整 。

五、创新点

①自动控制平整。机具作业靠激光发射系统、接收系统和控制系统控制液压限深装置，可自动完成凸高处铲土、刮土、拖土、集土和低洼处卸土。

②激光部分可靠性高。激光发射系统、激光接收系统和控制系统具备防水侵蚀、防风刮日晒及抗摔抗震的性能。

③激光接收系统抗抖动。增加激光接收系统支撑杆（钢管）直径，在三根稳定拉线的中部增设了调紧装置，解决了激光接收系统抖动的问题。

④液压自动调整。在激光接收系统支撑杆中间设置液压缸，利用液压缸将上部钢管向上抽推，完成了高激光接收系统升高及降低的液压调整。

- **材料准备**

实训辅助手册、行业规范与技术标准、旱地激光平地机。

- **工具准备**

现代农业装备实训室、工具箱、实训服、手套、零件拆解摆台桌、毛巾、清洁剂。

- **人员准备**

人员分组，每组 6 人，明确职责分工（表 7-3）。

表 7-3 任务分工

任务角色	任务内容
组长：	任务：
组员 1：	任务：
组员 2：	任务：
组员 3：	任务：
组员 4：	任务：
组员 5：	任务：

任务实施

借助行业规范与技术标准、旱地激光平地机操作规程，使用旱地激光平地机，完成一大片田地的平整作业。在操作过程中正确使用工具箱中的各种工具。

第一步，学习激光平地系统的组成及工作原理。

激光平地系统主要由激光发射器、激光接收器、控制器和液压工作系统组成。它的工作原理是：激光发射器发出能 360° 旋转的基准圆平面旋转光束（也可以提供基准坡度）；装在刮土铲支撑伸缩杆上的接收器，将采集到的信号用控制器处理；处理后的信号可以控制液压机构；液压机构按要求控制刮土铲上下动作，即可完成土地平整作业。液压系统主要由液压泵、溢流阀、电磁换向阀、分流集流阀、液压油缸等元件组成。其中，液压油泵由机头（动力）的动力输出轴驱动；电磁换向阀采用机头（动力）电源直流供电，控制油路换向；分流集流阀自动调节使两组油缸达到速度和行程同步；溢流阀保证系统压力恒定或限制其最高压力；液压油缸作为系统的执行元件，确保旱地激光平地机平地铲的正常工作。

第二步，激光发射器和接收器的安放。

旱地激光平地机的高程系统主要接收激光信号并用以控制平地铲处于设定平面，其动态特性是平地机平整作业质量的重要保证。激光发射器是平整系统中重要的组成部分，因此安装激光发射器应做到以下几点：把使用电池和备用电池充足电；在高于作业地块 50～100 cm 的平地安装，安装时要注意支架处于水平；发射范围一般要控制在直径 800 m 内，作业范围内无障碍物阻挡。

接收器安装应注意以下几点。

①接收器应安装在激光平地机刮土铲的支撑伸缩杆上的最高位置，且安装时要注意拧紧紧固螺栓。因为作业时地面的不平，所以平地铲作业会抖动。这种抖动很容易引起紧固螺栓松动，造成接收器下滑，使接收器与发射器不在同一水平面上，从而使接收器接收不了激光信号，导致平地铲不能正常工作。

②注意接收器与控制器连接线及插口的安装。连接线一端一定要按正确插口位置插入并拧紧，连接线另一端一定要插在信号口位置；注意连接线线路用胶带扎好（预留的线不能太长，也不能太短），避免与机械其他部位摩擦损坏，要预留刮土铲支撑伸缩杆向上移动的距离。

第三步，作业田块起点位置及作业路线的选择。

田块旋耕作业后，起点工作位置选择在作业田块相对最高处。放下刮土铲，找一作业基准（吃土浅一些，深 2～3 cm，做到少铲多次）。平地作业时，平地铲就会以这个基准点的位置为参考来对土壤进行高推低填。调整激光接收器在支撑伸缩杆上的高度，使发射器发出的光束与接收器相吻合。当接收器中间一排灯亮时，说明接收器与发射器发出的激光束在同一水平线上，即为固定点。这时，将控制器开关设置在自动位置上，起动发动机，开始平地作业。第一次平整路线由田块相对高土位向低土位行走，把高处的土铲向低处，反复多次；直到作业田块相对平整后，重新调整作业基准，选取好路线避免转死弯，由田块一边做几字形作业。激光平地机作业时应保证其平地铲一直处于某一水平面内，这样作业后旱地平整度才能达到精细平整的要求。一般激光平地机的平地铲幅宽为 3 m，则平地铲起伏在 2～3 cm，可使地面相对平整度误差在 2 cm 左右。

第四步，刮土铲的调整与控制及常见故障。

调整刮土铲必须是在激光平地机不行走的情况下进行。首先，在激光发射器正常工作的情况下，把控制器上的激光接收控制开关调到手动位置。其次，将刮土铲提升到离地 5 cm 左右的位置（不宜太高）。再次，在液压工作站调整刮土铲油缸调整阀（如刮土铲左高右低，缩短油缸伸长尺寸直到刮土铲水平位置，如刮土铲左低右高，则反之），调整水平后锁定位置，避免平地机长时间振动。最后，放下刮土铲，找到作业基准，把控制器上的激光接收开关调到自动位置，进入作业。在作业开展前，应调整刮土铲找到作业基准，把激光接收开关调到自动位置，一般不再动刮土铲的位置（除在作业中由于刮土铲碰撞到田埂或大石头之类的硬物使其不在水平位置时，要重新调整刮土铲水平外）。

刮土铲不升降的故障检查。第一，检查接收器是否可以检测激光信号。由于接收器只能检测到基准标高 ±5 cm 范围内的激光信号，所以应先调整好激光发射器与接收器的位置，确定激光发射器的标高，并调整好激光发射器及接收器，使接收器能正常接收到激光信号。第二，检查控制器是否打开。当确定接收器处于正常工作状态而刮土铲不工作时，可检查固定在驾驶室中的控制器是否通电，即控制手柄放在 ON 位置时红灯亮，说明控制器正常。如红灯不亮，可检查控制器与蓄电池是否通电。第三，检查液压控制系统中的压力阀是否损坏。当压力阀损坏时，液压油路处于常通状态，刮土铲不能升降。第四，检查电磁阀是否损坏。当电磁阀损坏时，液压油路处于封闭状态，刮土铲也不能正常工作。

第五步，铲土负荷的调整。

在铲土过程中，一是要控制平地铲吃土量，一般控制在 2～3 cm，做到少铲多次。二是要控制好油门，保持平地机处于匀速工作状态。三是当平整阻力增大、发动机超负荷工作、转速急剧下降、排气管冒黑烟时，应立即将刮土铲开关调到手动位置，并操作使刮土铲稍微抬起，同时加大油门使其平顺工作。故障排除后，及时将刮土铲向下调到合适位置，并转换到自动位置继续作业。四是如果田间土壤水分小，在作业过程中，会出现土壤的流动性较差的情况。旱地激光平地机牵引作业的刮泥铲内的淤泥会不断累积，出现土壤拥堵问题。当刮泥负载过大时，旱地激光平地机的驱动轮滑转率就会不断增大或者发动机会被迫熄火，使平地机不能前进，从而导致平地铲不能作业，作业后的田块会刮出凹槽。这时应必须进行手动提铲操作以减少刮泥负载，并及时向作业田块灌水到保持 2 cm 左右的水位，以保证作业最佳效果。

第六步，作业田块的平整情况对机具作业的影响。

作业时，平地铲向前倾斜，可减少牵引阻力、提高平整效率。若平整田面平整度差，平地铲向前倾角不应过大；若平整前田面平整度好，则平地铲应具有较大的前倾角度。

任务检测

请扫描二维码答题。

项目七任务二
任务检测

任务评价

根据学生对旱地激光平地机学习了解的认真程度及任务报告的完成情况进行考核评价（表 7-4）。

表 7-4 拖拉机无人自动驾驶技术考核评价细则

<table>
<tr><td colspan="2">姓名：</td><td colspan="2">班级：</td><td colspan="2">组别：</td><td rowspan="3">教师签字：</td></tr>
<tr><td colspan="2">自评：
□合格 □不合格</td><td colspan="2">互评：
□合格 □不合格</td><td colspan="2">师评：
□合格 □不合格</td></tr>
<tr><td colspan="2">日期：</td><td colspan="2">日期：</td><td colspan="2">日期：</td></tr>
<tr><td colspan="7">考核评分细则</td></tr>
<tr><td>序号</td><td>考核项目</td><td>考核标准</td><td>考核方式</td><td>分值</td><td>评分要求</td><td>得分</td></tr>
<tr><td>1</td><td>JPD-360 型旱地激光平地机由哪几部分组成</td><td>□ JPD-360 型旱地激光平地机的主要组件</td><td>现场考核、问答考核</td><td>10</td><td>未完成扣 10 分</td><td></td></tr>
<tr><td>2</td><td>激光部分包括哪些系统</td><td>□准确说出构成</td><td>现场考核、问答考核</td><td>10</td><td>未完成扣 10 分</td><td></td></tr>
<tr><td>3</td><td>旱地激光平地机的工作过程</td><td>□简要回答</td><td>现场考核、问答考核</td><td>30</td><td>根据回答情况酌情扣分</td><td></td></tr>
<tr><td>4</td><td>旱地激光平地机的创新点</td><td>□简要回答</td><td>现场考核、问答考核</td><td>20</td><td>根据回答情况酌情扣分</td><td></td></tr>
<tr><td>5</td><td>任务报告</td><td>□完成认真，内容正确
□绘制的形态图特征明显
□各部位标注正确</td><td>评阅考核</td><td>20</td><td>根据情况酌情扣分</td><td></td></tr>
<tr><td>6</td><td>学习态度</td><td>□具有团队协作精神
□具备科学严谨的态度
□观察认真，发言积极
□遵纪守时，爱护公物</td><td>自评、互评和师评相结合</td><td>10</td><td>根据情况酌情扣分</td><td></td></tr>
<tr><td colspan="4">合计</td><td>100</td><td></td><td></td></tr>
<tr><td>自我评价与总结</td><td colspan="6"></td></tr>
<tr><td>教师点评</td><td colspan="6"></td></tr>
</table>

任务三　人工智能与植保机械化

任务导入

用于种植和监测植物的各种人工智能方法、传感器技术和农业机器人方面取得了重大进展，使用人工智能可以快速方便地测量大量的植物形态、生理和化学参数。此外，人工智能和机器人技术的集成可让研究人员在复杂的田间和受控环境中实时监测植物，通过植物表型研究植物的复杂生理，从而获得更高质量的植物种子。此外，在植物保护领域，可以减少杀虫剂和化肥的使用，最终有助于农业的可持续发展。目前，我国在病虫害管理环节开发了系列无人设备，还有可实现规律化投放天敌的系列空中植保无人机、自动规划路线的植保无人机等多种作业装备，这些设备在农田无人化管理中大展身手。本任务重点了解人工智能与植保机械化。

任务工单

班级：________________　　姓名：________________　　学号：________________

任务名称	人工智能与植保机械化
任务描述	根据实际情况，填写本任务的内容、目的、流程和方法。 任务内容：________________________。 任务目的：________________________。 任务流程：________________________。 任务方法：________________________。
获取信息	要完成任务，需要掌握相关的知识。请收集资料，回答以下问题。 1. 人工智能的关键技术有哪些？ 2. 人工智能在植保机械化领域有哪些应用？ 3. 描述航空植保机械的特点。
制订计划	

（续表）

<table>
<tr><td rowspan="6">任务实施</td><td colspan="4">按照预先制订的工作计划，完成本任务，并记录任务实施过程。</td></tr>
<tr><td>序号</td><td>完成的任务</td><td>遇到的问题</td><td>解决办法</td></tr>
<tr><td></td><td></td><td></td><td></td></tr>
<tr><td></td><td></td><td></td><td></td></tr>
<tr><td></td><td></td><td></td><td></td></tr>
<tr><td></td><td></td><td></td><td></td></tr>
</table>

任务准备

- **知识准备**

一、认识人工智能

人工智能（Artificial Intelligence, AI）就是让计算机和机器人通过模拟人的学习、思考、规划、推理和决策能力，最终具有乃至超越人类的智能的一门技术科学。

人工智能是一种技术，是人类在利用和改造机器的过程中所掌握的物质方法、手段和知识等各种活动方式的总和。

人工智能是一种产业，人工智能产业的构建包括数据资源、计算引擎、算法、技术、基于人工智能算法和技术进行的研发，以及拓展应用的企业和应用领域。

人工智能具有人类的三项功能：第一，感知，对周围环境的感知，包括视觉、听觉、触觉等；第二，思考，包括推理、决策和规划等，属于人类的高级智能，或者叫逻辑思维；第三，动作，包括人类手、脚和其他动物的动作。此外，情感、灵感和创造性等也在研究之列，只是目前进展还比较小。

人工智能的研究方法包括大脑模拟、符号处理、子符号法、统计学法和集成方法等。

人工智能的研究内容包括自然语言处理、知识表现、智能搜索、推理、规划、机器学习、知识获取、组合调度问题、感知问题、模式识别、逻辑程序设计、不精确和不确定的管理、人工生命、神经网络、复杂系统和遗传算法等。

人工智能的应用领域包括机器视觉、指纹 / 人脸 / 视网膜 / 虹膜 / 掌纹识别、专家系统、自动规划、智能搜索、定理证明、博弈、自动程序设计、智能控制、机器人学、语言和图像理解和遗传编程等。

人工智能可以分为两大类别：弱人工智能和强人工智能。弱人工智能（Narrow AI），也称狭义人工智能，指达到专用或特定技能的智能，如人脸识别和机器翻译；特定场景下角色型的任务，如 Siri 等聊天机器人和 AlphaGo 等下棋机器人。强人工智能（General AI），也称通用人工智能，是指达到或超越人类智能水平，能够对外界环境进行判断，具有自我意识的人工智能。

人工智能从诞生至今已近 70 年的历史，可大致分为三个阶段。

① AI 1.0——算法时代。1956 年夏季，麦卡赛、明斯基、罗切斯特和申农等共同研究和探讨用机器模拟智能的一系列有关问题，并首次提出了“人工智能”这一术语，

标志着“人工智能”这门新兴学科的正式诞生。1956—1976 年可称为人工智能 1.0 时代，是基于符号逻辑的推理证明阶段，主要是通过推理和搜索等简单的规则来处理问题，能够解决一些诸如迷宫、梵塔等问题。

② AI 2.0——数据时代。随着计算机符号处理能力的不断提高，知识可以用符号结构表示，推理也简化为符号表达式。这一系列的研究推动了“知识库系统”（或“专家系统”）的建立，使人工智能进入 2.0 时代（1977—2006 年）。

③ AI 3.0——算力时代。2007 年以后，在激增数据的支持下，人工智能进化到机器学习阶段，进入到人工智能 3.0 时代。其核心是使计算机具有智能，学会归纳和综合总结，能够获取新知识和新技能，而不仅仅是演绎出已有的知识。

2007 年以后，新一代人工智能主要包括三个方面。

信息新环境：互联网与移动终端的普及、传感网的渗透、大数据的涌现和网上社区的兴起等。

新目标：智能城市、智能经济、智能制造、智能医疗、智能家居、智能驾驶等从宏观到微观的智能化新需求。

关键技术：知识计算引擎与知识服务、跨媒体分析推理、群体智能、混合增强智能、自主无人系统、虚拟现实、智能计算芯片与系统和自然语言处理等技术。

二、人工智能的理论基础与技术

人工智能的基础理论主要包括大数据智能理论、跨媒体感知计算理论、混合增强智能理论、群体智能理论、自主协同控制与优化决策理论、高级机器学习理论、类脑智能计算理论和量子智能计算理论。

人工智能的关键技术主要包括知识计算引擎与知识服务技术、跨媒体分析推理技术、群体智能技术、混合增强智能技术、自主无人系统技术、虚拟现实技术、智能计算芯片与系统技术和自然语言处理技术。

三、人工智能在植保机械化领域的应用

传统的植保机械作业效率低，农药利用率低。2021 年，联合国粮食及农业组织（Food and Agriculture Organization of the United Nations, FAO）官网上发布我国农药总用量（包括港澳台地区）244 820.82 t，中国农药用量约占世界农药总用量的 6.62%。农药高用量使用，不但增加了生产成本，还造成环境污染。农产品农药残留超标，亟须通过采用人工智能技术提高植保机械的智能化水平。

1. 农情信息采集

植保机械作业前，需首先获得作业对象的基本情况，如病虫草害发生程度和区域，即需先进行农情信息获取。农情信息采集技术主要有三种。

①“星”：根据卫星影像分析农作物长势和病虫害草情况。

②“机”：根据飞机或无人机获取的影像分析农作物长势和病虫草害情况。

③“地”：在地面用仪器直接获取农作物长势和病虫害情况。

农情信息采集技术“星”“机”“地”三种技术获取的信息范围广，但存在一定的不足。

①物遥感信息获取的实效性问题。农田信息遥感系统数据获取的实时性不强。由于资源卫星每隔 16～18 d 才能重复获取同一地区的影像，而影像上每一像元的尺寸为 10～30 m，所以无法满足农业生产和管理中适时性和准确性的要求。

②气象等因子的干扰问题。如受云的影响，很难在需要时获得指定地区的卫星图像。且我国稻区地形多样，农户规模大小不等，地块小、种植结构复杂，即使有了图像，也很难分析。采用专题绘图仪（Thematic Mapper, TM）等遥感数据作为主要数据源遇到的问题还有数据源得不到保证。

近地遥感与微小型无人机遥感方法的比较如表 7-5 所示。

表 7-5　近地遥感与微小型无人机遥感方法的比较

方法	特点
近地遥感	运行成本低，灵活性高，时效性高，数据精度高
微小型无人机遥感	操控性好，高机动性，单次遥感图像覆盖面积优于地面机械

无人机遥感监测平台有以下几种方式。

①飞翼型无人机。电池动力，翼展 1.2 m，续航时间为 4 h，最大升限＜1 000 m，控制半径＞5 km，导航精度＜6 m，配合地面控制站，基于全球导航卫星系统（Global Navigation Satellite System, GNSSS）进行全自主飞行。单架次滞空时间为 80 min，飞行高度达 300 m 时，单架次可遥感监测面积约为 800 hm^2。

②多旋翼无人直升机。可垂直起降，空中悬停，飞行器的结构大为简化，操控与维护简单。单架次滞空时间为 15 min，飞行高度达 300 m 时，单架次可遥感监测面积约为 66.67 hm^2。

中国农业机械化科学研究院研制的田间信息采集农业机器人是一种超低空田间信息获取平台，采用超低空飞行直升机地面图像自动获取系统，已经在蝗虫和麦田杂草的监测中获得了良好的效果，系统可以在离地面几米的高度采集地面信息，地面分辨能力可以达到 1 m。

2. 农业机械导航

为实现植保机械智能作业，须根据病虫草害发生的位置和程度，定点、定量进行精准对靶喷施。因此，采用具有自动导航功能的喷雾机是发展智能植保机械的重要方向之一。华南农业大学研制成功多种无人驾驶农业机械，包括无人驾驶插秧机、无人驾驶直播机、无人驾驶拖拉机和无人驾驶棉花播种机等，还研制成功主从导航系统，突破了以下十大关键技术。

①导航定位技术。实时获取导航传感器［实时动态差分全球定位系统（Real-Time Kinematic-Differential Global Position System, RTK-DGPS）板卡、航姿参考系统（Autitude and Heading Reference System, AHRS）和陀螺仪］的位置、姿态和角速率信息并进行多源信息融合处理。

②导航控制技术。由电控液压转向油路、转向控制单元和转向轮偏角检测传感器构成。直线跟踪及田头转向。拖拉机电控液压转向闭环控制节点与拖拉机原有全液压机械转向系统并联使用。

③转向轮偏角检测技术。

④遥控离合与起动技术。离合驱动采用电动推杆、限位开关控制，控制作用点选在相应踏板臂上，由限位开关检测其位置。

⑤油门自动调节技术。油门开度分为 3 个等级，由电动推杆脉冲计数确定。

⑥作业机具自动操控技术。采用电动推杆，替换原车上的操纵机构，实现分配器中位、上升、下降和浮动控制。

⑦遥控熄火停车控制技术。利用对点火继电器和吸合电磁铁的通断控制，实现熄火的自动控制。

⑧自动避障技术。采用 Sick（德国品牌西克）激光扫描仪自动检测拖拉机前方障碍物并进行避障路径规划，实现自动避障。

⑨系统集成控制技术。采用基于 AT91SAM9261 的开发板实现整个系统的集成。

⑩监控终端技术。将农业机械运动状态和作业状态实时显示在液晶显示（Liquid Crystal Display, LCD）屏上。驾驶人员通过监控终端的触屏对拖拉机导航系统进行参数设置和电控操纵。

3. 植保机械化作业

（1）地面植保机械与装备

传统植保机械的分类方法，一般按所用的动力可分为：人力（手动）植保机械、畜力植保机械、小动力植保机械、拖拉机配套植保机械、自走式植保机械、航空植保机械。按照施用化学药剂的方法可分为：喷雾机、喷粉机、土壤处理机、种子处理机、撒颗粒机等。目前我国田间植保主要以人工或背负式喷雾机为主，但这两种方式农药喷施量大，资源利用率不高，生态系统污染严重。采用常规方法喷施农药时，从施药器械撒出去的农药只有 25%～50% 能沉积在作物叶片上，不足 1% 的药剂能沉积在靶标害虫上，不足 0.03% 的药剂能引起杀虫作用，其余 50%～75% 的农药则以挥发、漂移等形式散失。

根据现代农业建设的需要，地面植保机械主要向六个方面发展。

①高地隙宽幅喷雾机。目前，全国超 40 家企业研究或生产高地隙喷雾机，有 40 多种机型，地隙范围 500～1 200 mm，大部分为 850～1 000 mm。

②在线混药技术。华南农业大学研制成功在线混药系统，突破了药水实时混匀、低流量与微流的液体流量检测和农药流量控制等关键技术。

③喷杆高度自动调节技术。采用超声波传感器检测喷杆与作物冠层或地面的实际距离，并通过控制器实时控制喷杆与冠层或地面保持设定的相对高度，高度控制误差小于 5 cm。

④喷杆自动调平控制技术。采用倾角传感器检测喷杆横滚角，并与喷杆左右两超声波传感器数据进行融合，通过控制器实时控制喷杆保持水平，或者与冠层或地面保持平行，角度控制误差小于 1°。

⑤对靶喷施。华南农业大学采用乘坐式水稻插秧机底盘，研制成功精准喷施机，喷幅为 6 m。

⑥无人驾驶喷雾机。旱地导航精度为 ±3 cm，水田导航精度为 ±5 cm。

（2）航空植保机械与装备的发展历程

1918 年美国用飞机喷洒砷素剂防止牧草害虫成功，开创了农业航空的历史。随后加拿大、苏联、德国和新西兰等国也将飞机用于农业。美国是航空施药强国，农用飞机 4 000 架以上（固定翼 87%，旋翼 13%），65% 化学农药采用飞机喷施，对农业直接贡献率在 15% 以上。

澳大利亚于 1948 年开始发展农业航空，于 20 世纪 70 年代开始引进美国的 Air Tractor 和 Ayres Thrush 机型，发展模式与美国类似。其主要机型为有人驾驶的固定翼飞机和旋翼直升机。

加拿大发展模式与美国类似，其主要机型为美国的 Air Tractor 和 Ayres Thrush 机型。加拿大农业航空协会（CAAA）目前共有会员 169 个。

巴西发展模式与美国类似，主要机型为美国的 Air Tractor 和 Ayres Thrush 等固定翼机型。巴西农业航空协会（Sindag）目前共有单位会员 52 个，30 年内巴西通用航空保持了 6% 的增长率。至 2008 年 3 月，巴西注册航空器共有 10 417 架，其中农业用机约 1 050 架，占 10%。

日本农业耕地面积 470 万 hm^2，农林航空作业面积 253 万 hm^2；农用无人直升飞机作业面积 91.6.3 万 hm^2，占航空作业的 38%。1990 年，日本山叶公司推出世界第一架主要用于喷洒农药的无人机，无人机在农林业方面的应用发展迅猛；至 2010 年，农林业用无人直升机 2 346 架，无人飞机操控手 14 163 人；无人机植保作业效率 7～10 hm^2/h。日本农用无人机航空协会（JUAV）目前共有单位会员 11 个。

中国通用航空发展历程可以追溯到 1912 年，航空界的先驱——冯如驾驶自制的飞机在广州燕塘进行的飞行表演，揭开了我国航空事业发展的序幕。1951 年 5 月 22 日，应广州市政府的要求，民航广州管理处派出一架 C-46 型飞机，连续两天在广州市上空执行了 41 架次的灭蚊蝇飞行任务，揭开了我国农业航空发展的历史篇章。1976 年唐山地震后，震区苍蝇的密度达每平方米 30 头，防疫问题很突出。中国民航局和中国农业科学院植物保护研究所立即着手飞机喷药防疫的工作，当时配制了杀螟硫磷油剂，用安 -2 飞机开展超低量喷雾，迅速消灭了苍蝇，确保了大灾无大疫。20 世纪 50 年代，我国开展有人驾驶固定翼飞机植保研究和应用；目前，我国农林业航空作业，主要是用有人驾驶固定翼飞机；2011 年，农林化航空作业完成 33 158 h。近年来，无人直升机航空植保作业逐渐兴起。

（3）航空植保机械的特点

①作业效率高。无人机在超低空作业时，飞行速度在 3～6 m/s，喷幅可达 5～9 m，扣除续航加药时间，作业面积可达 5～8 hm^2/h，其效率远远高于人工水平（0.04～0.07 hm^2/h）。

②作业质量好。飞机飞行产生的下降气流吹动叶片，能使叶片正反面均能着药，防治效果相比人工与机械提高 15%～35%，应对突发、暴发性病虫害的防控效果好。

③作业适应性广。在地面装备难以进入的区域内作业，如莲藕喷药、坡地茶园喷药、巴旦木辅助授粉等。

无人机作业不受作物长势的限制，如作物生长至封行后行垄不清晰，难以采用地面植保机械进行作业，一些高秆作物（玉米大喇叭口期高度一般在 1.2 m 以上，水稻制种生产中父本在 1.8 m 以上），采用无人机作业效果特别好。

与田间地面机械作业相比，无人机作业有不会留下辙印和损伤作物、不破坏土壤物理结构、不影响作物后期生产等特点。

④作业成本低。飞机航空作业与地面机械作业相比，每次作业可每公顷减少作物损伤及其他支出（油料、用水、用工、维修、折旧等）105 元左右。

采用 25 kg 有效载荷的单旋翼油动力无人机和 15 kg 有效载荷的单旋翼电动无人机进行喷施作业的年度收益，分别是机动喷雾机的 33 倍和 25 倍，是人工手动喷雾的 133 倍和 93 倍。其中微小型无人飞机的使用寿命按 5 年计，机动喷雾机与手动喷雾器按 3 年计，手动喷雾器未计算人工成本。

⑤应对突发灾害能力强。航空作业速度快、突击能力强，可进行集群作业，可对地面机械无法企及的区域进行作业。

（4）农林业航空作业

①国外主要采用有人驾驶固定翼飞机，如 Ayres Corporation 的系列农用飞机，Thrush Aircraft 和 Air Tractor 系列农用飞机。

②国内采用的有人驾驶飞机主要有北大荒通用航空有限公司的空 AT-802 型飞机和画眉鸟 510 型飞机等固定翼飞机和罗宾逊 R66 型直升机，其相关参数如表 7-6 所示。

表 7-6　三种飞机的相关参数

	起降跑道长度 /m	作业速度 /（km/h）	最大载药量 /t	作业效率 /（hm^2/h）
空 AT-802 型飞机	900	240	9	300
画眉鸟 510 型飞机	700	225	1.4	173
罗宾逊 R66 型飞机	—	111	0.3	47

③植保无人机。农用无人直升机按照动力分类可分为电池动力与燃油动力两种，如表 7-7 所示。

表 7-7　电池动力与燃油动力无人机的特点

类型	特点
电池动力	使用电池提供动力，动力系统核心是电机；机身不大，但操纵灵活，起降迅速；以手动操控的方式为主；单次飞行时间一般为 10～15 min
燃油动力	以燃油的方式提供动力，动力系统核心是发动机；灵活性相对较差，机身大，需要一定的起降时间；操纵方式以自动 + 手动；单次飞行时间可超过 1 h

截至 2021 年，我国有植保无人机机型 262 种，其中单旋翼机型约占 27.5%，多旋翼机型约占 72.1%；油动力占 19.7%，电池动力占 80.3%。有效载荷量为 5 kg、10 kg、15 kg、20 kg、30 kg 的机型是主流。其中有效载荷量为 10 kg 的机型最多，占 29.6%；其次是 5 kg 机型，占 12.0%；15 kg 机型占 9.9%；20 kg 机型占 9.4%。

（5）待重点突破关键技术

①飞行控制。应开发适合超低空飞行作业的农用无人机自动导航控制系统。大疆公司开发的无人机自动喷洒农药系统——大疆 T16，通过航测规划，采用大疆智图（Terra）的导入与处理后，可以实现对作业场景的识别，生成 3D 航线，根据规划航线进行自动飞行作业。针对果园中果树种类多样、高矮不一，地形情况复杂和草丛与密集的果树在远距离俯瞰视角下容易混淆、难以区分的问题，研制的 T16 果树模式基于卷积神经网络的深度学习系统，采用三维点云切片与三维特征融合技术，可在复杂场景

中正确识别多种物体。系统已经通过了超过 30 万张的果树图片训练，能够在不到 1 min 的时间内完成 13.33 hm^2 地的全环境识别。识别的果树类型达到了 20 种，包括苹果、柑橘、芒果、香蕉、火龙果等。果树识别准确率达到了 95%。可以在不规则的果园里进行全自动作业，自动避开建筑物、池塘和电线等障碍，整个过程完全不需要人工干预。

②航空喷嘴部件。适合不同作业条件和作业规范，实现精准喷施。

③作业参数优选。主要是不同作物、不同机型等的作业参数优选。

④防漂移技术研究。喷嘴的选择在控制液滴大小方面起到关键作用。抗漂移喷嘴的工作原理是会产生较大雾滴，雾滴下落速度更快，受风的影响更小。然而，较大的雾滴会更易弹跳或飞离预定靶标，造成覆盖率和产品性能降低。结合喷嘴的选择，普遍的看法是，在产品中加入增效剂可以对雾滴的大小产生显著影响，而不会产生由于雾滴过大所带来的负面影响。这类增效剂可减少“小于 105 μm”的雾滴数量（小于 105 μm 的雾滴被认为可漂移雾滴），但不会增加较大雾滴的大小。因此，增效剂可以减小雾滴粒径分布的相对跨度和易于漂移的雾滴数量，从而提高了农药应用的性能。

⑤喷施雾化机理研究。包括旋翼风场作用下航空植保药液的雾化机理，用于农用植保无人机低空超低容量喷雾的变量喷施技术，雾滴防漂防蒸发理论预测模型和农业航空施药雾滴沉积漂移规律。

⑥航空喷施专用剂型。航空植保使用的农药剂型及助剂的要求与地面机械施药有很大的不同，目前缺乏应用于无人机航空喷施中农药药液的表面张力、黏度、农药有效成分含量、剂型等的评价标准，缺乏航空施药条件下，对农药药效与作物生理影响的室内、室外检测标准。已有部分企业研制了航空喷施专用剂型，但仍需大规模测试验证。

⑦性能测试平台建设。为解决农业航空产品性能评价方法问题，华南农业大学成功研发了一种用于农用飞行器地面气流场测量的无线传感器网络系统。这套系统最大的特点就是能在大田环境下，同时获取作物冠层 x，y，z 多个方向气流场的实时数据，并自动生成风场分布图，为喷施作业提供依据。

- **材料准备**

实训辅助手册、行业规范与技术标准、无人植保机。

- **工具准备**

现代农业装备实训室、工具箱、实训服、手套、零件拆解摆台桌、毛巾、清洁剂。

- **人员准备**

人员分组，每组 6 人，明确职责分工（表 7-8）。

表 7-8　任务分工

任务角色	任务内容
组长：	任务：
组员 1：	任务：
组员 2：	任务：
组员 3：	任务：
组员 4：	任务：
组员 5：	任务：

任务实施

借助行业规范与技术标准、无人植保机说明书，利用植保无人机完成一大块田地的植保作业。在操作过程中正确使用工具箱中的各种工具。

第一步，植保机作业前准备。

（1）遥控器的检查

①外观检查。检查遥控器外观，将天线展开并调整天线位置，不同的天线位置接收到的信号强度不同。当天线与遥控器背面呈 80° 或 180° 夹角，且天线平面正对植保无人机时，可让遥控器与植保无人机的信号质量达到最佳状态。

②摇杆模式与电量检查。检查遥控器内置电池电量与外置电池电量，然后开机检查摇杆模式，检查是否为自己习惯的摇杆模式。如在开机过程中，遥控器发出“滴滴”报警声，可能是遥控器电量过低；也可能是控器遥感不居于中位，需要进行遥控器摇杆校准。

注意：在使用外置电池时，仍需要确保内置电池具有一定的电量，否则遥控器将无法开机。

（2）植保机的检查

①机臂。首先，展开机臂 M2 和 M6，拧紧套筒；其次，展开机臂 M3 和 M5、M1 和 M4，拧紧套筒；最后，派专人检查套筒是否安装到位，特别是当多人进行拧套筒操作时，非常容易出现漏拧的情况。

②电机。检查电机外观，并定期检查电机动平衡是否良好。

③桨叶。将桨叶展开到 160°～200°，如未将叶展开，起动植保无人机会造成初始时电机动平衡失效，机臂、机身会伴有强烈抖动，长期可能损伤电机及造成机身螺丝松动。

④电池检查。检查电池外观是否破损、鼓包；检查电池电量是否满格；安装时电池时，能听见“咔”的电池锁扣扣住的声音；确定电池锁扣锁紧，轻拉无法拔出，如果电池轻放于电池插座上，电池锁扣未扣紧在飞机端，那么飞机起飞震动后电池将松动，可能导致空中断电炸机。

第二步，规划方式作业。

（1）规划方式

根据不同的应用场景，遥控器内置三种规划方式：遥控器规划、实时动态（Real-time kinematic, RTK）模块规划、飞行规划三种。它们规划方式类似，主要区分在于规划的精度。

①遥控器规划。GNSS 规划精度较低，设置内缩距时需注意，当单边有障碍物时，需要将有障碍物单边内缩距调整在 2.5 m 以上。在无 RTK 覆盖地区或 RTK 网络套餐用完情况下可以选择 GNSS 作业。如需要进行 GNSS 规划，需要将 RTK 模块从遥控器上取下，使植保无人机处于断电情况，否则将无法进入遥控器规划。

② RTK 模块规划。精度为厘米级别，远高于 GNSS 规划精度。使用 RTK 模块规划时，需要将 RTK 模块安装在遥控器通用串行总线（Universal Serial Bus, USB）接口上，且植保无人机处于断电状态，否则将无法进入 RTK 模块规划。

③飞行规划。飞行规划速度相对较快，配合第一人称主视角（First Person View, FPV）摄像头能快速进行飞行打点，但操作难度较高，需要平时加强手动操作训练。北方地区的作业地块比较大而且规整，此类地区用户需特别加强飞行规划的技能操作。在飞行规划时，需要注意要将遥控器 RTK 模块取下，否则将无法进入飞行规划。

（2）RTK 模块规划流程

使用遥控器三种规划方式操作流程相似，以下内容以使用 RTK 模块规划进行说明。

①添加航点。手持遥控器沿区域边界行走，在拐弯处点击“添加航点 C2”，在行走时遥控器每一秒会自动生成一个白点。如果在规划中忘记打点，后期编辑航点时可以通过白点作为参照进行补加航点。

②障碍的测量。障碍物的测量方式与航线规划方式相似，行走至障碍物附近，点击“障碍物测量 C1”，围绕障碍物行走，并点击“添加障碍物点 C2”，测量完障碍物后需结束障碍物测量。

③标定点的添加。行走至标定点实际位置，点击“标定点”。“标定点”用于纠正定位误差引起的航线偏差。在作业区域附近的开阔位置，选择一个或多个长期固定存在且易辨识的参照物作为标定点，如地钉或其他明显的标记物体，以便在同一作业时纠正偏移。

（3）地块编辑

地块编辑分为航点编辑与航线编辑。

①航点编辑。点击任意航点，可通过左侧圆盘调整航点位置。长按航线中任意位置，添加障碍物，编辑添加或减少航点时需配合遥控器小白点进行参照，否则容易出现误差。一般情况下，航点编辑较少使用。

②航线编辑。首先，按住并拖动屏幕上的小黄点，调整航线方向，其中绿色点为作业起始点，黄色点为作业终止点。调整航线方向时，注意作业点位置变化，选择最优的起始点位置，也可单击屏幕上的小黄点，可在弹出的航向微调页面，微调航线方向后，点击保存。其次，根据作业环境统一内缩距离。作业地块周围无障碍物，可将作业内缩距调小。最后，单边内缩。单击屏幕所需要调整航线，进行编辑。编辑时需要判断好作业实际边界，确定需要内缩的位置，以免选错边界。

第三步，执行作业。

执行作业时，纠正偏移、投影点、中断点，进行知识梳理。

（1）常用的必须纠正偏移的场景

①地块规划选择遥控器规划，植保无人机作业无论是否使用 RTK，必须纠偏。

②第一次调用导入遥控器执行的果树任务时，必须纠偏，后续继续调用相同任务，无须纠偏。

（2）如何纠正偏移

①规划地块时，必须在空旷处设置一个长期固定的标定点。

②纠正偏移时，植保无人机不能随便放置，必须准确放置在标定点上。

③纠正偏移后，不要取消任务，可以从标定点处直接起飞，也可以将植保无人机搬到其他位置再起飞。

（3）投影点 3 个使用场景

①假如在航线中存在障碍物，植保无人机自动向前飞行，遇到障碍物避障悬停。此时，手动控制植保无人机向侧面平移，手动向前飞行，手动旋转机头；通过摄像头画面查看是否完全绕开障碍物，点击右下角继续；选择投影点，选择投影点 1，飞行器自动垂直飞向接下来的作业航线。

②假如在航线拐点处存在障碍物，植保无人机自动向前飞行，遇到障碍物避障悬停。此时，手动控制植保无人机向侧面平移；通过摄像头画面查看是否完全绕开障碍物，点击右下角继续；选择投影点，选择投影点 2，植保无人机自动垂直飞向横移的作业航线。

③假如在横移航线上存在障碍物，植保无人机自动向前飞行，遇到障碍物避障悬停。此时，手动旋转机头朝向下一条航线；通过摄像头画面查看是否完全绕开障碍物，点击右下角继续；选择投影点，选择投影点 3，植保无人机自动垂直飞向旁边的作业航线。

（4）中断点

当作业时，植保无人机提示药量已用完，将植保无人机从中断点拉回后进行加药操作。药量加完即可选择中断点继续作业，植保无人机将会回到原航线的中断点。中断点的选取应配合植保无人机无药预估点进行选择，尽量避免中断点与加药点过远，造成植保无人机电池电量浪费。

（5）统一内缩

①统一内缩为 0 m 时，飞行器中心距离飞行器飞行方向左侧或右侧的地块边缘为 2.5 m，T16 与 T20 左右宽度约为 2.5 m，因此飞行器左右两侧桨叶边缘距离地块为 2.5～1.25 m。

②统一内缩为 0 m 时，飞行器中心距离飞行器飞行方向前方或后方的地块边缘为 1.1 m，T16 与 T20 前后宽度约为 2.2 m，因此飞行器前后桨叶边缘距离地块为 1.1～1.1 m。

第四步，维护保养常见问题的处理。

①使用清水或肥皂水注满作业箱，并完全喷洒，如此反复清洗三次。

②将作业箱及植保无人机上的作业箱接口拆下进行清洗，将作业箱滤网、喷嘴滤网及喷嘴拆出后进行清洗，确保无堵塞，然后在清水中浸泡一晚。

③建议使用喷雾水枪冲洗机身，然后用软刷或湿布清洗机身，再用干布抹干水渍。

④若电机、桨叶表面有沙尘、药液附着，建议用湿布清洗表面，再用干布抹干水渍。

⑤使用干净的湿布（拧干水分）擦拭遥控器表面及显示屏。

任务检测

请扫描二维码答题。

项目七任务三
任务检测

任务评价

根据学生对人工智能与植保机械化学习了解的认真程度及任务报告的完成情况进行考核评价（表 7-9）。

表 7-9　人工智能与植保机械化考核评价细则

<table>
<tr><td colspan="2">姓名：</td><td colspan="2">班级：</td><td colspan="2">组别：</td><td rowspan="3">教师签字：</td></tr>
<tr><td colspan="2">自评：
□合格　□不合格</td><td colspan="2">互评：
□合格　□不合格</td><td colspan="2">师评：
□合格　□不合格</td></tr>
<tr><td colspan="2">日期：</td><td colspan="2">日期：</td><td colspan="2">日期：</td></tr>
<tr><td colspan="7">考核评分细则</td></tr>
<tr><td>序号</td><td>考核项目</td><td>考核标准</td><td>考核方式</td><td>分值</td><td>评分要求</td><td>得分</td></tr>
<tr><td>1</td><td>航空植保机械的特点</td><td>□简要回答</td><td>现场考核、问答考核</td><td>20</td><td>根据回答情况酌情扣分</td><td></td></tr>
<tr><td>2</td><td>人工智能在植保机械化领域的应用</td><td>□简要回答</td><td>现场考核、问答考核</td><td>20</td><td>根据回答情况酌情扣分</td><td></td></tr>
<tr><td>3</td><td>人工智能的关键技术</td><td>□简要回答</td><td>现场考核、问答考核</td><td>30</td><td>根据回答情况酌情扣分</td><td></td></tr>
<tr><td>4</td><td>任务报告</td><td>□完成认真，内容正确
□绘制的形态图特征明显
□各部位标注正确</td><td>评阅考核</td><td>20</td><td>根据情况酌情扣分</td><td></td></tr>
<tr><td>5</td><td>学习态度</td><td>□具有团队协作精神
□具备科学严谨的态度
□观察认真，发言积极
□遵纪守时，爱护公物</td><td>自评、互评和师评相结合</td><td>10</td><td>根据情况酌情扣分</td><td></td></tr>
<tr><td colspan="4">合计</td><td>100</td><td></td><td></td></tr>
<tr><td colspan="2">自我评价与总结</td><td colspan="5"></td></tr>
<tr><td colspan="2">教师点评</td><td colspan="5"></td></tr>
</table>

模块二

草原机械应用技术

项目八 草地种植机械与设备

项目导读

随着畜牧业的迅速发展和天然草地的退化，仅靠天然草地已不能满足当今畜牧业发展的需求。人工草地和半人工草地很好地解决了这一问题。人工草地是指利用综合农业技术，在完全破坏天然植被的基础上，通过播种建植新的人工草本群落。半人工草地是指在不破坏或少破坏原天然植被的条件下，通过补播、施肥、排灌等措施培育的高产优质草地。草地种植机械与设备对人工草地和半人工草地尤为重要。本项目主要介绍人工草地牧草种植机械、天然草地牧草播种机的使用与维护，要求学生能够掌握人工草地牧草种植机械和天然草地牧草播种机的相关基础知识和技术技能。

知识目标

①熟悉牧草种植工艺、播种放法、播种作业的农业技术要求。

②掌握牧草的播种特点、播种机的分类和组成、播种机的主要工作部件。

③掌握牧草耕播机、铲式松土补播机和松土施肥补播机的结构。

④熟悉牧草耕播机、铲式松土补播机和松土施肥补播机的工作原理。

技能目标

①能够对种植机械进行正确的保养，特别是预防性的保养。

②能够根据播种机反应的情况，及时做好调整和修理。

③能够根据播种机出现的故障，进行排除及简单的维修。

素质目标

①树立安全意识。熟知工作安全常识，以保障个人人身安全。

②提升自我管理能力。遵守工作纪律，能恰当有效地利用时间，按时完成各项任务。

③提升团队合作能力。能认知自己在团队中的角色，主动承担工作任务，尊重他

人的意见，遵从集体决策，遵守各种行为规范和操作规范。

④提升独立思考能力。能积极学习知识，领悟所学内容，独立思考，梳理知识，建立自己可靠的知识基础，活学活用解决新的问题。

⑤提升交流沟通能力。能主动与小组成员、同学、老师、陌生人接触，通过聆听、交谈、交流等方式获取信息，有效地进行交流沟通。

⑥树立严谨求实的工作态度。能够严格按规范、标准一丝不苟地完成每一项检查工作。

思政目标

①懂农牧业、爱农牧民，做农牧人、干农牧事，增强投身“三农”的自豪感。

②教育学生要全面了解当下草地种植机械的发展状况，使学生树立远大的目标。

任务一　人工草地牧草种植机械

任务导入

牧草的种植主要涉及人工草地和半人工草地。人工草地牧草种植是利用较先进的农业技术措施，进行精耕细作，建立稳产、高产的牧草基地的一种牧草种植工艺。半人工草地牧草种植是根据天然草地的特点，利用先进的农业技术措施，通过松土、施肥、补播牧草等措施恢复草地生产能力，建立稳产、高产的牧草基地或放牧基地的牧草种植工艺。牧民王叔叔种植了几十公顷的人工草地，请帮助王叔叔选择合适的种植工艺、种植方法以及选择合适的种植机械进行种植。

任务工单

班级:____________　　姓名:____________　　学号:____________

任务名称	人工草地牧草种植机械
任务描述	根据实际情况，填写本任务的内容、目的、流程和方法。 任务内容:____________ ____________。 任务目的:____________ ____________。 任务流程:____________ ____________。 任务方法:____________ ____________。

（续表）

<table>
<tr><td>获取信息</td><td colspan="4">要完成任务，需要掌握相关的知识。请收集资料，回答以下问题。
1. 牧草种植工艺具体有什么？
2. 播种有哪些方法？具体阐述。
3. 播种作业有哪些农业技术要求？
4. 具体阐述播种机的分类和组成。
5. 播种机有哪些主要的工作部件？具体阐述。</td></tr>
<tr><td>制订计划</td><td colspan="4"></td></tr>
<tr><td rowspan="6">任务实施</td><td colspan="4">按照预先制订的工作计划，完成本任务，并记录任务实施过程。</td></tr>
<tr><td>序号</td><td>完成的任务</td><td>遇到的问题</td><td>解决办法</td></tr>
<tr><td></td><td></td><td></td><td></td></tr>
<tr><td></td><td></td><td></td><td></td></tr>
<tr><td></td><td></td><td></td><td></td></tr>
<tr><td></td><td></td><td></td><td></td></tr>
</table>

任务准备

- **知识准备**

一、牧草种植工艺

牧草的种植主要涉及人工草地和半人工草地。我国地域辽阔，草地类型和牧草的品种较多。因此，人工草地和半人工草地牧草的种植工艺及机具必须根据不同草地类型、土壤、气候、灌溉方式、牧草品种、各地草地畜牧业的技术要求、机具的技术和经济性能等因素来选择。人工草地牧草种植是利用较先进的农业技术措施，进行精耕细作，建立稳产、高产的牧草基地的牧草种植工艺。半人工草地牧草种植是根据天然草地的特点，利用先进的农业技术措施，通过松土、施肥、补播牧草等措施恢复草地生产能力，建立稳产、高产的牧草基地或放牧基地的牧草种植工艺。建立人工草地首先必须将原草地进行完全耕翻，然后进行碎土、整地，达到种植要求后进行牧草播种。

其机械化作业主要包括耕、耙、播、施肥、镇压等环节。目前，我国人工草地机械化工艺主要有以下三种。

1. 耕—耙—播（施肥、镇压）

首先，用铧式犁耕翻草地，以消除草根层及耕松土层。然后，根据草地土壤及草皮板结状况，确定耙地数次，使土块细碎，地表平整。最后，进行播种。也可将播种、施肥和镇压用同一机器完成，或耙后进行镇压，以利于保墒，然后进行播种。该工艺主要适用于新疆、内蒙古、辽宁、吉林、黑龙江等北方地区草皮板结不太严重的退化草地。

2. 旋耕—播（施肥、镇压）

通过驱动型旋耕机高速旋转刀齿对坚韧的草根、土层进行切割、抛扔及碰撞等，达到碎土和整地的目的，然后进行播种。也可将播种、施肥和镇压用同一机器完成，或耙后进行镇压，以利于保墒，然后进行播种。该工艺主要适用于青海、甘肃、四川等亚高山或高山草甸。

3. 耕—旋耕—播（施肥、镇压）

采用耕、旋耕联合作业。在草皮层较厚（20～30 cm）而土壤坚实度较低（3 139～4 120 kPa）的情况下，先用铧式犁耕翻，再用旋耕机旋耕，旋耕后其地表质量基本满足牧草播种要求；在草皮层较薄（10～12 cm）而土壤坚实度较大（3 924～4 415 kPa）、土层较厚的情况下，先用旋耕机破碎草皮，再用耕耙犁深耕碎土，也可满足牧草播种要求。

二、播种机械

1. 播种方法

为了充分利用地力，节约牧草种子，改善种植效果，提高产量，提高劳动生产率，应根据具体情况因地制宜地选择相应的播种方法。目前常用的播种方法有以下几种。

①撒播。先将种子撒于地面，然后再用其他工具覆土。撒播的种子分布不均匀，覆土深度不一致，播种质量较低。近年来，撒播方法主要用于飞机播种。由于飞机播种速度快，同时，种子从较高的空中抛撒，撒播后种子的均匀度得到明显的改善。飞播牧草已成为大面积草地改良和建设人工草地播种的发展方向。

②条播。将种子均匀地呈条带状播于播种机所开的种沟中，然后覆土。该方法覆土深度均匀，出苗整齐，应用较广。大多数禾本科牧草、豆科牧草和青饲玉米的种植多采用此法。

③穴播。将种子按一定数量和间距成穴地播入播种机所开的种穴或种沟内。该方法节约种子，特别是对于青饲玉米、向日葵等中耕作物更为合适，可以省去间苗工序。

④精密播种。其特点是播种量、株距和播深等精确，该方法节省种子、出苗整齐，但对种子质量要求高。条播和穴播均可采用精密播种。

2. 播种作业的农业技术要求

①因地制宜，适时播种，不违农时。

②播种量准确可靠，播种均匀。

③行间距符合要求，且均匀、一致。

④将种子播在湿土中，并用湿土覆盖，播深一致。

⑤视具体要求，可进行合理施肥和镇压，施肥时，最好种、肥分开。

⑥播行直，地头齐，无重播、漏播。

⑦播种机适应性好，使用维修方便。

⑧播种机不架空种子，不损伤种子。常见栽培牧草的一般播种量、播种深度及行距如表 8-1 所示。

表 8-1 常见栽培牧草的一般播种量、播种深度及行距

牧草种类	播种量 /（kg/ 亩*）		播种深度 /cm	行距 /cm	
	草用	种用		草用	种用
紫花苜蓿	0.75～1.00	0.25～0.50	2～3	20～30	45～60
草木樨	1.25～1.50	0.25～0.50	2～4	20～30	60
豌豆		5.00～7.50	4～5	30	45～60
胡枝子	1.50～2.50	0.75～1.00	3～4	20～30	45～60
羊草	2.50～3.50	0.50～0.75	3～5	30	45～60
无芒雀麦	1.50～2.00	0.50～0.75	2～4	15～30	45～60
扁穗雀麦	2.50～3.00	1.00～1.50	2～4	15～30	45～60
披碱草	1.50～2.00	0.75～1.00	3～4	15～30	45～60
扁穗冰草	1.00～1.50	0.50～0.75	2～4	15～30	45
早熟禾	0.40～0.50		表播、镇压	15～30	30
苏丹草	1.50～2.50	1.00～1.50	3～8	15～30	45
胡萝卜	0.75～1.25				
饲料甜菜	1.00～1.50		2～3		45～60
燕麦		7.50～12.50	4～5	15～30	30
大麦		10.00～12.50	4～5	15～30	30

注：*1 亩≈667 平方米，全书同。

3. 牧草的播种特点

一般牧草种子含杂率高，籽粒小而轻，形状不规则，有的还有芒、茸毛等，流动性极差；由于牧草种子轻而小，单位面积播种量小，实现播种量准确、均匀比较困难；由于牧草种子流动性差，易在种箱内出现种子架空或堵塞排种器而出现断条。因此，为了避免或减少上述问题，目前国内外常采用两种措施：一是对牧草种子进行去芒、去茸、丸粒化等加工处理，使其表面光滑，增强其流动性；二是采用牧草专用播种机进行播种。

4. 播种机的分类和组成

（1）播种机的分类

播种机按播种方法可分为撒播机、条播机、穴播机和精密播种机；按动力可分为

畜力和机力播种机。机力播种机又可分为牵引、悬挂和半悬挂三种。

（2）播种机的组成

播种机一般由排种器、开沟器、排肥器、种子箱、肥料箱、输种管、覆土器、镇压器、机架、行走装置、传动装置、开沟器起落机构、开沟深浅调节机构、牵引机构（或悬挂机构）等组成。播种机主要完成开沟、排种、排肥、覆土和镇压等工作。

小学士

播种机的主要工作部件

5. 播种机的主要工作部件

扫描二维码查看播种机的主要部件。

6. 施肥播种机

为了提高效率，降低成本，常将播种和施肥作业工序合并在一起，并研制出各种施肥播种机，在播种的同时进行施肥作业。

以 BF-24A 型施肥播种机为例对施肥播种机的工作部件进行说明。图 8-1 为 BF-24A 型施肥播种机结构示意图，该机主要由种子箱、肥料箱、排种器、排肥器、输种（肥）管、开沟器及覆土器等零部件组成。种子箱和肥料箱为整体式，安装在播种机最上方。肥料箱内设有齿杆式搅拌器，以防肥料架空。

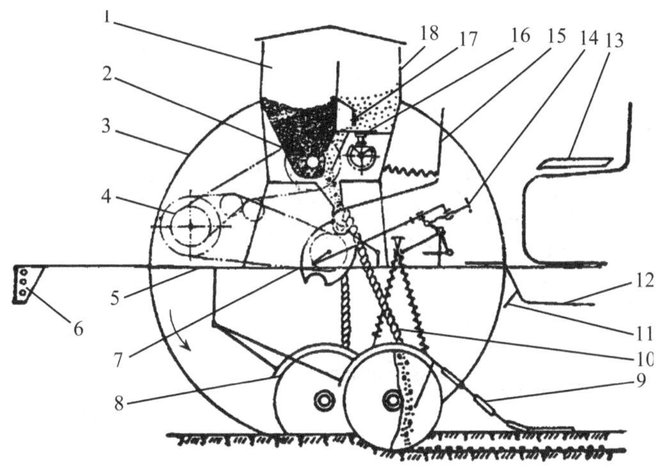

1—种子箱；2—排种器；3—行走轮；4—传动装置；5—机架；6—牵引装置；7—开沟器升降机构；8 —开沟器；9—覆土器；10—输种（肥）管；11—刮泥刀；12—脚踏板；13—座位；14—播深调节机构；15—升降手柄；16—排肥器；17—排肥量调节活门；18—肥料箱。

图 8-1　BF-24A 型施肥播种机结构示意图

排种器为外槽轮式，24 个排种器分组安装在两根排种轴上，每根排种轴上设有一播种量调节器，以改变槽轮工作长度，达到调节的目的。该机播种量也可通过改变排种轴的传动比进行调节。排肥器为星轮式，水平安装在肥料箱底部，排肥量可通过改变肥料箱内隔板上的活门开度或排肥轴的传动比进行调节。

开沟器为双圆盘式，如图 8-2 所示。前端借开沟器拉杆固定在开沟器梁上，可绕拉杆上的铰接点上下摆动，后端通过吊杆与固定在升降方轴上的升降臂相连。吊杆上装有压缩弹簧，改变弹簧压力，可改变圆盘的入土性能和开沟深度。

开沟器升降机构为机械式，其作用是在播种机工作时，使开沟器降落到工作状态，当在地头转弯或运输状态时，使开沟器提升并保持到一定高度。该机开沟器的升降机构共两套，由左、右行走轮驱动，分别控制左、右两边的开沟器。由图 8-2 可以看出，它主要由一个升降离合器和两组四连杆机构组成。升降离合器的主动盘固定在行走轮轴上，随轴转动，盘内具有圆窝形凹槽；被动盘固定在曲轴的一端，其上铰链安装月牙卡铁，卡铁一端装有滚柱，另一端用弹簧与被动盘相连，使滚柱在弹簧弹力作用下，始终具有进入主动盘凹槽的趋势。升降手柄末端的滚轮进入被动盘的缺口内时，迫使滚柱从主动盘的凹槽中脱出，从而使离合器处于接合状态。其工作过程是当开沟器工作时，滚轮在被动盘缺口内，离合器处于分离状态，开沟器被锁定在工作状态；当使开沟器升起时，向后搬动升降手柄，滚轮从被动盘缺口内脱出，卡铁在弹簧力作用下逆时针转动，滚柱进入主动盘凹槽，离合器接合，行走轮的动力经主动盘、滚柱、卡铁、被动盘，使曲轴随行走轮转动，在连杆机构的作用下，使升降方轴和升降臂向后上方转动，再通过吊杆使开沟器绕拉杆铰接点顺时针转动而升起。当被动盘转过 180° 时，滚轮进入另一缺口，离合器再次分离，动力被切断，开沟器被锁定在运输位置。当使开沟器由运输位置转入工作位置时，再次搬动升降手柄，离合器接合，开沟器下落。当被动盘再转过 180° 时，滚轮再次进入被动盘缺口，开沟器被锁定到工作位置。

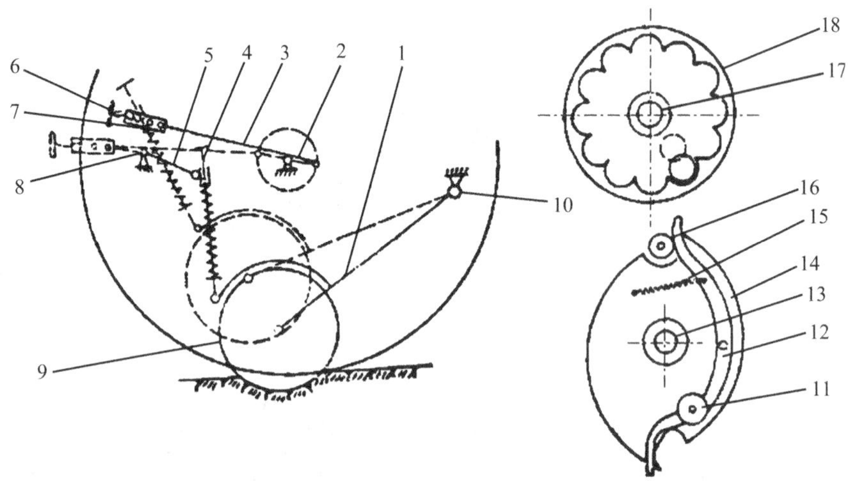

（a）升降和播深调节机构　　（b）升降离合器

1—开沟器拉杆；2—曲轴；3—连杆；4—吊杆；5—升降臂；6—播深调节手轮；7—支杆；8—升降方轴；9—开沟器；10—开沟器梁；11—滚柱；12—卡铁；13—曲轴；14—被动盘；15—弹簧；16—滚轮；17—行走轮轴；18—主动盘。

图 8-2　开沟器升降机构和播深调节机构示意图

由图 8-2（a）可以看出，在开沟器吊杆上套有压缩弹簧，弹簧下端由山形销支承，上端被压在升降臂下面，支杆上装有带手轮的丝杆。顺时针方向转动手轮时，升降臂向前下方转动，增大弹簧压力，通过山形销和吊杆作用在开沟器上，从而增大开沟深度；反向转动手轮时，弹簧压力减小，从而使开沟深度变浅。

- **材料准备**

实训辅助手册、行业规范与技术标准、人工草地牧草种植机械说明书、人工草地牧草种植机械图纸。

● **工具准备**

现代农业装备实训室、人工草地牧草种植机械、工具箱、实训服、手套、零件拆解摆台桌、毛巾、清洁剂。

● **人员准备**

人员分组，每组 6 人，明确职责分工（表 8-2）。

表 8-2　任务分工

任务角色	任务内容
组长：	任务：
组员 1：	任务：
组员 2：	任务：
组员 3：	任务：
组员 4：	任务：
组员 5：	任务：

任务实施

借助行业规范与技术标准、人工草地牧草种植机械说明书、人工草地牧草种植机械图纸，掌握饲用玉米播种机的正确使用与维修注意事项。在操作过程中正确使用工具箱中的各种工具。饲用玉米播种机以下简称为玉米播种机。

一、玉米播种机的规范使用

1. 使用前的准备

玉米播种机的功能日益完善，使用者应积极参与农机生产商组织的技术培训，使用前需要认真阅读玉米播种机的说明书，以保证正确操作玉米播种机。在玉米播种作业开始之前，清理播种机上的灰尘及杂物，确保播种机旋转部位无其他物品，对旋转部位进行润滑处理。最后，检查螺栓与螺母的开口销是否拧紧，检查链条与皮带的老化程度，并对存在的问题及时修复。

2. 调整播种机状态

在播种作业前，认真调整关键结构，将其机架调整至水平状态。通过调整开沟器和限深轮之间的距离，使播种施肥深度符合播种农艺要求。认真筛选玉米种子，淘汰品质不合格的种子与杂物，按照说明书或培训标准调整播种量，以确保排种质量和出苗率。通过调整液压系统，对播种机高度适当调整，播种机高度距地表 15 cm 为宜，既方便播种作业，又能够满足掉头和转弯等功能。在正式播种前，需要进行试播作业，试播距离 20 m 为宜，仔细查看机器运行状况，检查是否出现卡种、丢种情况。

3. 规划播种路线

玉米播种机需要提前制定播种作业线路，一方面在作业过程中避免较大障碍物，另一方面为播种机的进出提供便利。转弯时将播种机提起，保证机具处于缓慢行进状态下操作，避免开沟器堵塞或损坏其他机件，避免因突然变速出现漏播或重播的情况。

4. 确保作业过程的合理性

在播种作业过程中，需及时观察播种机的关键部件，包括开沟铲、排种器、链条、镇压轮等部件的实际作业情况，若出现开沟不良、排种位置不合理、覆土厚度不一致等问题，需要及时提示操作人员按照操作规范调试相关结构。在调整播种机时，务必确保其处于停机状态，保证操作人员的人身安全。

二、玉米播种机的维修

1. 播种机不排种

导致播种机无法正常排种的原因包含气吸管脱落或堵塞、排种盒未打开、传动齿轮磨损、种子架空或出口堵塞等。发现以上问题，需要认真检查播种机吸气管的状态，及时清理堵塞物。若由于部件破损，应及时更换调试，使播种机尽快恢复正常状态。

2. 播深不一致

在机械化种植玉米过程中，出现播深不一致的问题，多数是开沟器产生了破损或安装高度不同，造成了播种深浅不统一的情况。针对此问题，需要认真查找故障原因。对破损的开沟器及时更换；对高度不统一的开沟器，应重新安装；如果机架扭曲或不平，应重新安装机架并对其进行校正。

3. 排种不匀

排种断断续续会造成播种不匀。一方面是传动齿轮啮合缝隙较大或齿轮打滑导致的该问题，需要调整齿轮啮合缝隙；另一方面由于离合器弹簧弹力较弱造成齿轮打滑，应及时更换离合器弹簧。

4. 地膜损坏

压膜轮、展膜辊、扩孔器或覆土滚筒转动不灵活，异物悬挂或地膜质量差，均会造成断膜的发生。经排查，若有异物挂膜，需要及时排出异物；若穴播器、覆土滚筒与滚动轴连接不灵活，则需适当调试或更换质量较好的薄膜。

三、播种机的日常保养

将播种机关键部位内的污垢、尘土、籽粒等清理干净，对播种机管道进行清理，避免长时间存放堵塞管道。对播种机罩盖、机架等磨掉漆皮的部分要及时刷油漆。播种机需要存放于干燥的库房，将机器架高，覆盖油布，防止暴晒、受潮或雨淋。

任务检测

请扫描二维码答题。

项目八任务一
任务检测

任务评价

根据学生对人工草地牧草种植机械学习了解的认真程度及任务报告的完成情况进

行考核评价（表 8-3）。

表 8-3　人工草地牧草种植机械考核评价细则

<table>
<tr><td colspan="2">姓名：</td><td colspan="2">班级：</td><td colspan="2">组别：</td><td rowspan="3">教师签字：</td></tr>
<tr><td colspan="2">自评：
□合格　□不合格</td><td colspan="2">互评：
□合格　□不合格</td><td colspan="2">师评：
□合格　□不合格</td></tr>
<tr><td colspan="2">日期：</td><td colspan="2">日期：</td><td colspan="2">日期：</td></tr>
<tr><td colspan="7">考核评分细则</td></tr>
<tr><td>序号</td><td>考核项目</td><td>考核标准</td><td>考核方式</td><td>分值</td><td>评分要求</td><td>得分</td></tr>
<tr><td>1</td><td>玉米播种机的规范使用</td><td>□使用前的准备工作
□调整播种机状态
□规划播种路线
□保证作业过程的合理性</td><td>现场考核、问答考核</td><td>20</td><td>根据情况酌情扣分</td><td></td></tr>
<tr><td>2</td><td>玉米播种机的维修方法</td><td>□播种机不排种
□播深不一致
□排种不匀
□地膜损坏</td><td>现场考核、问答考核</td><td>20</td><td>未完成一项扣 5 分</td><td></td></tr>
<tr><td>3</td><td>播种机的日常保养</td><td>□清理
□刷油漆
□存放于干燥的库房</td><td>现场考核、问答考核</td><td>30</td><td>未完成一项扣 10 分</td><td></td></tr>
<tr><td>4</td><td>任务报告</td><td>□完成认真，内容正确
□绘制的形态图特征明显
□各部位标注正确</td><td>评阅考核</td><td>20</td><td>根据情况酌情扣分</td><td></td></tr>
<tr><td>5</td><td>学习态度</td><td>□具有团队协作精神
□具备科学严谨的态度
□观察认真，发言积极
□遵纪守时，爱护公物</td><td>自评、互评和师评相结合</td><td>10</td><td>根据情况酌情扣分</td><td></td></tr>
<tr><td colspan="4">合计</td><td>100</td><td></td><td></td></tr>
<tr><td>自我评价与总结</td><td colspan="6"></td></tr>
<tr><td>教师点评</td><td colspan="6"></td></tr>
</table>

任务二　天然草地牧草播种机

任务导入

为了对退化草地进行改良，提高其生产能力，对天然草地进行松土和补播是一项必不可少的作业。松土可以改变土壤的板结状况，增强土壤透气性和吸水能力，有利于土壤中微生物的活动，促进土壤中有机质的分解。在松土的同时补播一些耐寒、抗风蚀能力强、产量高的优质牧草，可以增加天然草地牧草的覆盖量，增加天然草地优良牧草植被成分。天然草地常用的松土补播机械有牧草耕播机、铲式松土补播机和松土施肥补播机等。

任务工单

班级：____________　　姓名：____________　　学号：____________

任务名称	天然草地牧草播种机
任务描述	根据实际情况，填写本任务的内容、目的、流程和方法。 任务内容：________________________________。 任务目的：________________________________。 任务流程：________________________________。 任务方法：________________________________。
获取信息	要完成任务，需要掌握相关的知识。请收集资料，回答以下问题。 1. 天然草地常用的松土补播机械有哪些？ 2. 具体阐述牧草耕播机结构和工作原理。 3. 阐述铲式松土补播机的工作原理。 4. 具体阐述松土施肥补播机的组成。 5. 具体阐述松土施肥补播机的工作原理。

（续表）

制订计划				
任务实施	按照预先制订的工作计划，完成本任务，并记录任务实施过程。			
	序号	完成的任务	遇到的问题	解决办法

任务准备

- **知识准备**

实践证明，对天然草地进行松土补播，效果显著。内蒙古在 20 世纪 80 年代的实践表明，松土后补播沙打旺和披碱草，连续三年草地平均增产 125%，使土壤硬度降低 12～20 kg/cm^2，土壤孔隙度增加 11% 以上，土壤含水率增加 10%～20%，植被覆盖率增加 12% 以上，牧草高度增加 25%。

对松土补播作业有如下几点要求：一是松土要有一定深度，一般为 15～25 cm，在松土深度内，松土范围应尽可能扩大以利于保墒；二是松土时应尽量减少对原天然植被的破坏，因此，地表开沟要小，地面要平整，不得有明显的起垄、翻垡、壅土现象，翻到地表面上的生土应少，以免造成草地沙化和影响今后割草等牧草收获作业；三是牧草播种深度一般为 3～5 cm，播种量一般为 15～45 kg/hm^2。天然草地常用的松土补播机械有牧草耕播机、铲式松土补播机和松土施肥补播机等。

一、牧草耕播机

牧草耕播机是结合国内退化草地的实际情况研制的一种牧草专用播种机，既可用于天然退化草地的牧草补播，也可用于已耕整地的人工草地的播种。例如，9BC-2.1 型牧草耕播机，其工作幅宽为 2.1 m，行距为 350 mm，行数为 6 行，配套拖拉机动力在 40 kW 以上，该机基本能满足我国大多数优良牧草的播种要求，特别是对带芒、茸毛等流动性差的牧草种子适应性好，对不同播种量要求的牧草能实现按比例定量、分层混播。

小学士

牧草耕播机

9BC-2.1 型牧草耕播机主要由具有松土、碎土、开沟、播种、覆土、镇压等功能的部件组成，可一次完成松土、碎土、开沟、播种、覆土、镇压等作业。其主要工作部件如图 8-3 所示。

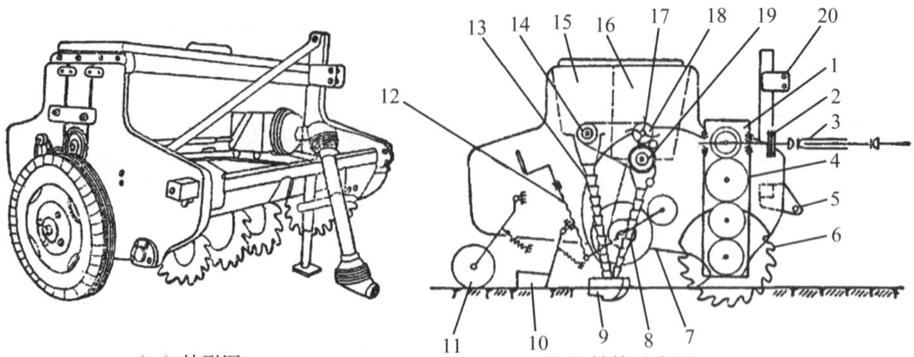

（a）外形图　　（b）结构示意图

1—变速箱；2—安全离合器；3—传动轴；4—传动箱；5—下悬挂点；6—松土、碎土部件；7—地轮；8—传动齿轮；9—开沟器；10—覆土器；11—镇压轮；12—丝杆；13—输种管；14—小箱排种轮；15—小种箱；16—大种箱；17—搅拌机构；18—搅拌链轮；19—大箱排种链轮；20—上悬挂点。

图 8-3　9BC G 2.1 型牧草耕播机

二、铲式松土补播机

目前，我国研制的松土补播机多为铲式松土补播机，在机器的结构方面也大同小异。该机一般由松土铲、圆犁刀、镇压器、限深轮、播种量控制装置等组成，如图 8-4 所示。

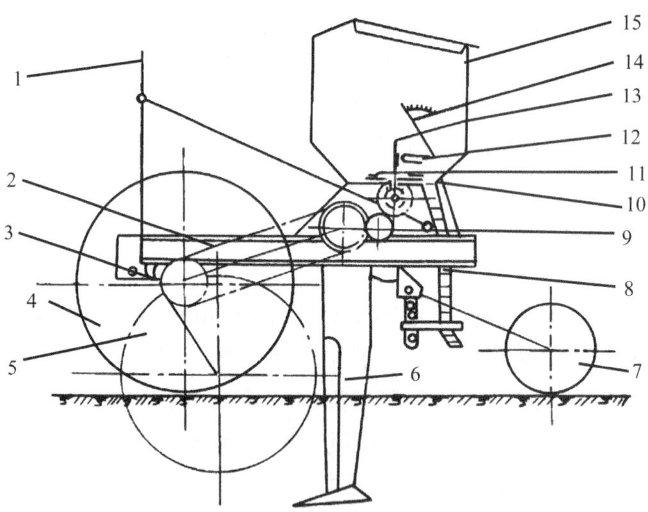

1—悬挂架；2—链条；3—链轮；4—限深轮；5—圆犁刀；6—松土铲；7—镇压器；8—输种管及接头；9—传动齿轮；10—漏斗；11—星轮搅拌器；12，13，14—播种量控制装置；15—种子箱。

图 8-4　松土补播机示意图

铲式松土补播机工作时，首先，圆犁刀切入土壤内，将草根切断。其次，松土铲进行开沟、松土，当土壤尚未完全复原闭合时，排种器将牧草种子播入沟内，土壤继续闭合，将种子覆盖。最后，由镇压器进一步覆土压平。松土铲是松土工作部件，包括锄铲和锄柄两部分。锄铲有凿形铲、鸭掌铲和双翼铲三种。凿形铲宽度较小，双翼铲宽度较大。鸭掌铲和双翼铲应用较多。

通常锄铲在地表下松土，为了减少松土阻力及避免破坏草地植被，一般铲柄厚度较小，且铲柄正面制成刃口状。松土铲入土工作时，在入土深度范围内，土壤在被锄铲向前推动的同时，还被推向两侧。当松土铲过后，形成一葫芦形松土区。松土区内的土壤变得松碎，坚实度变小。

铲式松土补播机一般采用星形轮式、外槽轮式和双橡胶辊式排种器。双橡胶辊式排种器对牧草的适应性较强，对大、小粒种子，带芒、茸毛种子均能工作，且排量稳定性较好。

三、松土施肥补播机

为了减少作业工序，提高劳动效率，降低作业成本，改善作物生长条件，为作物生长提供足够的肥力，目前国内外常将松土、播种和施肥作业工序合并在一起，研制出松土施肥补播机，如 9SB-2 型草地松土施肥补播机。该机主要用于羊草及杂草类退化草地的松土补播和松土施肥作业，可一次完成松土、播种、施肥、覆土和镇压等作业工序。该机松土铲对植被的破坏较小，入土能力强，松土后土壤蓬松。该机采用双橡胶辊式排种器，可满足多种不同尺寸和容重的牧草种子以及粒状肥料的播、施要求，对种子的适应性强，对各种种子的排种能力和排种量的稳定性均能满足农艺要求。

9SB-2 型草地松土补播机主要由松土铲、传动链轮、排种器、开沟器、覆土器、镇压器和机架等组成，如图 8-5 所示。

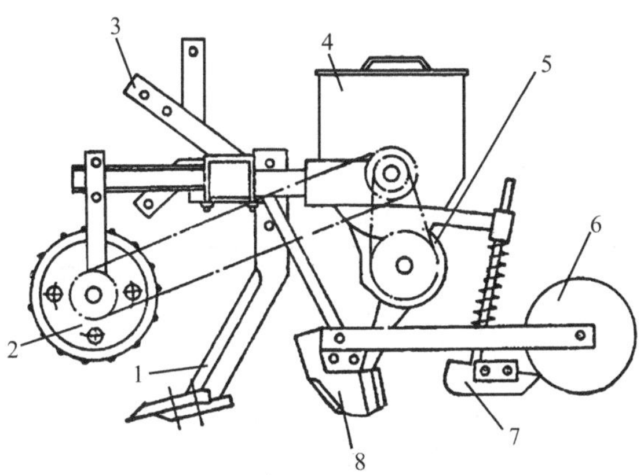

1—松土铲；2—地轮；3—机架；4—排种器；5—传动链轮；6—镇压器；7—覆土器；8—开沟器。

图 8-5　9SB-2 型草地松土补播机示意图

该机排种器的结构如图 8-6 所示，它由搅拌轮、播种量调节板和一对排种橡胶辊等组成。不论何种种子，只要种子箱内种子在搅拌器作用下，经排种口进入两橡胶排种辊与种箱底间的三角区，即可在该排种器两橡胶辊表面摩擦力和种子重力作用下将种子强制排出并经输种管播入种沟内。

作业时，松土铲首先入土并逐渐达到要求的松土深度，同时由地轮经两级链传动将动力分别传给排种轴和搅拌轴。搅拌器将种子拨向排种口，种子进入排种区，在双橡胶辊的作用下，将种子强制排出，经输种管落入开沟器开出的种沟内，然后由覆土器、镇压器进行覆土、镇压。

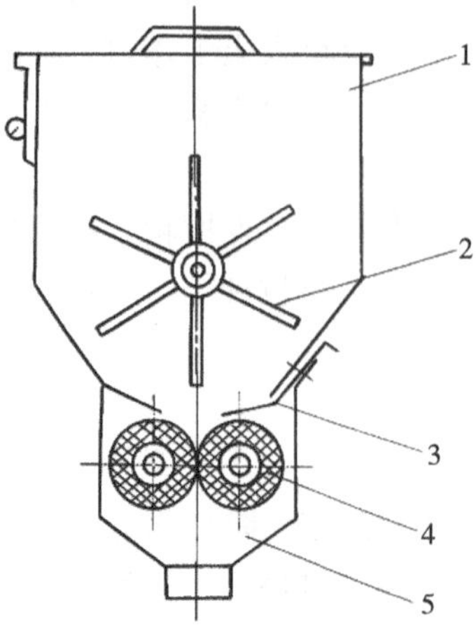

1—种子箱；2—搅拌轮；3—播种量调节板；4—排种橡胶辊；5—排种漏斗。

图 8-6 排种器示意图

- **材料准备**

实训辅助手册、行业规范与技术标准、天然草地牧草播种机说明书、天然草地牧草播种机图纸。

- **工具准备**

现代农业装备实训室、天然草地牧草播种机、工具箱、实训服、手套、毛巾、清洁剂。

- **人员准备**

人员分组，每组 6 人，明确职责分工（表 8-4）。

表 8-4 任务分工

任务角色	任务内容
组长：	任务：
组员 1：	任务：
组员 2：	任务：
组员 3：	任务：
组员 4：	任务：
组员 5：	任务：

任务实施

借助行业规范与技术标准、人工草地牧草种植机械说明书、人工草地牧草种植机械图纸，完成苜蓿免耕播种机的使用与维护。在操作过程正确使用工具箱中的各种工具。

一、苜蓿免耕播种机的参数调整

苜蓿免耕播种机在作业之前，要先进行机具调整，要先与拖拉机挂接后才能进行动力传输。第一步，将传动方轴与拖拉机的输出轴相连，注意调整传动轴两端的夹叉对称一致，这样能避免机具振动。第二步，将拖拉机的悬挂系统与免耕播种机的挂接系统挂接好，插好保险销，确保连接稳固。如果是智能型免耕机，要将各种信号线插头与机具架梁上插座的插孔按照编号对应稳定插接，确保信号通畅传输。全部都挂接好后，起动拖拉机检查动力输出及免耕机运转是否良好。各系统连接没问题，便可以进行下一步细致调整。

1. 双腔排种器的调整

很多播种机都可以一机多用，进行不同作物的播种。如果排种器为双腔，在播种苜蓿时要将插板换插到另一排种腔，此时，确保苜蓿排种腔处于打开状态，另一排种腔关闭。如果用来播种其他作物，比如小麦，则要将插板换插到苜蓿排种腔，确保苜蓿排种腔关闭，此腔打开，作业时根据所播种子的不同，决定打开哪个排种腔。

2. 播种参数调整

苜蓿播种的参数指标要结合地力情况、品种特性及气候条件来综合确定，要先确定播种深度、施肥深度、旋耕深度及秸秆覆盖率等指标，然后再进行免耕播种机的整体调整。免耕播种苜蓿时，种子播种量一般在 30～37.5 kg/hm^2。播种深度也要结合地块决定，水浇地浅一些，深度为 3～5 cm；丘陵旱地要深一些，深度为 4～6 cm。

（1）种肥深度调整

苜蓿种子与化肥之间要保持 6～7 cm 的深度，这样能避免种肥直接接触引起的烧苗情况，可以通过调整开沟器的上下位置完成。开沟器上有固定螺丝，拧松后便可上下移动开沟器，根据预设高度向上或向下移动开沟器，测量最低端与地面的高度差；调整到理想高度后，再将螺丝拧紧，固定好开沟器。镇压轮总成两端有限位螺栓，向上调是加大深度，向下调是减少深度；每调整 1 个孔位，可以改变 2 cm 深度；旋耕深度增加，秸秆覆盖率也相应提高；种肥深度调设好后，可以通过调整镇压轮总成限位螺栓进行旋耕深度、播种深度、施肥深度和提高秸秆覆盖率的调整。

（2）株行距的调整

松开悬架上的螺栓可以左右移动排种器间的距离，调整苜蓿播种的行距，根据双行或单行种植的行距进行合理调整。要根据品种和种植条件确定株距，然后再进行机具调整。株距调整可以通过调换免耕播种机传动链轮实现。出厂播种机镇压轮上一般为 19 齿主动轮，两个 17 齿中间轮；排种器轴上的被动轮一般为 20 齿，预设株距为 20 cm。如果要调整株距，可以更换不同齿数的链轮来达到增加或减小株距的目的。不同生产厂家的机具参数有所差异，传动链轮齿数不尽相同，但原理基本相通，调整时可参阅说明书进行。

（3）排种器调整

排种器是播种机最重要的系统，由种子盒、取种机构、推送机构、刮种机构、投放机构、护种机构和清种机构等组成。运行时，从种子箱取种后经一系列推送，最后由投放装置投放到地下。排种器有窝槽轮式排种器、气吸式排种器、指夹式排种器等不同种类。窝槽轮式排种器结构简单，易拆装维护，但排种器窝槽固定，如果种子大小不一，易出现伤种情况；气吸式排种器运行时通过风机产生气压吸种，对播种机的密封性要求较高，大型农场应用较多，农村应用较少；指夹式排种器则在农村较常见，综合了以上两种排种器的优点，能避免对种子伤害，也不需要风机配套，相对结构简单，播种效率也高，其主要由指夹盘、排种盘、刮种刷、种子运输装置组成，排种器工作时由弹簧控制指夹压盖压力，如同人的手指一样按压住苜蓿种子，避免压力过大破坏种皮。

窝槽轮式苜蓿排种器的调整。拧松手柄轮上的固定螺栓，根据种子大小，旋转手柄使粗槽轮进入排种器壳内。窝槽进入壳内的长度以种长的 1.5 倍为宜。播种量可以先试验一下，再根据需要进行调节。

指夹式排种器调整。一是毛刷的调整，试播时如果双粒率高，要调小毛刷与指夹的距离；如果空穴率高，则要调大毛刷与指夹的距离，可以用专用扳手插入调整孔内，逆时针为调大毛刷与指夹间的距离，顺时针为调小。二是排种器离合的调整，离合器在排种器传动链轮外侧，通过驱动爪传输动力，将驱动爪扳至 90° 自行锁定，便可分离；作业时要用手转动驱动轮，确认排种器结合稳固，有动力传输方可作业。

3. 排肥量的调整

排肥量是通过手轮（拉杆）进行调节的。手轮与变速箱连接，手轮位置改变会改变变速箱中两个滑移齿轮位置，再加上链轮的位置更换，排肥轴就有多种转速。齿数不同的齿轮相互形成多种组合，可以精确控制排肥量。拧松调节手轮的固定螺栓，标尺上有不同的数字标示，外端面与标尺相交处的数字便是排肥量，通常都是以千克（kg）为标准单位。可以先在空地进行播肥试验，铺上塑料布，平稳运行机具一定距离，算出每米下肥量，便可计算出亩排肥量，确定数据后，将固定螺栓对准轴上键槽拧紧，固定手轮（拉杆）即可。

二、苜蓿免耕播种机的操作

1. 机具作业前的准备

作业之前，要先对机具仔细检查，检查连接件的稳固可靠，各固件是否有松动情况，转动是否灵活，如果发现松动或转动不畅的情况，要及时进行加固或进行注油润滑。免耕播种机与拖拉机悬挂连接后，要调整前后左右的高度一致，仔细检查刀片、刀轴及轴辊等部件的质量，发现问题及时进行维修或更换。免耕机与拖拉机连接后，要先将机具提升至离地面 20～30 cm，检查没有问题后再慢慢输入动力，先进行低速运转，再加速进行空转。如果出现震动、摩擦、碰撞等异常情况，要立即切断动力，停车进行检查。待故障排除后，再起动运转 5～10 min，如无问题，方可进行正常生产作业。

2. 机具作业

机具空转和作业时，前后都禁止站人，以免发生事故。进入田地作业时，要先空载低速起动，转速由低到高，达到额定值后再开始正式作业，切勿突然高速接合，避免造成瞬间机具负荷过大，损坏输出轴和花键套。

作业时速度要合理，尽量保持匀速行进。速度过慢则效率低，浪费时间和燃油；

速度过快，会引起机具起伏震动，导致播种深度不够、土壤覆盖不均匀、易缺苗断垄。免耕播种地表多被秸秆覆盖，机具侧板内壁上很容易被秸秆缠绕，要及时停机进行清理，以减轻负荷和降低刀片的磨损程度，切勿在机具运行时进行清理，以免造成伤害。田间地头由于播种机转弯调头，会导致土壤较硬，影响出苗，所以地头播种时要低挡运行，做到紧旋慢播，而转弯时，要升高机具，严禁负载情况下转弯或倒车，以免导致机具损坏。

播种作业时，要随时对播种、投肥情况进行监控，确保作业质量，发现机具有异常声响，要立即停车进行故障检查并排除，随时关注链条的紧张程度，保持合理的张弛度，避免掉链影响播种。播种时，地头要留出机组足够的回旋距离；转移播种机时，要停止刀轴转动，并提升机具后再移动。现在的拖拉机悬挂机构大多是分置式液压悬挂，要注意分配器手柄的位置，有“浮动”“压降”“中立”“提升”挡位。作业时手柄置于“浮动”位置；降下机具时不要使用“压降”挡；下降或提升时，手柄回归“浮动”或“提升”挡要快速，不要停留在“压降”或“中立”挡。

播种作业时，要经常检查排种轮两端的固定卡，及时拧紧螺丝，避免松动。种箱、肥箱不要空箱，存种、存肥要保持在 1/3 以上，及时发现故障并排除。随时检查肥管和种管是否畅通，经常清理残留物，保证种肥排放质量。

三、苜蓿免耕播种机的保养

1. 开沟器的维护保养

作业前，检查变速箱内润滑油的油量，并向回转机构、支撑链轮的油嘴注满润滑油，确保传动链的润滑良好，转动灵活；要及时清除各组件上的泥垢、油垢，检查部件有无松动或脱落情况，并给各转动链涂抹润滑油；如果长期停用的话，要卸下传动带悬挂保存，用防锈油涂刷部件掉漆部位，防止生锈，将传动链浸油连同各部件置于干燥处保存，做好防潮工作。

2. 排种器的保养

排种器是免耕播种机的重要部件，作业负荷大、易磨损，每完成一个作业班次，要对排种器中的杂物进行清理；检查排种器的工作状况，发现故障，及时排除；对转动部件做好润滑，保障转动灵活，减少磨损；对于肥箱的保养，也要及时清理杂物和结块的肥料，排肥轴转动如不灵活要及时润滑，同时也要做好链条传动部件以及牵引架上各运转部件的润滑，保证运转正常。

3. 破茬圆盘刀的保养

破茬圆盘直接与土壤接触，机具行进时，圆盘刀容易粘泥土和杂物，负荷较大，磨损也较严重。如果转动不灵活，易导致破茬不力，影响播种质量。因此，要及时清除圆盘上的泥土和杂物；对转动部件做好充分润滑，保证运转正常；经常检查固定螺母、紧固螺钉、键销是否松动或磨损，及时拧紧，如有异常，及时更换。

4. 镇压器的保养

不同地块的秸秆覆盖情况不同，作物根茬高度也不一致。免耕播种机在作业时，对镇压器的反作用情况复杂，要做好镇压器的保养，定期检查轮胎气压，防止地轮打滑。作业时，要定期检查部件间隙及传动链条的紧张度，出现问题及时停机维修。镇压器保持良好的工作状态，才能有良好的仿行效果；播种仿形轮、镇压器等滚动部件运转自如，才能压实松散土壤，达到良好的保墒效果。

5. 电子监控装置的保养

播种机的电子监控设备，可以随时获取排种排肥情况，避免漏播断肥，同时也可以统计下种粒数，为播种提供数据参考。对于电子监控设备也要做好保养，要定期检查监测传感器的工作状态，如有损坏，及时更换。播种机长期不用时，要一起卸下监控器及播种导种管，置于单独干燥环境保存，避免线路老化，插头要做好密封，防止氧化生锈。

四、苜蓿免耕播种机的常见故障与排除

1. 作业时传动轴倾斜

此情况可能是机具左右不平所引起，将机具左右调平便可排除此故障。另外，拖拉机单边拉链过紧也会导致此故障，排除措施是调整两边的拉链，使其一致。

2. 负荷超重

发现播种机负荷增加，一方面可能是刀辊缠上大量杂草，及时加以清除，便可减轻负荷。另一方面可能是刀辊入土过深也可能导致负荷加大，调整减少刀辊入土深度便可。

3. 传动轴十字节损坏有异响

检查传动轴是否装错，如装错及时重装便可；检查传动轴润滑情况，缺油时，及时加注；提升过高也可能产生异响，在转弯时要限制提升高度或停止转动；播种机入土时过猛，也会导致十字节损坏，要注意缓慢降落。

4. 刀轴转动不灵活

检查齿轮和轴承，如有损坏及时更换；检查刀轴，发生变形要及时校正，若无法校正要更换新刀轴。

5. 旋耕刀变形或折断

可能是与硬物相撞所致，及时更换刀片，做好田间石块砖头清理；也可能是转弯时机具未完全离开地面，强力作用导致，作业时，要注意升起机具后再转弯；另外，作业时过快降落机具，使刀片猛降在硬地上也会导致变形，作业时要注意缓降机具。

6. 变速箱有杂音

检查变速箱齿轮和轴承，如果两锥齿轮间隙过大或过小，要进行间隙调整，如果齿轮或轴承有损坏，要及时换新。

任务检测

请扫描二维码答题。

项目八任务二
任务检测

任务评价

根据学生对天然草地牧草播种机学习了解的认真程度及任务报告的完成情况进行

考核评价（表 8-5）。

表 8-5　天然草地牧草播种机考核评价细则

<table>
<tr><td colspan="2">姓名：</td><td colspan="2">班级：</td><td colspan="2">组别：</td><td rowspan="3">教师
签字：</td></tr>
<tr><td colspan="2">自评：
□合格　□不合格</td><td colspan="2">互评：
□合格　□不合格</td><td colspan="2">师评：
□合格　□不合格</td></tr>
<tr><td colspan="2">日期：</td><td colspan="2">日期：</td><td colspan="2">日期：</td></tr>
<tr><td colspan="7">考核评分细则</td></tr>
<tr><td>序号</td><td>考核项目</td><td>考核标准</td><td>考核方式</td><td>分值</td><td>评分要求</td><td>得分</td></tr>
<tr><td>1</td><td>苜蓿免耕播种机的工作原理</td><td>□苜蓿免耕播种机的工作原理</td><td>现场考核、问答考核</td><td>10</td><td>未完成扣 10 分</td><td></td></tr>
<tr><td>2</td><td>苜蓿免耕播种机的参数调整</td><td>□双腔排种器的调整
□播种参数调整
□排肥量的调整</td><td>现场考核、问答考核</td><td>15</td><td>未完成一项扣 5 分</td><td></td></tr>
<tr><td>3</td><td>苜蓿免耕播种机的操作规程</td><td>□机具作业前的准备
□机具作业
□存放于干燥的库房</td><td>现场考核、问答考核</td><td>15</td><td>未完成一项扣 5 分</td><td></td></tr>
<tr><td>4</td><td>苜蓿免耕播种机的保养要点</td><td>□开沟器的维护保养
□排种器的保养
□破茬圆盘刀的保养
□镇压器的保养
□电子监控装置的保养</td><td>现场考核、问答考核</td><td>15</td><td>未完成一项扣 3 分</td><td></td></tr>
<tr><td>5</td><td>苜蓿免耕播种机的常见故障与排除</td><td>□作业时传动轴倾斜
□负荷超重
□传动轴十字节损坏有异响
□刀轴转动不灵活
□旋耕刀变形或折断
□变速箱有杂音</td><td>现场考核、问答考核</td><td>15</td><td>根据情况酌情扣分</td><td></td></tr>
<tr><td>6</td><td>任务报告</td><td>□完成认真，内容正确
□绘制的形态图特征明显
□各部位标注正确</td><td>评阅考核</td><td>20</td><td>根据情况酌情扣分</td><td></td></tr>
<tr><td>7</td><td>学习态度</td><td>□具有团队协作精神
□具备科学严谨的态度
□观察认真，发言积极
□遵纪守时，爱护公物</td><td>自评、互评和师评相结合</td><td>10</td><td>根据情况酌情扣分</td><td></td></tr>
<tr><td colspan="4">合计</td><td>100</td><td></td><td></td></tr>
<tr><td colspan="2">自我评价与总结</td><td colspan="5"></td></tr>
<tr><td colspan="2">教师点评</td><td colspan="5"></td></tr>
</table>

项目九　牧草收获机械

项目导读

牧草机械化收获是指利用机械设备对牧草进行收割（调制）、搂集、捡拾、打捆成形、堆垛等制备各种形式的青干草产品的作业过程。它是草业生产机械化的重要技术支撑。为确保牧草收获的质量和产量，应在遵循一定农业技术要求的前提下，依据各地区实际情况和牧草用途选择适合的收获方法和收获机械。本项目主要介绍割草机、搂草机、牧草压捆机的基础知识和技术技能，要求学生能够掌握割草机、搂草机、牧草压捆机的主要结构和工作过程，并根据实际农业技术要求和收获工艺方法选择合适的收获机械。

知识目标

①熟悉牧草机械化收获的农业技术要求和工艺方法。

②掌握割草机的农业技术要求，掌握往复式割草机、旋转式割草机的结构和工作过程。

③掌握搂草机的用途、分类和技术要求，掌握横向搂草机、侧向搂草机的结构和工作过程。

④熟悉牧草压捆机的用途、分类和技术要求，掌握方草捆捡拾压捆机、圆草捆打捆机的结构和工作过程。

⑤熟悉割草机、搂草机、牧草压捆机的使用方法。

技能目标

①根据牧草的用途，选择合适的农业技术要求和收获工艺方法。

②根据实际情况，选择合适的割草机，并能对割草机进行安装、使用。

③根据实际情况，选择合适的搂草机，并能对搂草机进行安装、使用。

④根据实际情况，选择合适的牧草压捆机，并能对牧草压捆机进行安装、使用。

⑤能够对割草机、搂草机、牧草压捆机出现的简单故障进行维修。

素质目标

①树立安全意识。熟知工作安全常识，以保障个人人身安全。

②提升自我管理能力。遵守工作纪律，能恰当有效地利用时间，按时完成各项任务。

③提升团队合作能力。能认知自己在团队中的角色，主动承担工作任务，尊重他人的意见，遵从集体决策，遵守各种行为规范和操作规范。

④提升独立思考能力。能积极学习知识，领悟所学内容，独立思考，梳理知识，建立自己可靠的知识基础，活学活用解决新的问题。

⑤提升交流沟通能力。能主动与小组成员、同学、老师、陌生人接触，通过聆听、交谈、交流等方式获取信息，有效地进行交流沟通。

⑥树立严谨求实的工作态度。能够严格按规范、标准一丝不苟地完成每一项检查工作。

思政目标

①懂农牧业、爱农牧民，做农牧人、干农牧事，增强投身“三农”的自豪感。

②教育学生要全面了解当下牧草收获机械的发展状况，使学生树立远大的目标。

任务一　割草机

任务导入

牧草干贮式收获过程中，需对牧草进行切割，因此割草机必不可少。农民王叔叔种植了几十公顷的牧草，现收割时间已到，需要切割牧草并将其有序铺放在田间。请帮助王叔叔选择合适的机械收获的技术和方法，以及合适的割草机切割牧草。

任务工单

班级:____________　　姓名:____________　　学号:____________

任务名称	割草机
任务描述	根据实际情况，填写本任务的内容、目的、流程和方法。 任务内容:______________________________ ______________________________________。 任务目的:______________________________ ______________________________________。 任务流程:______________________________ ______________________________________。 任务方法:______________________________ ______________________________________。

（续表）

<table>
<tr><td rowspan="5">获取信息</td><td colspan="4">要完成任务，需要掌握相关的知识。请收集资料，回答以下问题。
1. 割草机的类型和技术要求是什么？

2. 阐述往复式割草机的类型、结构和工作过程。

3. 描述旋转式割草机的类型、结构和工作过程。

4. 旋转式割草机的主要技术性能有哪些？

5. 阐述割草压扁集条机的形式主要有几种？</td></tr>
<tr><td>制订计划</td><td colspan="4"></td></tr>
<tr><td rowspan="6">任务实施</td><td colspan="4">按照预先制订的工作计划，完成本任务，并记录任务实施过程。</td></tr>
<tr><td>序号</td><td>完成的任务</td><td>遇到的问题</td><td>解决办法</td></tr>
<tr><td></td><td></td><td></td><td></td></tr>
<tr><td></td><td></td><td></td><td></td></tr>
<tr><td></td><td></td><td></td><td></td></tr>
<tr><td></td><td></td><td></td><td></td></tr>
</table>

任务准备

- **知识准备**

一、割草机类型及技术要求

1. 割草机类型

①按动力连接方式不同，可分为牵引式、悬挂式、半悬挂式和自走式。

②按切割原理不同，可分为往复切割器式和旋转切割器式。

③按用途不同，分为普通割草机和割草调制集条机。

2. 割草技术要求

①在不影响牧草生长的前提下，应尽量低割，以提高牧草产量。一般割茬高度为4～7 cm。由于牧草种类和收获期不同，所要求的割茬高度也不同，故割茬高度应可调整。切割器工作时应具有适应多种地形和地面变化的性能，以实现低割。

②由于在割草时牧草还处于青绿未成熟状态，牧草稠密、多汁又需低割，所以，要求切割速度较高。往复式割草机的切割速度为 1.6～2.0 m/s，旋转式割草机的切割速度为 60～90 m/s。

③切割器应能迅速提升，以便越过障碍物，避免损坏割刀。

④割后牧草在草茬上应铺放均匀，便于干燥。尽量减少机器对牧草的翻动、打击，不许碾压已割和未割牧草。

二、往复式割草机

往复式割草机适于收获天然牧草和种植牧草。它割茬低而均匀，铺放整齐，牧草损失少，功耗低，价格低，使用调整方便。但当收获高产或湿润牧草时，易出现堵刀现象；高速作业时，由于曲柄转速增加使割刀惯性力增加，引起机器振动加剧，容易造成机件的损坏和磨损，故限制了生产率的提高。往复式割草机一直在不断改进和完善，目前仍在广泛使用。

小学士

大型割草机

小学士

荷兰机械化收割牧草

往复式割草机按切割器数量可分为单刀、双刀和三刀割草机。按与拖拉机的连接方式可分为牵引式和悬挂式。

1. 牵引式割草机

现以 9GJ-2.1 型单刀割草机为例介绍其结构及主要工作部件。该机适合收获产草量不高的天然牧草和种植牧草，配套动力为 11～22 kW 轮式拖拉机。该机工作时可同时连接 1～3 台，灵活性较高，挂接方便，并能较好地适应地形。它主要由机架、切割器、传动机构、起落机构、倾斜调整机构、牵引装置等组成，如图 9-1 所示。

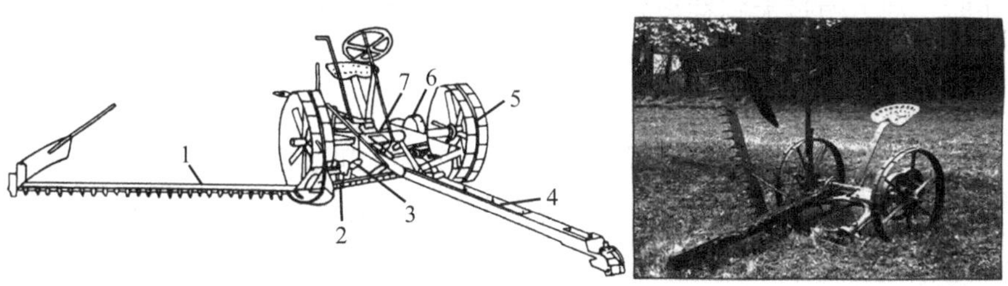

1—切割器；2—倾斜调整机构；3—起落机构；4—牵引装置；5—行走轮；6—传动机构；7—机架。

图 9-1　9GJ-2.1 型割草机

割草机工作时，地轮驱动传动机构，带动曲柄连杆机构，使割刀做往复运动，切割牧草，并将割后的牧草均匀地铺放在草茬上。

（1）切割器

切割器由割刀组件、刀梁组件、挡草板组件等组成，如图 9-2 所示。

割刀组件由刀杆、铆在刀杆上的动刀片和刀头组成。刀头与木连杆球铰接，割刀由连杆带动做往复运动。在护刃器梁上固定有护刃器、压刃器和摩擦片。护刃器上铆有定刀片。切割器两端支承在内、外滑掌上贴地面滑行，以适应地形起伏，保证低割。

滑掌下面安有可拆卸的调节板，以调整割茬高度。外滑掌上有挡草板，将割下的牧草向左推移，以免下一次割草时割草机右轮碾压已割牧草。内滑掌上面装有挡草杆，用来把割下的牧草推向切割器内，防止堵塞导槽和缠绕刀头，影响切割。整个切割器通过它的内滑掌与挂刀架铰接，而挂刀架又借助于前后拉杆所形成的可动机架与机架铰接。这样，切割器可绕挂刀架转动，并随可动机架绕主机架转动，以满足其升降及适应地形的要求。

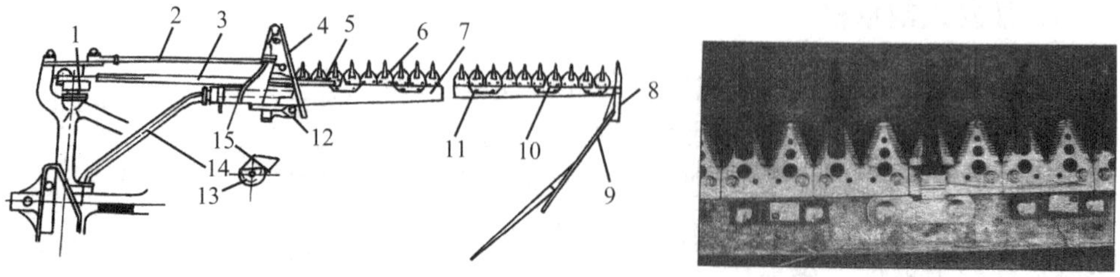

1—曲柄盘；2—前拉杆；3—连杆；4—挡草杆；5—刀头；6—刀片；7—刀梁；8—外滑掌；9—挡草板；10—压刃器；11—摩擦片；12—内滑掌；13—偏心套；14—后拉杆；15—挂刀架。

图 9-2　切割器

（2）传动机构

传动机构把行走轮的动力传给割刀，由行走轮、棘轮装置、传动齿轮、爪式离合器和曲柄连杆等组成。

割刀由行走轮驱动。行走轮表面铸有高 10～15 mm 的纵横凸起，以防止地轮打滑和侧移。在行走轮与轴之间设有棘轮式单向离合器。行走轮向前滚动时，棘齿顶住卡爪，轮轴随之旋转；行走轮倒退时，棘齿滑过卡爪，轮轴停止转动；转弯时棘齿起差速作用。

工作时，动力通过大圆柱齿轮、小圆柱齿轮、曲柄和连杆带动割刀运动；割刀动力的接合和分离由爪式离合器控制。

（3）起落机构

当割草机工作中遇到障碍物或在坡地上工作时，起落机构可将切割器置于不同高度和位置。转移地块或长途运输时，起落机构可使切割器升到运输位置。

（4）倾斜调整机构

倾斜调整机构（图 9-3）由调节手杆、扇形齿板、调节杆、挂刀架等组成。其功用是调节切割器相对于地面的倾斜角。地面平坦时，切割器呈水平或下倾，以利于低割；地面不平时，切割器上仰，以避免护刃器尖插入土中。倾斜角的调节范围：上仰角 15°，下倾角 5°～10°。

2. 悬挂式割草机

割草机通过悬挂装置连接在拖拉机上，液压系统控制升降，拖拉机动力输出轴驱动切割器。它比牵引式割草机结构简单，金属用量少，操纵机动灵活，生产率高。

常见的有单刀悬挂和三刀悬挂两种，单刀悬挂割草机又分为前悬挂、侧悬挂和后悬挂三种。

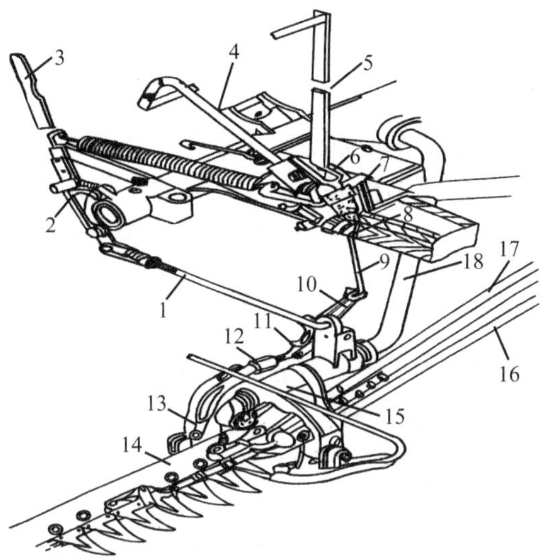

1—调节杆；2—扇形齿板；3—倾斜调节手杆；4—踏杆；5—手杆；6—齿板；7—钩杆；
8—大摇臂；9—双头钩杆；10—小摇臂；11—拉板；12—调节拉杆；13—弯杆；
14—切割器；15—挂刀架；16—前拉杆；17—连杆；18—后拉杆。

图 9-3　起落及倾斜调整机构

前悬挂割草机的切割器悬挂在拖拉机的前面，机组宽度小、通过性能好，便于观察机器工作状况，但传动系统比较复杂，故应用较少。

侧悬挂式割草机切割器悬挂在拖拉机的侧面，便于观察。后悬挂式割草机的切割器悬挂在拖拉机的右后方，挂接方便、传动结构较紧凑、便于操纵，但机器的工作情况不便观察。

现以 FA372A 型单刀后悬挂式割草机（图 9-4）为例，介绍其结构，它由悬挂架、传动机构、切割器和升降机构等组成。

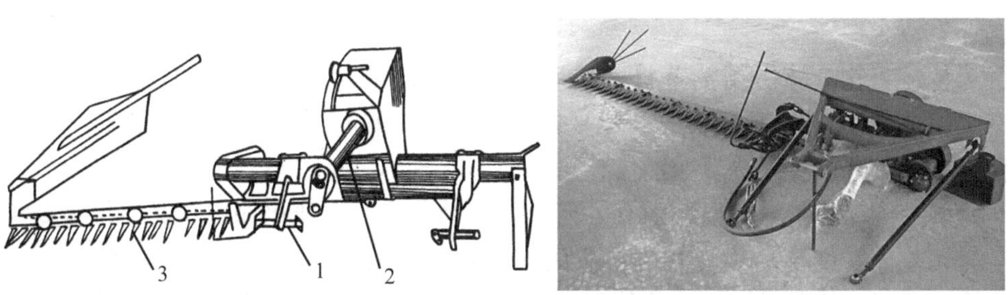

1—悬挂架；2—传动机构；3—切割器。

图 9-4　单刀后悬挂式割草机

悬挂架用来安装传动机构和切割器，并以三点与拖拉机的悬挂系统铰接。传动机构的万向节传动轴、三角皮带轮、曲柄盘和连杆驱动割刀一起做往复运动。割刀的运动或停止由拖拉机动力输出轴的接合或分离来控制。当切割器工作过载时，皮带打滑，以保证零件不受损坏。

该机的切割器与牵引式割草机相同，通过前后拉杆铰接在悬挂机架上，以适应地形的要求，适于收获各种天然牧草和人工种植牧草。

三、旋转式割草机

旋转式割草机是以无支承切割原理进行工作的，切割器刀片安装在刀盘上，并随刀盘一起旋转进行割草。优点是结构紧凑、工作可靠、使用调整方便、不需惯性力平衡，不堵刀，机器工作速度可达 10～18 km/h。适于收割高产、茂密、湿度较大的天然牧草和种植牧草，并对倒伏严重牧草也有较好适应性。缺点是功率消耗大，割茬不整齐，碎草多。

旋转式割草机按其传动方式不同，可分为上传动和下传动两种；按切割器的结构不同，可分为滚筒式和圆盘旋转式两种。

1. 旋转式割草机的类型及其组成

（1）上传动式割草机

上传动式割草机主要由机架、传动机构、切割器、提升仿形机构等部分组成（图 9-5）。割草机通过机架三点悬挂在拖拉机上。切割器由拖拉机动力输出轴驱动，相邻切割器反向高速旋转切割牧草，并使割后牧草在两切割器中间形成整齐而疏松的草铺。

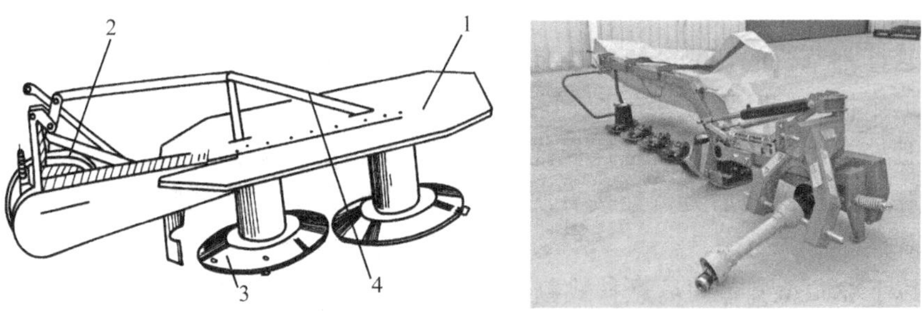

1—机架；2—传动机构；3—切割器；4—提升仿形机构。

图 9-5 上传式割草机

①传动机构。该类型割草机多采用齿轮和皮带传动。9GX-2.0 型旋转式割草机采用三个锥齿轮传动获得两个方向相反的旋转运动，再通过三角皮带传动四个切割器。此种传动方式不需要制造复杂的齿轮箱，但不够紧凑，且三角皮带易疲劳失效。

典型上传动式割草机可用图 9-6 所示的传动方式，实现相邻切割器的相对旋转。

②切割器。上传动旋转式割草机的切割器常采用滚筒式，如图 9-6 所示，它主要由滚筒、刀杆、仿形滑板、刀片等组成。9GX-2.0 型旋转式割草机采用此种切割器。

滚筒用于收集和条放牧草，有圆柱和圆锥两种。圆柱滚筒由两半圆筒相对铆合而成，对铆处通常留有 10～15 mm 的凸缘，借以加大滚筒直径，以利于推送牧草。圆锥滚筒底部大、上部小，以增加底部线速度。滚筒的高度取决于牧草的高度，二者之比可取 1∶3 的关系。一般滚筒直草在输送过程中被滚筒升起向后输送，避免牧草前倾被二次切割。

③刀片。刀片多数加工成矩形、梯形和曲线形，端部具有刀刃。为使刀片在高速工作时遇到障碍不致损坏，旋转式割草机的刀片多采用铰接安装，以保证刀片遇到障

碍物时向后倾斜。工作时，刀片靠离心力作用保证处于工作位置。为更换刀片方便，大都采用快卸结构。

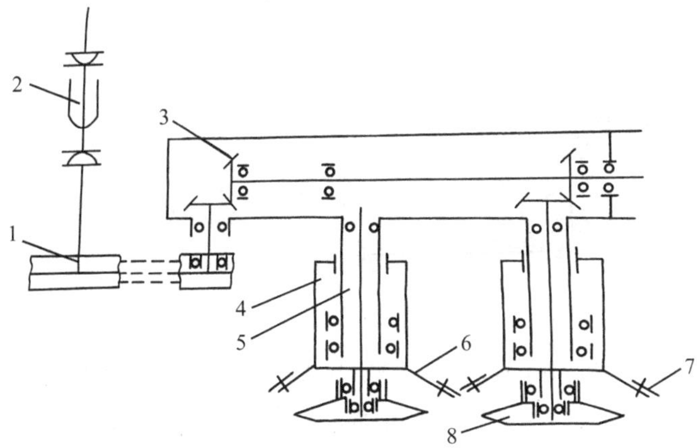

1—皮带轮；2—万向节轴；3—锥齿轮；4—滚筒；5—圆盘毂；6—刀杆；7—刀片；8—滑盘。

图 9-6　上传动式割草机传动示意图

（2）下传动式割草机

下传动式割草机由传动机构、割台、切割器、牵引安全离合器等组成。工作时切割器相对旋转，使割后牧草迅速通过刀梁并形成草铺。9GZX-1.7 型旋转式割草机属于此类型（图 9-7）。

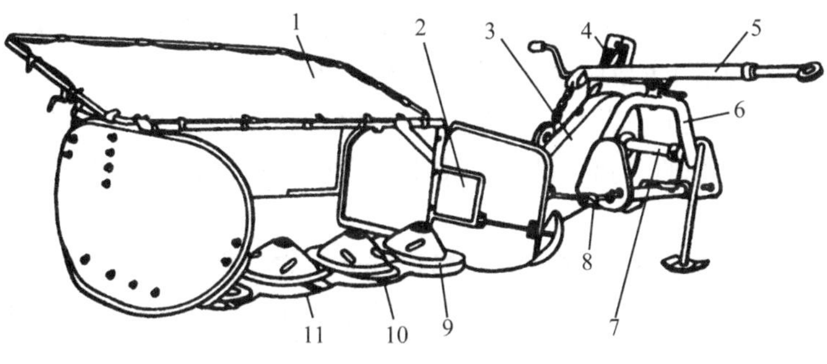

1—护罩；2—变速箱；3—皮带传动；4—蜗轮蜗杆传动装置；5—上拉杆；6—悬挂架；7—万向节轴；8—安全器；9—刀盘；10—刀片；11—箱式刀梁。

图 9-7　下传动式割草机

①传动机构。下传动式割草机的传动机构都设在切割器下面的封闭式传动箱内，一般有锥齿轮和圆柱齿轮两种。

9GZX-1.7 型旋转式割草机和德国威利格乐 SM4 旋转式割草机都采用圆锥齿轮传动，如图 9-8 所示。变速箱固定在割台内侧壁上，设一对锥齿轮和三个圆柱斜齿轮，用以增速和改变动力传动方向。

驱动刀盘的四对锥齿轮均装在箱式刀梁内。四个主动齿轮固定在刀盘立轴下端。当机器工作时，动力经万向节轴、皮带、变速箱、刀梁内的锥齿轮带动四个刀盘成对反向旋转。

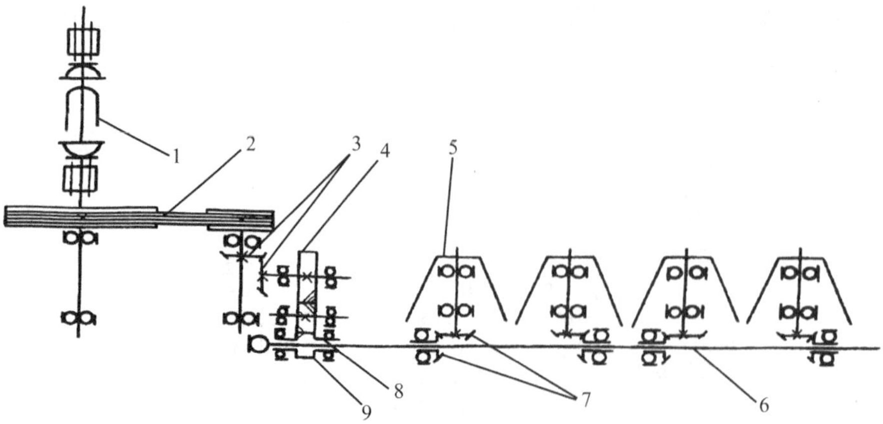

1—万向节轴；2—皮带传动装置；3，7—锥齿轮；4，8，9—圆柱斜齿轮；5—导草罩；6—六角轴。

图 9-8 下传动式割草机传动机构

②割台。割台由箱式刀梁、左右侧壁、前后护架、刀盘总成等组成。割台两端固定着滑掌，用于仿形和调整割茬高度。

③切割器。切割器多为圆盘旋转式，主要由刀片、刀盘、刀盘夹持器、导草罩、防尘罩等组成。刀盘轴通过轴承安装在锥齿轮座内，上面固定着刀盘座和导草罩，下端固定着大锥齿轮。刀盘、刀盘夹持器、防尘罩均固定在刀盘座上，并随刀盘轴一起旋转。刀盘用薄钢板冲压成倾斜的螺旋形，螺旋角一般为 3°～5°。刀片通过刀片夹持器铰接在刀盘上，当刀盘旋转时，刀片在离心力作用下，使其稳定在工作位置进行切割。当刀片遇到障碍物时，刀片可以避开，免于损坏。刀片两侧均有切刃，当一侧刀刃磨损后，将左右刀盘上的刀片换装可以继续使用。

导草罩固定在刀盘上，其使割后牧草迅速沿刀盘螺旋面上升，同时向后输送，以免重割或塞刀。在外侧的刀盘上装有圆锥形分草轮，可以强制把割后牧草与未割牧草分开。

④牵引安全离合器。上述割草机大都装有牵引安全离合器，当障碍物的阻力超过一定限度时，离合器脱开，切割器可整个向后摆动而不被损坏，且越障后易于恢复正常工作状态。

由于切割器高速旋转，使周围空气产生涡流，造成未割牧草倾斜，导致割茬高度增加，可能产生二次切割，增加功率消耗，所以为了避免这种情况，将切割器向前倾斜一个角度。

下传动旋转式割草机，由于刀梁重且转速高，限制了割幅的增加。

2. 旋转式割草机主要技术性能

（1）切割速度

旋转式切割器刀片一般铰接在高速旋转的刀盘上，并随刀盘一起旋转。切割器工作时刀片的运动是由旋转运动和前进运动合成的（图 9-9）。

最低切割速度只有大于一定值才能保证良好的切割质量。切割速度一般为 60～90 m/s。

（2）机器前进速度

旋转式切割器工作时，刀片任一点走过的轨迹都为余摆线，因此刀刃扫过的面积为两个平行余摆线所封闭的面积［图 9-9（b）］。下一个相邻刀刃扫过的面积又由下两个平行余摆线封闭。这两个刀刃通过的面积交叉区为重割区（阴影区）。第二刀片在重割区内只是空行，因为该区作物已被前一刀片切割。在两刀片切割区之间的面积为漏割区，该区内的作物全部漏割。为了不产生漏割和尽量减少重割，最好是 B 点与 A 点相重合，即 $BD=AD$。

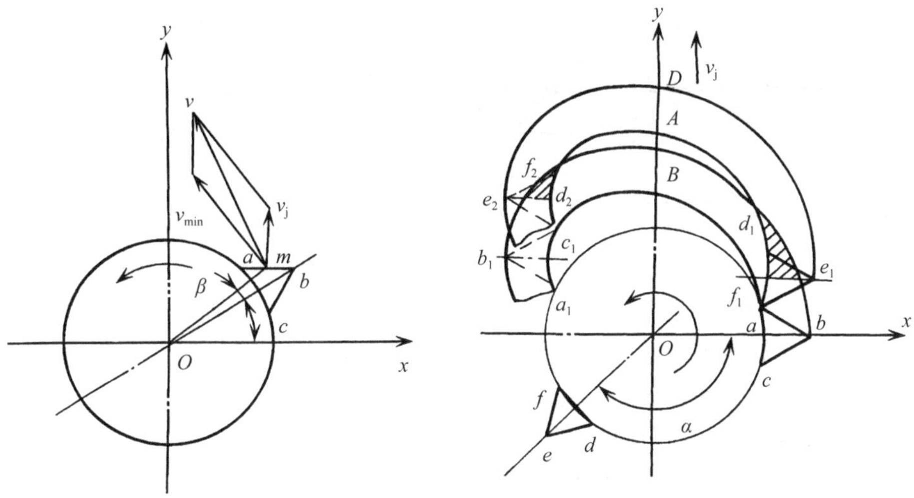

（a）刀片稳定在径向位置时，刀线上任一点的切割速度　　（b）机器前进时，刀片任意一点的轨迹

v_{min}—旋转式刀片自身线速度；v_j—拖拉机的前进速度；v—旋转式刀片的切割速度。

图 9-9　旋转式切割器运动分析

四、割草调制集条机

为了加速牧草干燥，通常在割下牧草后随即进行压扁、弯折，或冲击和梳刷，以促进茎秆内部水分蒸发，使牧草迅速干燥均匀，减少收获损失。这些调制机多与割草机配合使用。

牧草适时收获后，自然风干晾晒需要时间长，生产率低，影响干草质量。据美国田间测量，田间风干晾晒的牧草，养分损失达 23%～54%。因此从 1965 年开始发展了一种割草压扁集条联合调制技术。它可以同时完成割草、压扁、集条三项工序，生产率高，并且由于压扁后干燥迅速，干燥时间可缩短 50%，从而能使养分损失大为减少。在国外牧草收获中，普遍采用收草调制技术。目前使用的割草压扁集条机的形式很多，主要有以下几种类型。

1. 自走式割草压扁机

现以美国 John Deere 自走式割草压扁机为例进行说明。该机在割草时，利用压扁器将牧草茎秆挤压成波形，然后均匀铺放在割茬上，形成蓬松草条，便于通风干燥。该设备可与捡拾压捆机或捡拾集垛机等牧草收获机械配套使用。

自走式割草压扁机由收割台（包括拨禾轮、切割器、输送器）、压扁器（压辊）、发动机、膨松板等组成（图 9-10）。工作时，牧草在拨禾轮引导、扶持下，被切割器切割，铺放在割台上，由输送器将作物输送到中间窗口，由窗口落下的牧草经压辊捡拾碾折调制后均匀地条放在割茬上。

1—拨禾轮；2—切割器；3—输送器；4—压辊；5—发动机；6—膨松板。

图 9-10　自走式割草压扁机

2. 旋转式割草压扁机

一般用于收获高产牧草或在较小草场作业，如图 9-11 所示。牧草由切割器割倒，由对辊式压扁器压扁和弯折，通过集条板形成草条，铺放在割茬上。

3. 两次压扁的切割压扁机

将割下的牧草，用两对压辊连续进行压扁、弯折（图 9-12）。第一对压辊为带槽的弯折辊，第二对为光滑压辊，后者的切线速度比前者高 10% 左右。由于它夹持并抽拉牧草使之强行通过压辊，刮擦茎秆表面的蜡质层，所以提高了干燥速度和牧草的消化率，但田间损失较大。

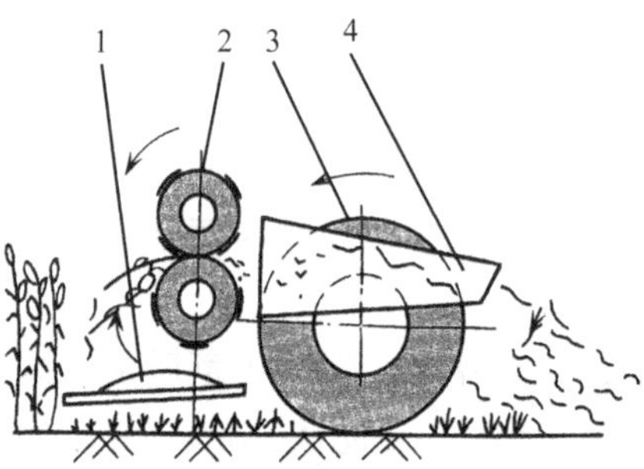

1—圆盘切割器；2—压棍；3—行走轮；4—膨松板。

图 9-11　旋转式割草压扁机

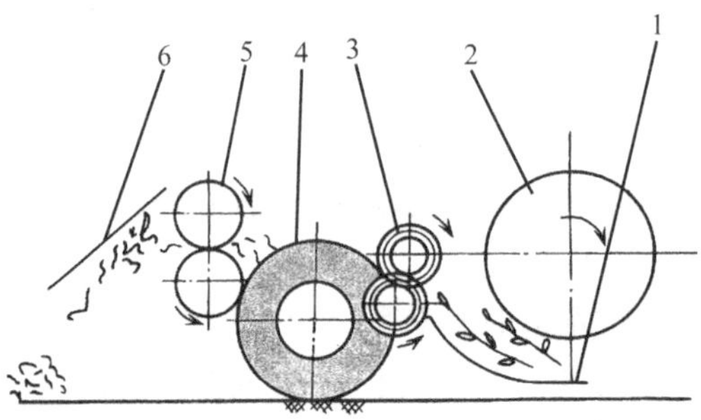

1—往复式切割器；2—拨禾轮；3—第一对压辊；4—行走轮；5—第二对压辊；6—膨松板。

图 9-12　两次压扁的切割压扁机

4. 旋转式割草调制机

为适应多雨、潮湿地区牧草调制的需要，20 世纪 70 年代中期，西欧一些国家研制出了旋转式割草调制机。它不是依靠压辊强制压扁茎秆，而只是刮擦其表面的蜡质层，因此保持了生物组织结构强度，茎秆变形不大，损失较小。

法国赫斯顿 1180 型就是此种类型（图 9-13），主要由旋转式切割器、调制辊等组成。工作中由切割器将牧草割倒，并向后方抛送。牧草受到旋转调制辊的冲击作用，其茎秆表皮及其蜡状角质层受到刮擦、梳刷，从而提高了干燥速度，减少了营养损失。

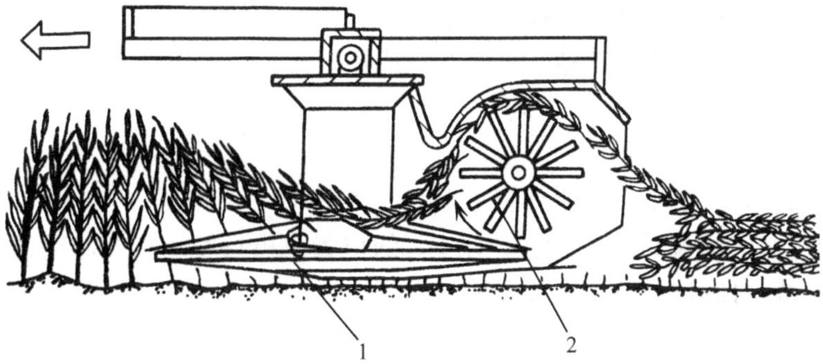

1—旋转式切割器；2—调制棍。

图 9-13　旋转式割草调制机

- **材料准备**

实训辅助手册、行业规范与技术标准、割草机、拖拉机、联轴器。

- **工具准备**

现代农业装备实训室、割草机、拖拉机、联轴器、工具箱、实训服、手套、零件拆解摆台桌、毛巾、清洁剂。

- **人员准备**

人员分组，每组 6 人，明确职责分工（表 9-1）。

表 9-1　任务分工

任务角色	任务内容
组长：	任务：
组员 1：	任务：
组员 2：	任务：
组员 3：	任务：
组员 4：	任务：
组员 5：	任务：

任务实施

借助行业规范与技术标准，以及割草机、拖拉机、联轴器，完成割草操作与割草机的维护。在操作过程中正确使用工具箱中的各种工具。

一、使用作业前

①使用作业前认真阅读使用说明书上所记载的注意事项，使用要领，在完全理解的情况下，方可进行操作。

②在身体不舒服，不适应机器操作场合下不可进行操作。如过度疲劳、生病、受药物影响等情况。

③不要穿不合适的服装进行操作作业。

④不得擅自对机械进行改造，否则会造成机器损伤及发生伤害事故。

二、使用作业中

①补充燃料时，禁止使用明火。

②发动引擎时请确认起动柄在“OFF”的位置，再行发动；若起动柄在“ON”的位置，起动时转台旋转会发生事故。

③作业操作时不能载人、载物。

三、使用结束后

①清扫机体应切断动力，确定转动部、可动部停止后再进行操作。

②操作结束后，根据操作说明书进行检查，不能懈怠操作后的检查。

③机械发生异常时，应及时进行故障处理，应按原样装配图检查，整理拆下的罩壳。

任务检测

请扫描二维码答题。

项目九任务一
任务检测

任务评价

根据学生对割草机学习了解的认真程度及任务报告的完成情况进行考核评价（表 9-2）。

表 9-2　割草机考核评价细则

<table>
<tr><td colspan="2">姓名：</td><td colspan="2">班级：</td><td colspan="2">组别：</td><td rowspan="3">教师签字：</td></tr>
<tr><td colspan="2">自评：
□合格　□不合格</td><td colspan="2">互评：
□合格　□不合格</td><td colspan="2">师评：
□合格　□不合格</td></tr>
<tr><td colspan="2">日期：</td><td colspan="2">日期：</td><td colspan="2">日期：</td></tr>
<tr><td colspan="7">考核评分细则</td></tr>
<tr><td>序号</td><td>考核项目</td><td>考核标准</td><td>考核方式</td><td>分值</td><td>评分要求</td><td>得分</td></tr>
<tr><td>1</td><td>安全注意事项</td><td>□使用作业前
□使用作业中
□使用作业后</td><td>现场考核、问答考核</td><td>10</td><td>根据情况酌情扣分</td><td></td></tr>
<tr><td>2</td><td>割草机构造图及各部分名称和功用</td><td>□割草机结构图及名称
□割草机主要部件的功用
□割草机主要部件的安装、调整及使用</td><td>现场考核、问答考核</td><td>10</td><td>根据情况酌情扣分</td><td></td></tr>
</table>

（续表）

序号	考核项目	考核标准	考核方式	分值	评分要求	得分
3	割草机维护使用与调整	□使用前的检查 □割草机的检查保养与调整 □割草机的调整	现场考核、问答考核	20	根据情况酌情扣分	
4	割草机常见故障与排除	□出现的故障 □出现的原因 □排除故障方法	现场考核、问答考核	30	未完成一项扣 10 分	
5	任务报告	□完成认真，内容正确 □割草机操作与维护 □各部位标注正确	评阅考核	20	根据情况酌情扣分	
6	学习态度	□具有团队协作精神 □具备科学严谨的态度 □观察认真，发言积极 □遵纪守时，爱护公物	自评、互评和师评相结合	10	根据情况酌情扣分	
合计				100		
自我评价与总结						
教师点评						

任务二　搂草机

任务导入

搂草机是将割下的牧草搂集成条，以便于集堆、捡拾压捆或集垛。搂草的时间可由当地的自然条件确定，晾晒时尽可能缩短阳光的照射时间，以减少牧草营养物质的损失。农民王叔叔种植了几十公顷的牧草，现已切好割铺放在田地里，需要搂集成条，但搂草机出现了问题，无法正常使用。现需将搂草机维修好，再进行搂集工作。

任务 工单

班级：__________ 姓名：__________ 学号：__________

<table>
<tr><td>任务名称</td><td colspan="4">搂草机</td></tr>
<tr><td>任务描述</td><td colspan="4">根据实际情况，填写本任务的内容、目的、流程和方法。
任务内容：____________________
____________________。
任务目的：____________________
____________________。
任务流程：____________________
____________________。
任务方法：____________________
____________________。</td></tr>
<tr><td>获取信息</td><td colspan="4">要完成任务，需要掌握相关的知识。请收集资料，回答以下问题。
1. 搂草技术要求及搂草机的分类是什么？
2. 阐述横向搂草机的组成和工作原理。
3. 描述横向搂草机草条形成的过程。
4. 侧向搂草机分为哪几类？各有什么特点？
5. 阐述搂草机有哪些维护保养措施？</td></tr>
<tr><td>制订计划</td><td colspan="4"></td></tr>
<tr><td rowspan="6">任务实施</td><td colspan="4">按照预先制订的工作计划，完成本任务，并记录任务实施过程。</td></tr>
<tr><td>序号</td><td>完成的任务</td><td>遇到的问题</td><td>解决办法</td></tr>
<tr><td></td><td></td><td></td><td></td></tr>
<tr><td></td><td></td><td></td><td></td></tr>
<tr><td></td><td></td><td></td><td></td></tr>
<tr><td></td><td></td><td></td><td></td></tr>
</table>

任务准备

● 知识准备

一、搂草技术要求及搂草机分类

搂草机是将割下的牧草搂集成草条，以便集堆、捡拾压捆或集垛。搂草的时间可由当地自然条件确定，尽量缩短晾晒时阳光的照射时间，以减少牧草的营养物质损失，可以在割草同时，也可以在牧草稍晾干之后。搂草的技术要求如下。

①搂集干净，牧草损失小，损失率应不高于 5%。

②搂集的牧草清洁，不带陈草和泥土。

③草条要连续、松散，每米重量均匀一致，外形整齐，牧草移动距离要小。

④草条应平直，以便后续作业顺利进行。

搂草机根据草条形成的方向可分为横向搂草机和侧向搂草机两大类。

横向搂草机搂集的草条与机器前进方向垂直，不太整齐和均匀，陈草多，牧草损失也大，且不易与捡拾作业配套。横向搂草机结构简单，工作幅可以较大，适于天然草原作业。

侧向搂草机搂集成的草条与机器前进方向平行，外形整齐、松散、均匀。侧向搂草机牧草移动距离小，污染少，适于高产天然草原和种植草场作业。此外，多数侧向搂草机还能进行翻草作业，可对牧草进行摊晒，以加速其干燥。

二、横向搂草机

1. 横向搂草机的组成和工作原理

横向搂草机主要由搂草器、机架以及升降机械等组成。9LC-6 型横向搂草机如图 9-14 所示。

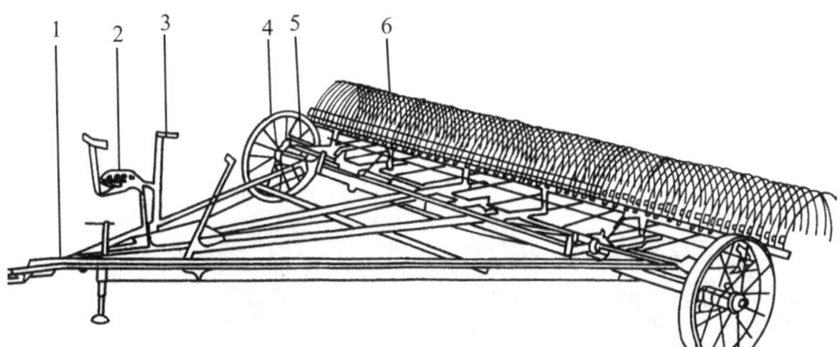

1—机架；2—座位；3—操作手杆；4—行走轮；5—升降机构；6—搂草器。

图 9-14　横向搂草机

（1）搂草器

搂草器是搂草机的主要工作部件，分左右两部分。它由搂草器梁、一排曲线形弹齿、齿托和除草杆组成。弹齿由齿托铰接在搂草器梁上，工作中可随地面起伏而上下做一定量的摆动。搂草器梁与机架后端的支架销连。除草杆等距离地固定在机架上，当升降机构将搂草器升起时，除草杆可强制将草条倾出。

（2）升降机构

升降机构分左右两部分，安装在机架两侧，都由操纵手柄通过中间轴来控制，以保证两部分动作一致。升降机构由驱动部分和控制部分组成。

驱动部件由大拉簧、滚子、控制杠杆、操纵轴、凸轮盘、棘轮、轮轴、小拉簧、棘爪、拉钩等组成。控制部分由操纵链、接叉、闸杆、拨爪、拨杆、杠杆等组成，工作中依靠两大部件实现搂草器的升降，以满足工作和运输需要。

2. 横向搂草机草条形成过程

在搂草机工作时，搂草器弹齿尖端触地并形成一工作曲面。当机器前进时，草层沿曲面上升。由于草层不断地上升，弹齿升角逐渐增大（图 9-15），当草层升至某一极限位置后，便开始向下滚落。搂草机的弹齿应能使草层沿着弹齿面连续上升、卷落，以形成外部紧度较小的中空草条，这样便于干燥和减少损失。

横向搂草机工作时，每搂成一次草条，搂草器必须升降一次，以卸出草条。由于机器在前进，当前进速度快时，会形成一段未搂区。

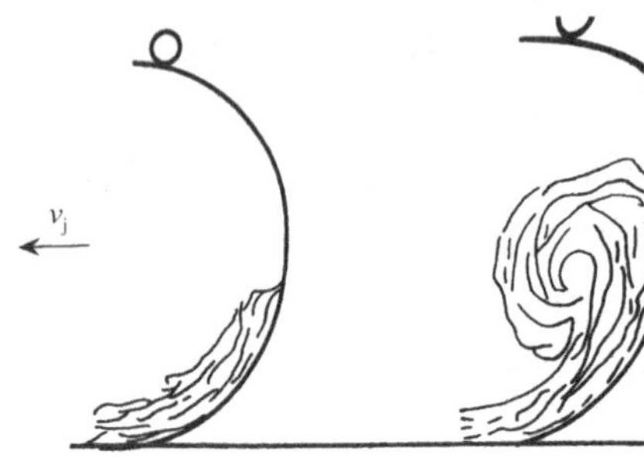

v_j—拖拉机的前进速度。

图 9-15　草条形成过程

三、侧向搂草机

1. 搂耙式侧向搂草机

搂耙式侧向搂草机主要由机架、传动机构、搂耙等部分组成（图 9-16）。机架由支承轮支撑。工作时，拖拉机一面牵引机器前进，一面驱动搂耙做逆时针方向旋转。当搂耙运动到机器右侧和前面时，搂齿垂直并接近地面，进行搂草；当搂耙运动到机器左侧时，接耙抬起，同时弹齿后倾成水平状态，将搂集牧草置于草茬上，形成与机器前进方向平行的草条。为使形成的草条整齐，在形成草条的一侧设有挡屏。挡屏通过支杆固定在机架上。

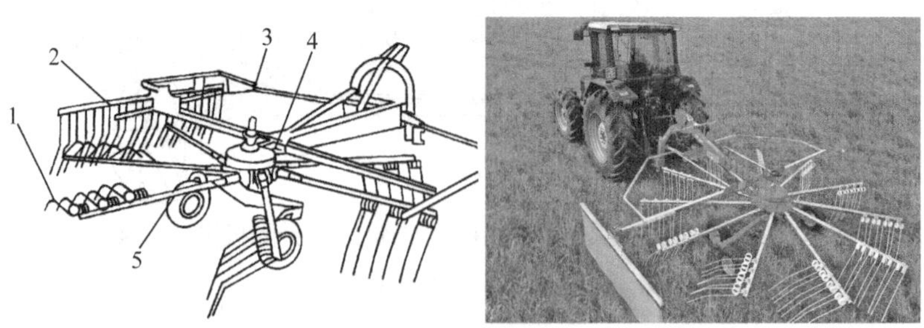

1—搂耙；2—挡屏；3—机架；4—传动机构；5—支承轮。

图 9-16　旋转搂耙式搂草机

传动机构由齿轮、转盘、立轴等组成［图 9-17（a）］。主动小锥齿轮通过轴承安装在固定不动的转盘罩的孔中，与大锥齿轮相啮合。大锥齿轮滑套在立轴上，并驱动转盘旋转。立轴固定不转，其表面设有凸轮轨道，用来控制搂耙的工作状态。

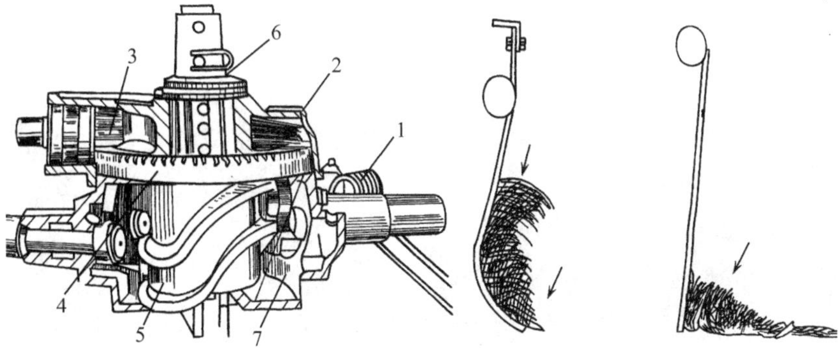

（a）传动机构结构图　　（b）搂齿形状示意图

1—搂耙；2—机架；3—小锥齿轮；4—大锥齿轮；5—立轴；6—罩体；7—转盘。

图 9-17　旋转搂耙式搂草机传动机构

搂耙由搂齿、耙杆等组成。搂齿［图 9-17（b）］成对地固定在耙杆外端。它的上端制成蜗卷，以增加弹性，便于越过障碍；下端制成弧线形，便于牧草沿齿面滚卷上升。这种形式比直线型的工作性能好。耙杆滑套安装在转盘臂孔中，随转盘一起旋转。在耙杆内侧固定有曲柄，曲柄上设有滚轮，滚轮在凸轮轨道上运动。

工作时，拖拉机动力通过齿轮减速器带动转盘旋转。转盘又带动耙杆转动。当滚轮运动到凸轮轨道凹部分时，曲柄向下摆动，耙杆在转盘臂孔内也随着转一角度，使搂齿变成垂直位置，并接近地面，为搂草状态。当滚轮运动到凸轮轨道凸起部分时，曲柄向上摆动，在耙杆作用下，弹齿离开地面，向后倾斜，为放草状态。

此类机具的优点是结构简单、质量轻、可高速作业（12～18 km/h），集成的草条松散透风、牧草损失小、污染轻，便于与捡拾机具配套。

2. 滚筒式侧向搂草机

按滚筒的形式可将滚筒式侧向搂草机分为直角滚筒式和斜角滚筒式（图 9-18）。直角滚筒式搂草机 $\alpha=45°$，$\delta=90°$；斜角滚筒式搂草机 $\alpha>45°$，$\delta<90°$。其中 α 角为滚筒回转平面与机器前进方向之间的夹角，称为前进角；δ 为滚筒回转平面与滚筒齿杆之间的夹角，称为滚筒角。

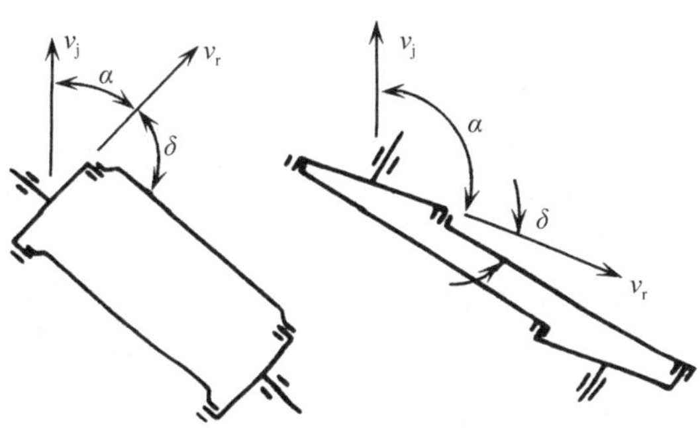

（a）直角滚筒式　　（b）斜角滚筒式

图 9-18　滚筒搂草机

目前生产中应用斜角滚筒式搂草机（图 9-19）较多，下面以它为例介绍其结构和工作过程。

图 9-19　滚筒式搂草机

该机主要由机架、传动机构、升降机构、搂草滚筒等部分组成（图 9-20）。工作时拖拉机牵引搂草机前进，牧草在搂草滚筒的弹齿作用下，连续不断地随机器前移的同时向侧面移动，在搂草滚筒的尾部形成与机器前进方向平行的草条。当用来进行翻草作业时，滚筒高速反向回转，将牧草翻动，以加速干燥。

滚筒式侧向搂草机，结构比较复杂，但工作可靠，搂集的草条连续、松散透气，可高速作业。该机还可用于翻晒牧草，通用性较好。

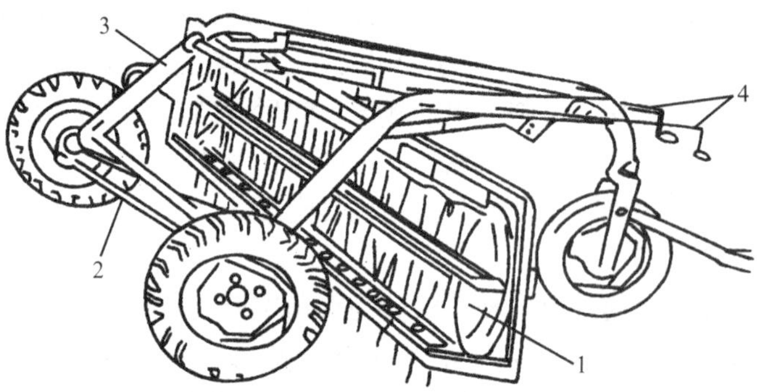

1—搂草滚筒；2—传动机构；3—机架；4—升降机构。

图 9-20　滚筒式搂草机结构示意图

3. 指盘式侧向搂草机

指盘式侧向搂草机可分为牵引式和悬挂式两种。牵引式指盘搂草机主要由支架、指盘、升降机构、牵引装置等组成（图 9-21），用于将割后的草铺搂集成条，亦可翻转草铺或草条，以加速牧草晾晒。

指盘呈阶梯配置，与运动方向有一定角度。当机器工作时，指盘触及地面，作用于指盘上的搂草阻力使指盘产生旋转力矩，在旋转弹齿绝对速度作

小学士

德国农机企业 krone（科罗尼）- Swadro TS 970 搂草机

小学士

造型夸张的搂草机

用下，牧草沿该方向被推向一侧，形成与机器前进方向相平行的草条。

这种搂草机结构简单，无传动机构；工作中牧草的移动距离小、草条连续、外形整齐，适于高速（10～12 km/h）作业，主要用于搂集高产牧草。它改变与拖拉机的配置可进行翻草、摊草作业，适应性较好。

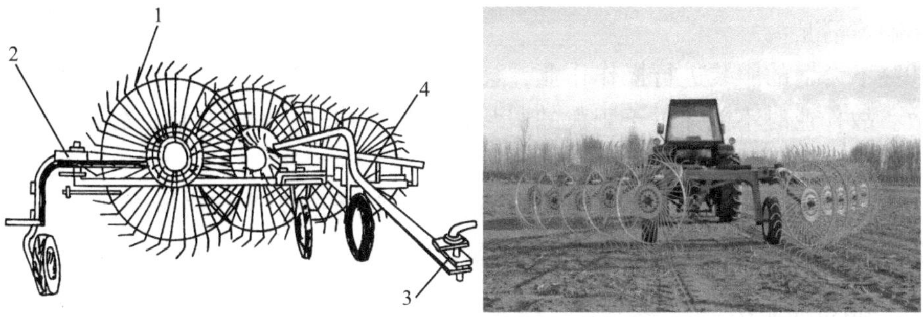

1—指盘；2—支架；3—牵引装置；4—升降机构。

图 9-21　指盘式侧向搂草机

- **材料准备**

实训辅助手册、行业规范与技术标准、搂草机、拖拉机、联轴器。

- **工具准备**

现代农业装备实训室、搂草机、拖拉机、联轴器、工具箱、实训服、手套、零件拆解摆台桌、毛巾、清洁剂。

- **人员准备**

人员分组，每组 6 人，明确职责分工（表 9-3）。

表 9-3　任务分工

任务角色	任务内容
组长：	任务：
组员 1：	任务：
组员 2：	任务：
组员 3：	任务：
组员 4：	任务：
组员 5：	任务：

任务实施

搂草机操作与维护。借助行业规范与技术标准，以及搂草机、拖拉机、联轴器，完成搂草作业。在作业过程中正确使用工具箱中的各种工具。

一、使用作业前

①使用作业前认真阅读使用说明书上所记载的注意事项，使用要领，在完全理解的情况下，方可进行操作。

②在身体不舒服，不适应机器操作场合下不可进行操作。如过度疲劳、生病、受药物影响等情况。

③穿不合适的服装进行操作作业，会使衣服被机器卷入，严重时会发生死亡和重大事故。故作业时不能穿过于肥大的服装，避免衣袖口、裤脚被设备缠绕，佩戴安全帽，不要在头部、腰部放毛巾。

④不得擅自对机械进行改造，否则会造成机器损伤及发生伤害事故。

⑤作业操作前，根据使用说明书的要求进行检查。

二、使用作业中

①补充燃料时，禁止使用明火，请勿在有明火时进行燃料补充。

②发动引擎时请确认起动柄在“OFF”的位置，再行发动；若起动柄在“ON”的位置，起动时转台旋转会发生事故。

③在坡道、不平地面，急转弯处速度太快，会引起翻倒或者翻落事故，应低速移动。

④通过高低差较大的路段时，可能发生翻车或侧翻，发生受伤事故，应使用垫板。

⑤操作时，机器不能载人、载物。

⑥移动机械时，应切断动力，勿让周围人靠近。

⑦机械运转或转动中，请勿打开罩壳。

⑧进行机械调整及清除杂物时，应停止动力，确定转动部、可动部停止后再进行操作。

三、使用结束后

①清扫机体应切断动力，确定转动部、可动部停止后再进行操作。

②操作结束后，根据操作说明书进行检查，不能懈怠操作后的检查。

③机械发生异常时，应及时进行故障处理，应按原样装配图检查，整理拆下的罩壳。

任务检测

请扫描二维码答题。

项目九任务二
任务检测

任务评价

根据学生对搂草机学习了解的认真程度及任务报告的完成情况进行考核评价（表 9-4）。

表 9-4　搂草机考核评价细则

<table>
<tr><td colspan="2">姓名：</td><td colspan="2">班级：</td><td colspan="2">组别：</td><td rowspan="3">教师
签字：</td></tr>
<tr><td colspan="2">自评：
□合格　□不合格</td><td colspan="2">互评：
□合格　□不合格</td><td colspan="2">师评：
□合格　□不合格</td></tr>
<tr><td colspan="2">日期：</td><td colspan="2">日期：</td><td colspan="2">日期：</td></tr>
<tr><td colspan="7">考核评分细则</td></tr>
<tr><td>序号</td><td>考核项目</td><td>考核标准</td><td>考核方式</td><td>分值</td><td>评分要求</td><td>得分</td></tr>
<tr><td>1</td><td>安全注意事项</td><td>□使用作业前
□使用作业中
□使用作业后</td><td>现场考核、问答考核</td><td>10</td><td>根据情况酌情扣分</td><td></td></tr>
<tr><td>2</td><td>搂草机构造图及各部分名称和功用</td><td>□搂草机结构图
□搂草机重要部件名称及作用
□割草机主要部件的安装、调整及使用</td><td>现场考核、问答考核</td><td>10</td><td>根据情况酌情扣分</td><td></td></tr>
<tr><td>3</td><td>割草机主要部件的安装、调整及使用</td><td>□在回转盘上安装上支撑臂
□安装车轮
□安装下风挡
□连接拖拉机
□传动轴的安装
□转动轴的链接
□作业速度和回转速度调整
□下风挡的调整
□车轮高度和调整
□耙齿轨迹的调整</td><td>现场考核、问答考核</td><td>20</td><td>未完成一项扣 5 分</td><td></td></tr>
<tr><td>4</td><td>搂草机维护和保养</td><td>□维护项目
□保养措施</td><td>现场考核、问答考核</td><td>15</td><td>根据情况酌情扣分</td><td></td></tr>
<tr><td>5</td><td>割草机常见故障与排除</td><td>□出现的故障
□出现的原因
□排除故障方法</td><td>现场考核、问答考核</td><td>15</td><td>未完成一项扣 5 分</td><td></td></tr>
<tr><td>6</td><td>任务报告</td><td>□完成认真，内容正确
□搂草机操作与维护
□各部位标注正确</td><td>评阅考核</td><td>20</td><td>根据情况酌情扣分</td><td></td></tr>
<tr><td>7</td><td>学习态度</td><td>□具有团队协作精神
□具备科学严谨的态度
□观察认真，发言积极
□遵纪守时，爱护公物</td><td>自评、互评和师评相结合</td><td>10</td><td>根据情况酌情扣分</td><td></td></tr>
<tr><td colspan="4">合计</td><td>100</td><td></td><td></td></tr>
</table>

（续表）

自我评价与总结	
教师点评	

任务三　牧草压捆机

任务导入

牧草切割、搂集成草条后，常用捡拾压捆机将草打成捆，送到贮草点。根据压成草捆的形状，可分为方捆和圆捆两类。方草捆的特点是草捆密度大、体积小、搬运方便，便于机械化装卸，对各种长短牧草适应性强；圆捆机的特点是效率高、结构简单、使用调整方便、捆草可长期露天存放，适用于规模大、劳动力少、运输距离长的大型农牧场。农民王叔叔种植了几十公顷的牧草，现已切割搂集成条，需要压捆，但牧草压捆机出现问题，无法正常使用。现需将牧草压捆机维修好，再进行压捆工作。

任务工单

班级：＿＿＿＿＿＿　　姓名：＿＿＿＿＿＿　　学号：＿＿＿＿＿＿

任务名称	牧草压捆机
任务描述	根据实际情况，填写本任务的内容、目的、流程和方法。 任务内容：＿＿＿＿＿＿＿＿＿＿＿＿。 任务目的：＿＿＿＿＿＿＿＿＿＿＿＿。 任务流程：＿＿＿＿＿＿＿＿＿＿＿＿。 任务方法：＿＿＿＿＿＿＿＿＿＿＿＿。
获取信息	要完成任务，需要掌握相关的知识。请收集资料，回答以下问题。 1. 牧草压捆的技术要求是什么？

（续表）

<table>
<tr><td rowspan="4">获取信息</td><td colspan="4">2. 阐述压捆机的分类和特点。</td></tr>
<tr><td colspan="4">3. 描述方捆捡拾压捆机的构造。</td></tr>
<tr><td colspan="4">4. 描述方捆捡拾压捆机草捆的形成和打结过程。</td></tr>
<tr><td colspan="4">5. 阐述内卷绕式捡拾压捆机和外卷绕式捡拾压捆机的结构。</td></tr>
<tr><td>制订计划</td><td colspan="4"></td></tr>
<tr><td rowspan="6">任务实施</td><td colspan="4">按照预先制订的工作计划，完成本任务，并记录任务实施过程。</td></tr>
<tr><td>序号</td><td>完成的任务</td><td>遇到的问题</td><td>解决办法</td></tr>
<tr><td></td><td></td><td></td><td></td></tr>
<tr><td></td><td></td><td></td><td></td></tr>
<tr><td></td><td></td><td></td><td></td></tr>
<tr><td></td><td></td><td></td><td></td></tr>
</table>

任务准备

● 知识准备

牧草成捆收获是目前比较先进的收获方法之一。其特点是提高了牧草质量，可减少牧草在制备和贮运过程中的损失。由于草捆密度较大，缩小了牧草体积，便于运输、贮存和饲喂，使其商品化成为可能，所以成捆收获法发展很快。

一、牧草压捆的技术要求及压捆机分类

1. 牧草压捆的牧业技术要求

（1）湿度

最佳湿度为 17%～25%。湿度过大，草捆容易发霉变质；过分干燥，牧草易压碎，使花、叶脱落，造成损失。一般草捆密度低湿度取上限，密度高湿度取下限。

（2）草捆的尺寸和质量

应根据搬运、机械化装卸、贮存及饲喂的要求确定。小方捆尺寸：长为 0.6～1.2 m，宽为 40～50 cm，高为 40～50 cm，草捆重为 20～40 kg。大圆捆的尺寸：直径为 1.2～2 m，长为 1.5～2.0 m，草捆重为 300～800 kg。

（3）密度

密度要适中，在确保运输、贮存良好的条件下不宜过大，以减少动力消耗，一般为 60～200 kg/m^3。

（4）捆绳

各种捆绳应有足够的抗拉强度。常用剑麻绳或尼龙绳，其直径为 2.5～3 mm。

（5）捡拾遗漏率和成捆率

捡拾压捆机草条捡拾遗漏率不大于 3%，成捆率应大于 97%。

2. 压捆机分类和特点

（1）按草捆形状分类

可分为方捆机和圆捆机两种。

方捆机所打草捆密度大、体积小、搬运方便，便于机械化装卸，对各种长短牧草适应性强；圆捆机效率高、结构简单、使用调整方便，且草捆可长期露天存放，适于规模大、劳力少、运输距离长的大型农牧场。

（2）按作业方式分类

可分为固定式压捆机和捡拾压捆机。

捡拾压捆机又分为牵引式和自走式。

二、方捆压捆机

1. 固定式方捆压捆机

固定式压捆机一般是用来将收割好的牧草或农作物秸秆经一定初加工压制成草捆，转化成商品草，以备外运。因此，要求草捆密度高、质量大，常用固定式方捆压捆机进行压捆。我国研制成功的 9KG-350 型高密度捆草机就属于这种机型，其草捆密度可达 350 kg/m^3。

小学士

大型方捆打捆机动画

9KG-350 型高密度压捆机如图 9-22 所示，主要由机架、液压系统（油缸）、填料机构、压缩室、活塞、密度调节器等组成。

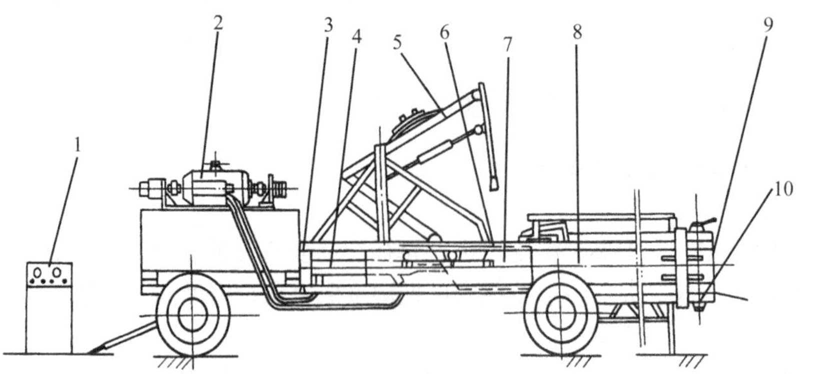

1—电控装置；2—液压系统；3—机架；4—油缸；5—填料机构；6—喂料室；7—活塞；8—压缩室；9—排料室；10—密度调节器。

图 9-22 高密度压捆机结构示意图

工作时，电动机液压系统带动活塞做往复运动，压缩被填料机构压入的物料。填料机构随活塞的往复实现上下运动。在机器的一侧设有放料板，物料由人工置于放料板上，当活塞后移时将物料推入喂料室，然后受到活塞的挤压作用。随着物料的不断喂入、挤压，在压缩室内形成多个草片，当集聚到一定厚度时开始由人工操作打捆。形成的草捆被后面的物料不断向前推移，直至推出压缩室。

2. 方捆捡拾压捆机

（1）方捆捡拾压捆机的构造

方捆捡拾压捆机的种类很多，现以 9KJ-1.4 型方捆捡拾压捆机为例说明其结构、工作原理及工作过程。它主要由捡拾器、输送喂入器、压捆室、密度调节器、打捆机构、打捆控制器、曲柄连杆机构、传动机构和牵引装置等组成（图 9-23）。工作时，拖拉机动力输出轴将动力传至压捆机；机器沿草条前进，由捡拾器弹齿将割茬上的牧草捡拾起来并连续地输送到输送喂入器内；输送喂入器把牧草喂入压捆室，被往复运动的活塞压缩成形；当草捆达到预定长度时，打捆机构开始工作，并将压缩成形的牧草打成草捆；捆好的草捆被后面陆续成捆的牧草不断推向压捆室出口，经放捆板落在地面上或经抛扔机构抛入拖车车厢内。

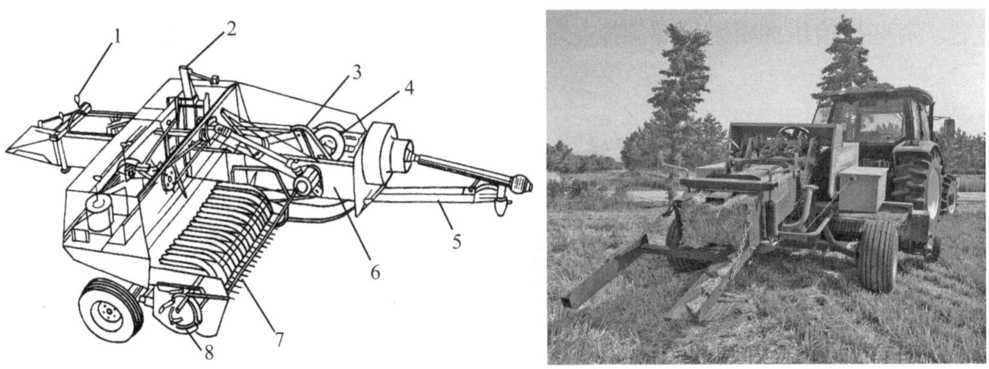

1—密度调节器；2—输送喂入器；3—曲柄连杆机构；4—传动机构；5—牵引装置；
6—压捆室；7—捡拾器；8—捡拾器控制机构。

图 9-23　方捆捡拾压捆机及其结构

①捡拾器。它用于捡拾割茬上的牧草并将其升运至输送喂入器。该机采用滚筒式捡拾器，主要由滚筒、定向滚轮盘（凸轮滑道）、弹齿、护板等组成（图 9-24）。

滚筒轴的两端固定着滚筒盘，并随轴旋转，四根齿杆分别插入滚筒盘的四个孔中。弹齿固定在齿杆上。具有特殊形状的定向滚轮盘（凸轮滑道）固定在滚筒轴右端支承板上。带有滚轮的曲柄焊接在齿杆的右端，当滚筒旋转时，齿杆带动滚轮沿着定向滚轮盘的内轨道滚动，以控制弹齿按一定轨迹运动。弹齿从护板内伸出，捡拾牧草并把它升运到输送喂入器，然后弹齿又从草层中顺利缩回，实现捡拾、升运、输送功能。

为避免牧草缠绕滚筒，其上装有用钢板制成的护板，相邻护板之间构成的间隙可使弹齿顺利通过。捡拾器上面的导向器可防止牧草飞散并引导牧草均匀进入输送喂入器内。

②输送喂入器。它用来把捡拾器送来的牧草推送到压捆室内。输送喂入器由曲柄、摇臂、摇杆、拨叉和板簧等组成，形成曲柄摇杆机构，如图 9-25 所示。

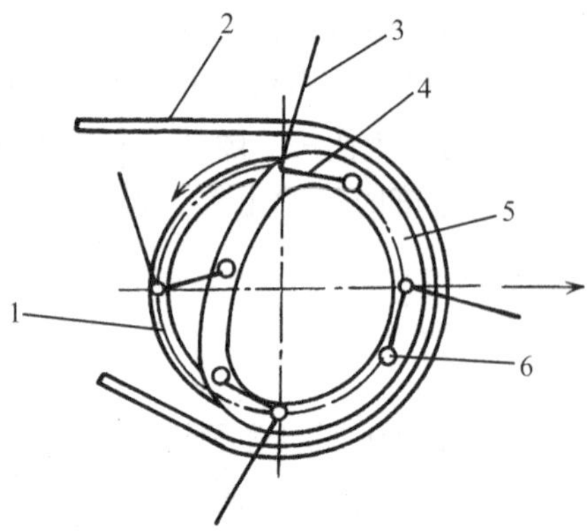

1—滚筒；2—护板；3—弹齿；4—曲柄；
5—定向滚筒盘；6—滚轮。

图 9-24　捡拾示意图

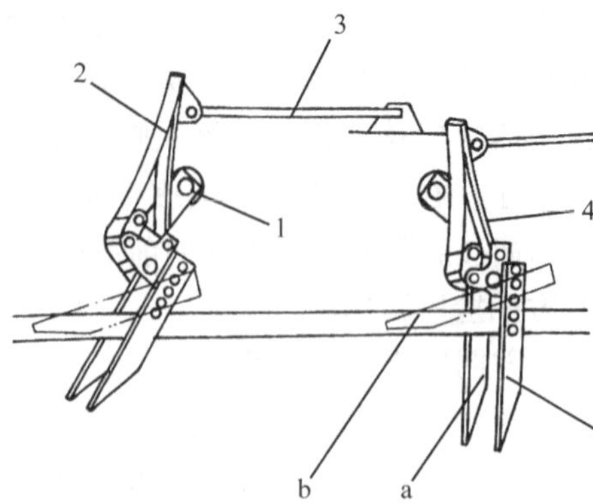

a—工作装置；b—遇障位置；
1—曲柄；2—摇臂；3—摇杆；4—板簧；5—拨叉。

图 9-25　输送喂入器示意图

工作时曲柄在传动机构齿轮驱动下旋转。这时摇杆和摇臂摆动，带动拨叉按一定轨迹运动，把牧草从输送喂入器内拨入压捆室。板簧的作用是当输送喂入器拨叉被异物堵塞或卡住时发生扭曲变形，使拨叉自动向上抬起，越过障碍后又自动回到原来的位置。有些捡拾压捆机采用螺旋搅龙输送器与喂入叉配合的输送喂入器。

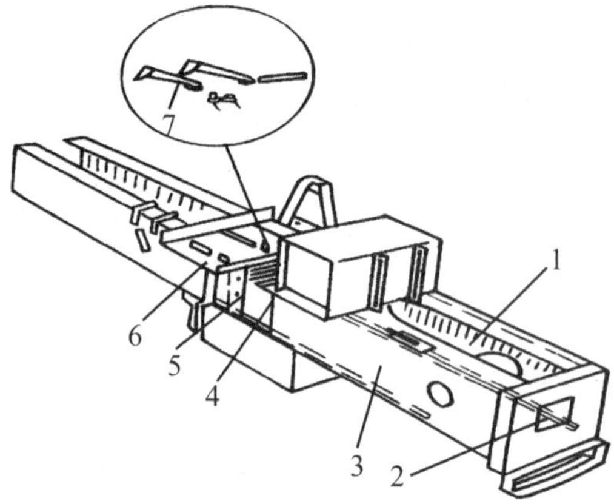

1—左侧壁；2—滑道；3—右侧壁；4—底板；5—切刀；6—上盖板；7—放松卡爪。

图 9-26　压捆示意图

③压捆室。压捆的很多机件均安装在压捆室上。压捆室起着机架的作用。它由左右侧壁、上盖板及底板焊合组成（图 9-26）。

右侧壁又分成前后两部分，中间是喂入口。在喂入口的后侧壁安装固定切刀，与活塞上同侧的动刀构成切割副，用来切断连续喂入的牧草，确保草捆外部整齐。

压捆室内装有滑道，以减少活塞在运动中的阻力。活塞空行时，为保持牧草仍处压缩状态，减少工作中的功率消耗，确保草捆质量，在上盖板、底板及外侧壁上设有防松卡爪。当活塞压缩牧草时卡爪被挤出室外，牧草通过；活塞回行时，卡爪在弹簧的作用下重新进入压捆室抵住牧草，阻止牧草变蓬松。

④草捆紧密度调节装置。它通过改变压捆室后端出口截面大小，调节草捆紧密度，

由上下连接板、横梁、调节手柄、螺杆及螺旋弹簧等组成（图 9-27）。

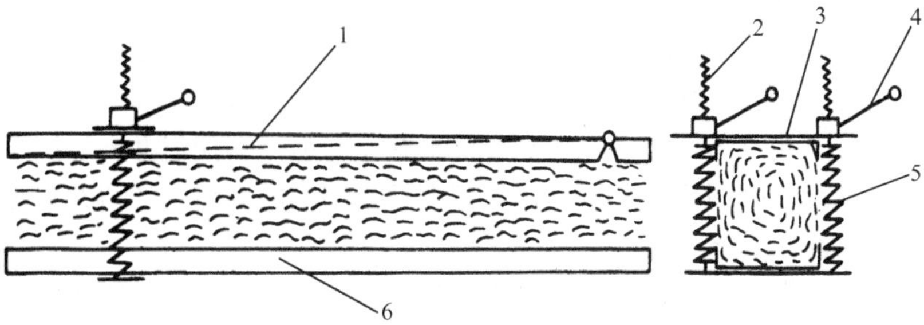

1—上连接板；2—螺杆；3—横梁；4—调节手柄；5—螺旋弹簧；6—下连接板。

图 9-27　草捆紧密度调节装置示意图

上连接板用铰接方式固定在压缩室上盖板后端。横梁焊接在连接板上。旋转调节手柄时，上连接板相对于下连接板的倾斜度发生变化，从而改变压缩室出口断面的大小，以调节草捆紧密度。

⑤压缩机构。它安装在压捆室内，包括活塞和曲柄连杆机构。压捆室内装有活塞和上下滑道。活塞上有滚轮，可在滑道上做往复运动。牧草形成草捆主要在压捆室内进行。

根据压缩物料种类、湿度及草捆紧密度不同，作用于活塞上的力可达 80 kN。这个力主要作用于传动机构、活塞和连杆上。

⑥打捆机构。它主要由打结器、打捆针和打捆机构控制器组成，能自动供绳，并把压缩成形的牧草用捆绳自动围绕捆绑起来，打成一个完整的草捆。

打捆针（图 9-28）的主要作用是当草捆达到预定的长度，活塞使牧草处于压缩状态时通过压捆室腔体和活塞前端间隙把捆绳送到打结器处进行打结。打捆针安装在压捆室下面的“U”形架上，通常做成半圆形，尖部有穿绳孔。

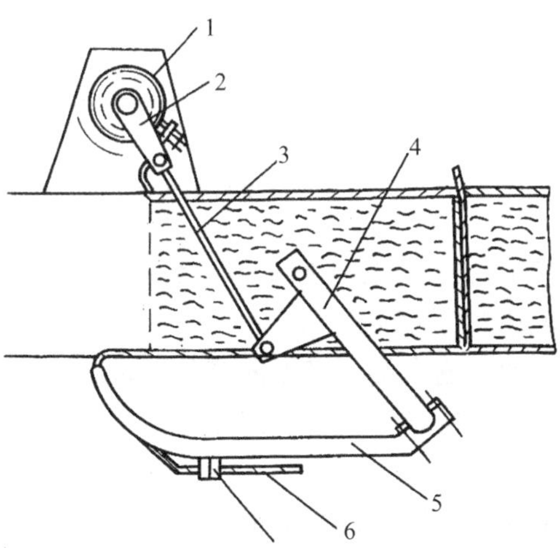

1—驱动齿轮；2—曲柄；3—连杆；4—“U”形架；5—打捆针；6—捆绳；7—导绳器。

图 9-28　打捆针及传动部分

打捆前，应使捆绳从绳箱出来后通过捆绳压紧器和导绳器孔，从打捆针绳孔穿出来后夹在打结器夹绳器缺口内。打捆针的运动是通过曲柄连杆机构实现的，并由打捆机构控制器加以控制。当压捆室内的牧草达到预定长度时，打捆机构控制器自动接合，打结器轴开始旋转。这时固定在打结器轴外端的曲柄带动连杆和“U”形架运动，从而使捆针向上提升，绕过草捆把捆绳送到夹绳器缺口与另一端捆绳并齐。捆绳被割断打结完成后，打捆针下降回到原位置。这时打捆针带上去的捆绳一端留在夹绳器内，为下一次打捆做准备。

打结器是压捆机的关键部件。它的结构比较复杂，常见的有 C 型打结器和 D 型打结器，构造和打捆原理基本相同。以 D 型打结器为例，主要由打结嘴、夹绳器、脱绳杆、割绳刀、复合齿盘、夹绳器驱动盘和打结器架体等组成（图 9-29）。架体通过轴孔套在打结器轴上。复合齿盘和夹绳器驱动盘则用键与打结器轴相固定。其他零部件均安装在打结器架体上。

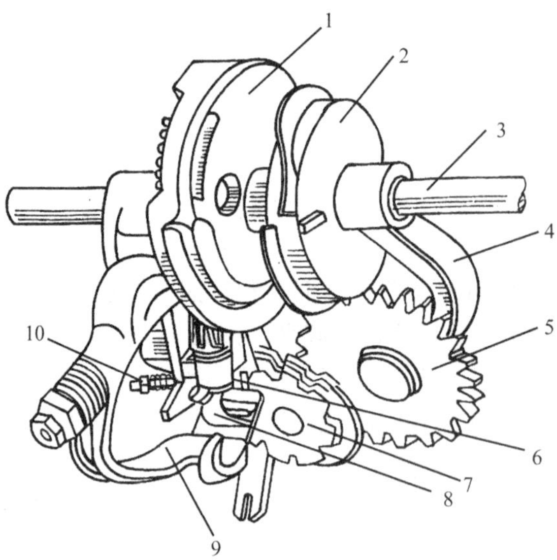

1—复合齿盘；2—夹绳器驱动盘；3—打结器轴；4—打结器架体；5—夹绳器传动齿板；
6—割绳刀；7—夹绳器；8—打结嘴；9—脱绳杆；10—滚轮导板调整螺母。

图 9-29 D 型打结器

⑦传动系统（图 9-30）。方捆捡拾压捆机传动系统由万向节传动轴、摩擦式主离合器、主传动箱、飞轮和链传动系统等组成。

工作时动力从拖拉机动力输出轴、经万向节传动轴、主离合器及飞轮传至主传动箱。主传动箱由一对螺旋锥齿轮和一组链轮组成，由主传动箱将动力分配给各运动部件进行工作。

飞轮套在主传动轴箱的主动轴上，并借助安全销和连接板与主轴连接。当安全销折断时，飞轮在主轴上空转，切断动力停止工作。摩擦式主离合器用螺钉固定在飞轮端面上，压捆机超载或拖拉机动力输出轴停止工作时，离合器主、从动盘打滑进行过载保护状态。

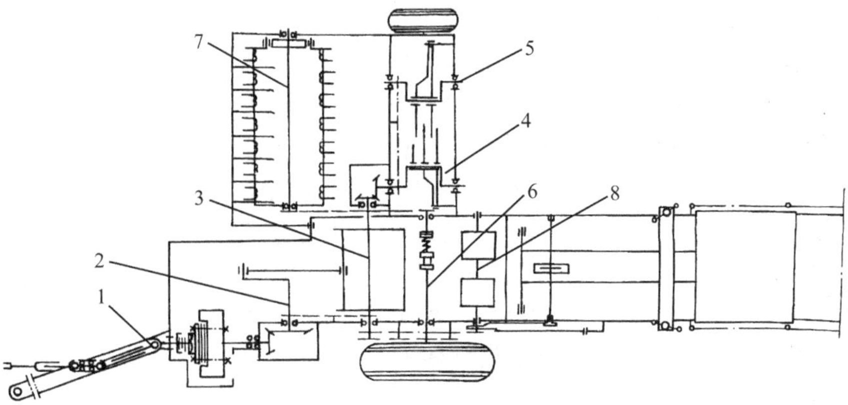

1—万向节传动轴；2—活塞曲轴；3—输送喂入器传动轴；4，5—输送喂入器曲轴；
6—捡拾器传动轴；7—捡拾器轴；8—打捆机构轴。

图 9-30　传动系统示意图

⑧打捆控制器。打捆控制器（图 9-31）用来控制草捆长度。打捆控制器平时由控制杆抵住分离卡爪，卡爪另一端滚轮不与主动盘的内表面凸起接触，主动盘空转。随着牧草向后移动，计量轮逆时针转动，摩擦轮中间的滚轮借助于摩擦力带着提升杆上升；提升杆下端缺口进入滚轮时，因弹簧的作用提升杆左移，使控制杆下摆，脱离分离卡爪；卡爪左摆，卡爪另一端的滚轮与主动盘内的凸起接触，主动盘即可带动从动盘和打结器轴，使打捆机构开始工作。

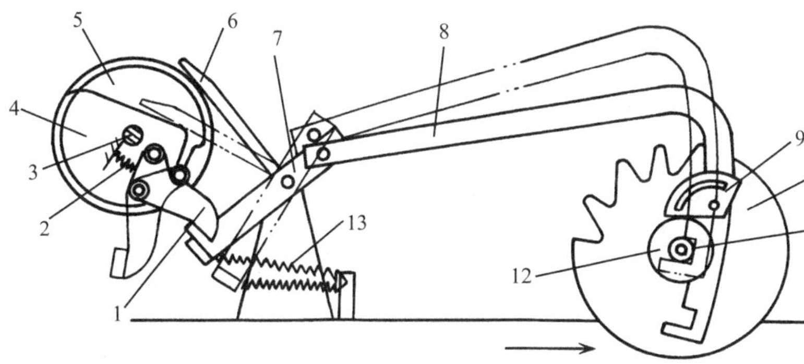

1—分离卡爪；2—弹簧；3—打结器轴；4—从动轴；5—主动盘；6—杠杆；7—控制杆；
8—提升杆；10—计量轮；11—滚轮；12—摩擦轮；13—弹簧。

图 9-31　打捆控制器

当控制杆和卡爪脱离时，与控制杆一体的杠杆与从动盘接触；从动盘上的凸起部分又迫使杠杆右摆，使控制杆顺时针转动，回到原来位置；从动盘回转一周后，分离卡爪又被控制杆顶住，从动盘和轴停止转动。以后又重复此过程。

草捆长度可由限位板进行调整。顺时针转动限位板，可使提升杆下落位置降低，草捆加长，草捆长度可在 300～1 300 mm 调节。

（2）草捆的形成和打结过程

①草捆形成。捆绳从绳箱出来后通过绳箱旁的压紧器、导绳器绳孔和打捆针绳孔，再经过压捆室，打结嘴上表面最后夹紧在夹绳器上。活塞压缩行程时，压捆室内的牧草被推向后方，这时捆绳也被推向后方，不断从绳箱内拉出［图 9-32（a）］。当压捆室内的牧草移动到预定长度后，打捆机构控制器使打捆机构开始工作。随着打结器轴的旋转，穿针在曲柄的带动下向上运动，把捆绳送到夹绳器与原来在打结嘴上表面和夹绳器缺口内的捆绳合并并被夹紧。打结嘴转动把两股绳打成绳环，当捆绳被切断后便形成绳结，把围在中间的牧草打成草捆［图 9-32（b）］。然后，穿针开始下降，捆绳端部留在夹绳器内，为形成下一个草捆做准备［图 9-32（c）］。

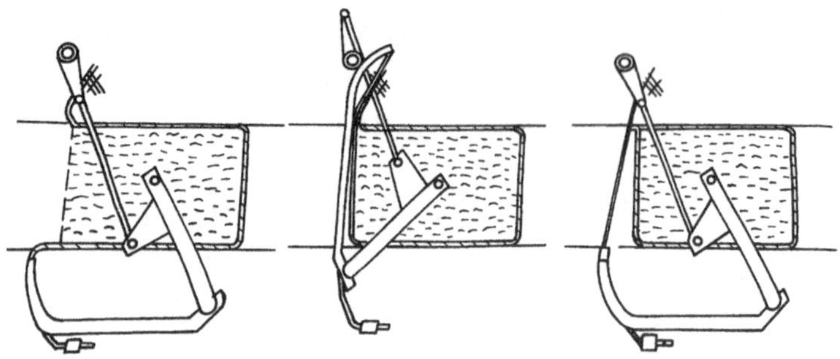

（a）捆绳向后随草捆拉出　（b）打捆针上升　（c）打捆针回落，草捆形成

图 9-32　草捆形成过程

②打结过程。该机的打结过程由八个动作组成，在打结器轴转动一周的时间内完成，实现送绳、拨绳、松绳、绕绳、抓绳、割绳、夹绳和脱扣等一系列动作（图 9-33）。

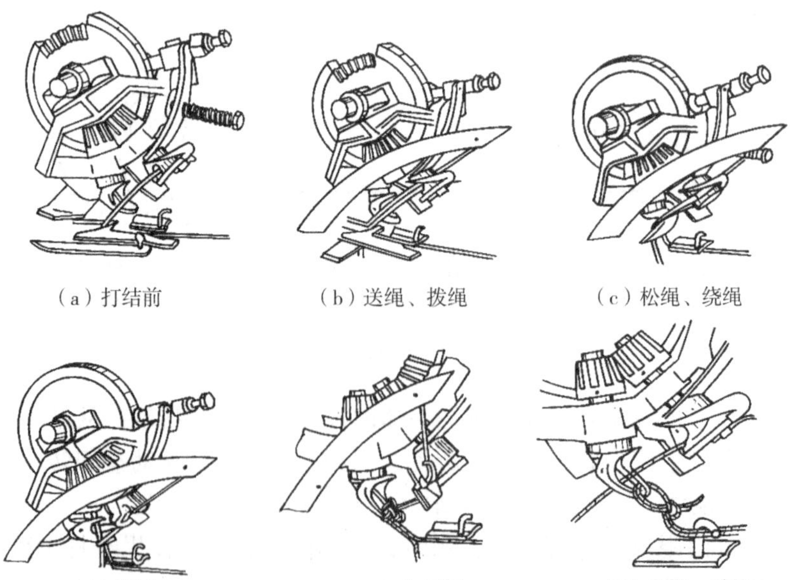

（a）打结前　（b）送绳、拨绳　（c）松绳、绕绳

（d）抓绳　（e）割绳　（f）夹绳、脱扣

图 9-33　打结过程

三、圆捆捡拾压捆机

圆捆捡拾压捆机（简称圆捆机）用来制备大型圆柱形草捆，于20世纪70年代初开始投产使用。由于圆草捆具有防止雨水渗透和风蚀、便于露天贮存、保持牧草营养价值、减少损失、方便饲喂、节约捆绳等优点，因此近年来发展较快。它适用于天然草场和人工草场作业，但运输和长期贮存不如方草捆方便。

圆捆机按草捆成形过程分为内卷绕式和外卷绕式两种。按卷压室工作部件结构分为胶带式、钢辊式和带齿输送带式等。

1. 内卷绕式捡拾压捆机

内卷绕式捡拾压捆机主要有胶带式、链杆式等。其特点是卷压室的容积是可变的。当捆芯形成后，由于工作部件的运动带动捆芯旋转，并始终保持对草捆的压力，因此草捆紧密度较高，长期存放不易变形，但其结构较复杂，要求牧草较干燥。

胶带式圆捆机主要由捡拾器、卷压室（由几根长胶带和两侧壁围成）、打捆机构、卸草后门、传动系统及液压系统等组成，如图9-34所示，国产9Y-1.5型及国外John Deere569型等圆捆机属于此类机具。工作时，捡拾器将草茬上的牧草捡拾起并送入喂入器上、下光辊之间，卷压进入预压室，在上下两组胶带作用下，使牧草开始转动并被卷压成草芯［图9-35（a）］；由于牧草连续喂入，草芯随之旋转，当草捆达到一定尺寸，便离开下胶带进入上胶带组。草捆在上胶带中不断卷绕牧草，直至形成草捆［图9-35（b）］；当草捆达到要求尺寸时，依靠打捆机构将捆绳以螺旋状缠绕于草捆表面，割断捆绳，打开后门卸草［图9-35（c）］。

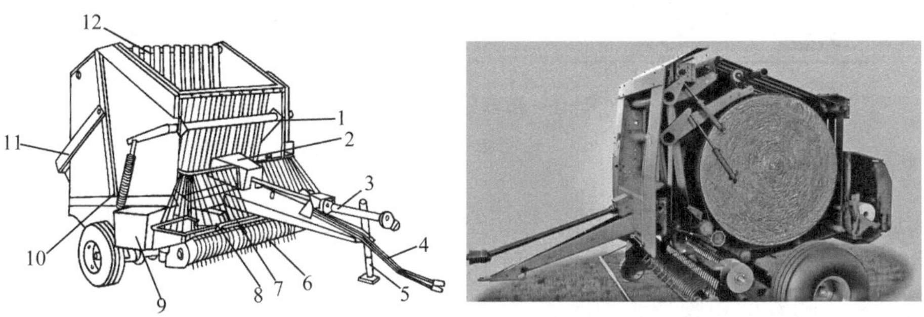

1—摇臂；2—传动系统；3—传动轴；4—液压系统油管；5—支架；6—捡拾器；7—打捆机构；8—割绳机构；9—绳箱；10—张紧弹簧；11—卸草后门；12—卷压室。

图9-34　胶带式圆捆机

2. 外卷绕式捡拾圆捆机

外卷绕式捡拾圆捆机主要有短胶带式（图9-36）、钢辊式、辊带式、棍杠式等。其特点是卷压室容积固定不变，开始卷捆时对牧草没有压力作用，等到牧草充满卷压室后开始受压力作用，形成的草捆中心疏松，外层紧密，所以透气性好，易于保存，但草捆较易变形。

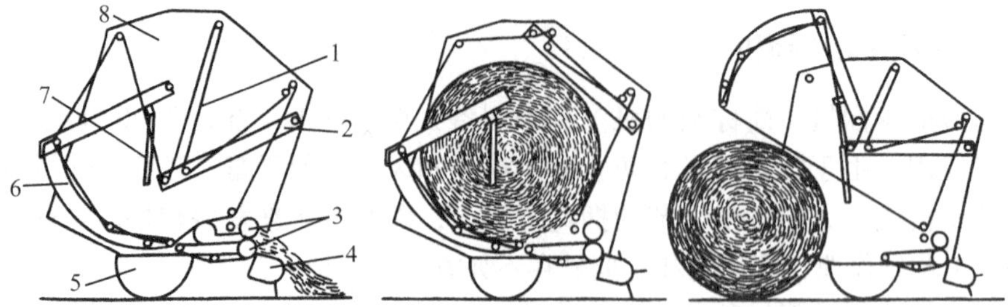

1—上圈皮带；2—摇臂；3—光辊；4—捡拾器；5—行走轮；6—卸草后门；7—油缸；8—侧壁。

图 9-35 胶带式圆捆机工作简图

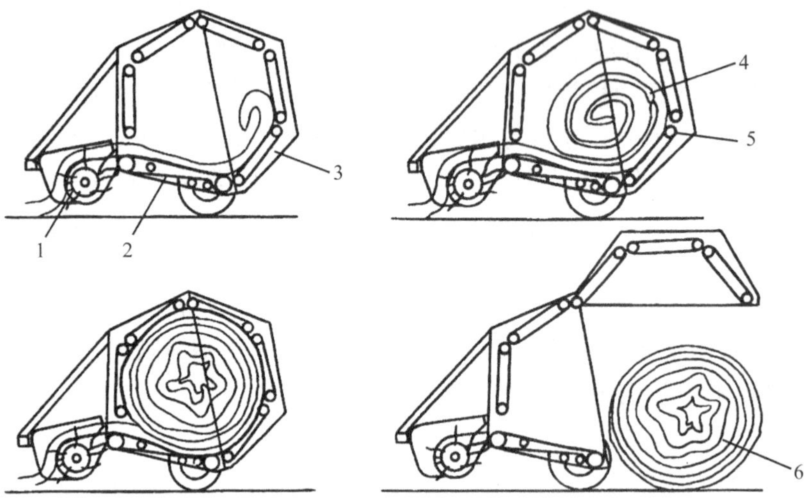

1—捡拾器；2—短皮带；3—卸草后门；4—草卷；5—辊子；6—草捆。

图 9-36 短胶带式圆捆机工作简图

短胶带式圆捆机主要由捡拾器、卷压室（由沿周向几组短胶带和两侧壁围成），捆绳机构、液压系统、传动系统、卸草后门等组成。工作时捡拾器将草条拾起，并输送进入卷压室，随着旋转胶带运动向后推送，并沿胶带上靠自重向下滚落；随着草条不断进入卷压室，在卷压室升到一定高度时，在从外向里各胶带形成的旋转运动作用下，形成草芯；草卷逐渐增大，最后充满整个卷压室；开始被压缩，直至达到规定密度即进行绕绳；之后由油缸打开后门，抛出草捆。

钢辊式圆捆机主要由捡拾器、卷压室（由沿周向配置的若干钢辊和两侧壁围成）、捆绳机构、液压系统、传动系统、卸草后门等组成。通过捡拾器将草条捡拾并送入卷压室，由周向配置的钢辊组向卷压室上部导送而后滚落形成草芯；随牧草的不断喂入，草芯旋转并增大，直至充满卷压室而被从外向内卷压，形成外紧内松的圆捆，利于通风、防雨。其形成的草捆耐用性好、结构较简单、卷捆密度较大。辊带式兼具钢辊式与胶带式的优点。

辊杠式圆捆机主要由捡拾器、卷压室（一组环形链链接的辊杠和两侧壁围成）、捆绳机构、液压系统、传动系统、卸草后门等组成。通过捡拾器喂入的牧草由左、右两侧环形链连接的辊杠组向卷压室上部推送而后滚落形成旋转草芯，随牧草的喂入而不断增大，直至充满卷压室而被从外向内卷压成圆捆。其形成的草捆耐用性较好、结构较复杂。

- **材料准备**

实训辅助手册、行业规范与技术标准、牧草压捆机、拖拉机、联轴器。

- **工具准备**

现代农业装备实训室、牧草压捆机、拖拉机、联轴器、工具箱、实训服、手套、零件拆解摆台桌、毛巾、清洁剂。

- **人员准备**

人员分组，每组 6 人，明确职责分工（表 9-5）。

表 9-5　任务分工

任务角色	任务内容
组长：	任务：
组员 1：	任务：
组员 2：	任务：
组员 3：	任务：
组员 4：	任务：
组员 5：	任务：

任务实施

牧草压捆机操作与维护。借助行业规范与技术标准，以及牧草压捆机、拖拉机、联轴器，进行压捆作业。作业过程中正确使用工具箱中的各种工具。

一、使用作业前

①使用作业前认真阅读使用说明书上所写的注意事项、使用要领，在完全理解的情况下，方可进行操作。

②在身体不舒服，不适应机器操作场合下不可进行操作。如过度疲劳、生病、受药物影响、饮酒后、不能熟练进行机械操作等情况。

③穿不合适的服装进行操作作业，会使衣服被机器卷入，严重时会发生死亡和重大事故。故作业时不能穿过于肥大的服装，避免衣袖口、裤脚被设备缠绕，佩戴安全帽，不要在头部、腰部放毛巾。

④不得擅自对机械进行改造，否则会造成机器损伤及发生伤害事故。

⑤作业操作前，根据使用说明书的要求进行检查。

二、使用作业中

①补充燃料时，禁止使用明火，请勿在有明火时进行燃料补充。

②发动引擎时请确认起动柄在“OFF”的位置，再行发动；若起动柄在“ON”的位置，起动时转台旋转会发生事故。

③在坡道、不平地面、急转弯处速度太快，会引起翻倒或者翻落事故，应低速移动。

④通过高低差较大的路段时，可能发生翻车或侧翻，发生受伤事故，应使用垫板。

⑤操作时机，机器不能载人、载物。

⑥移动机械时，应切断动力，勿让周围人靠近。

⑦机械运转或转动中，请勿打开罩壳。

⑧进行机械调整及清除杂物时，应停止动力，确定转动部、可动部停止后再进行操作。

三、使用结束后

①清扫机体应切断动力，确定转动部、可动部停止后再进行操作。

②操作结束后，根据操作说明书进行检查，不能懈怠操作后的检查。

③机械发生异常时，应及时进行故障处理，应按原样装配图检查，整理拆下的罩壳。

任务检测

请扫描二维码答题。

项目九任务三
任务检测

任务评价

根据学生对牧草压捆机学习了解的认真程度及任务报告的完成情况进行考核评价（表 9-6）。

表 9-6　牧草压捆机考核评价细则

<table>
<tr><td colspan="2">姓名：</td><td colspan="2">班级：</td><td colspan="2">组别：</td><td rowspan="3">教师签字：</td></tr>
<tr><td colspan="2">自评：
□合格　□不合格</td><td colspan="2">互评：
□合格　□不合格</td><td colspan="2">师评：
□合格　□不合格</td></tr>
<tr><td colspan="2">日期：</td><td colspan="2">日期：</td><td colspan="2">日期：</td></tr>
<tr><td colspan="7">考核评分细则</td></tr>
<tr><td>序号</td><td>考核项目</td><td>考核标准</td><td>考核方式</td><td>分值</td><td>评分要求</td><td>得分</td></tr>
<tr><td>1</td><td>安全注意事项</td><td>□使用作业前
□使用作业中
□使用作业后</td><td>现场考核、问答考核</td><td>10</td><td>根据情况酌情扣分</td><td></td></tr>
</table>

（续表）

序号	考核项目	考核标准	考核方式	分值	评分要求	得分
2	牧草压捆机构造图及各部分名称和功用	□牧草压捆机结构图和名称 □牧草压捆机主要部件及功用	现场考核、问答考核	10	未完成一项扣 5 分	
3	牧草压捆机主要部件的安装及使用	□与拖拉机的连接 □与万向联动器的安装 □切断的方法 □安全罩的装卸方法 □与转动轴的连接	现场考核、问答考核	20	未完成一项扣 4 分	
4	牧草压捆机的维护使用与调整	□穿绳方法 □打结的确认方法 □捆包密度的调整 □捆包长度的调整 □捡拾机构的调整 □保险螺栓更换要领 □外耙的安全装置 □摩擦离合器的调整 □悬空调整 □ “V” 形皮带张紧的调整 □滚子链条张紧程度的调整 □捆包变形时的调整 □打结器的调整	现场考核、问答考核	15	根据情况酌情扣分	
5	牧草压捆机常见故障与排除	□出现的故障 □出现的原因 □排除故障方法	现场考核、问答考核	15	未完成一项扣 5 分	
6	任务报告	□完成认真，内容正确 □牧草压捆机操作与维护 □各部位标注正确	评阅考核	20	根据情况酌情扣分	
7	学习态度	□具有团队协作精神 □具备科学严谨的态度 □观察认真，发言积极 □遵纪守时，爱护公物	自评、互评和师评相结合	10	根据情况酌情扣分	
合计				100		
自我评价与总结						
教师点评						

项目十 青贮饲料收获机械

项目导读

青贮作为牲畜饲料储备的重要措施之一，是解决奶牛、羊等饲草季节性短缺问题的最佳手段。青贮饲料收获机械是专门用来收获青贮饲料，然后切碎成段，并输送到物料箱或单独的挂车内的农业机械，是饲草收获的重要保证，也是提高青贮饲料品质和效率的重要技术手段。本项目主要介绍青贮饲料切碎机械和青贮饲料收获机的基础知识和技术技能。要求学生能够掌握青贮饲料切碎机械和青贮饲料收获机的主要结构和工作过程，并根据实际青贮饲料农业技术要求和青贮饲料收获工艺方法选择合适的收获机械。

知识目标

①熟悉青贮饲料收获技术要求和收获工艺方法。

②掌握牧草低水分青贮技术要求和收获工艺、青贮饲料加工方法和工艺。

③掌握青贮饲料切碎机械的饲草切碎机的种类，滚刀式饲草切碎机和盘刀式饲草切碎机的结构、工作过程。

④熟悉饲草切碎机的使用和秸秆铡切揉搓机的构造和工作原理。

⑤熟悉青贮饲料收获机的构造和主要结构。

技能目标

①根据青贮饲料的用途，选择合适的农业技术要求和收获工艺方法。

②根据实际情况，选择合适的青贮饲料切碎机，并能对切碎机进行安装、使用。

③根据实际情况，选择合适的饲草切碎机，并能对饲草切碎机进行安装、使用。

④根据实际情况，选择合适的青贮饲料收获机，并能对青贮饲料收获机进行安装、使用。

⑤能够对青贮饲料切碎机、青贮饲料收获机出现的简单故障进行维修。

素质目标

①树立安全意识。熟知工作安全常识，以保障个人人身安全。

②提升自我管理能力。遵守工作纪律，能恰当有效地利用时间，按时完成各项任务。

③提升团队合作能力。能认知自己在团队中的角色，主动承担工作任务，尊重他人的意见，遵从集体决策，遵守各种行为规范和操作规范。

④提升独立思考能力。能积极学习知识，领悟所学内容，独立思考，梳理知识，建立自己可靠的知识基础，活学活用解决新的问题。

⑤提升交流沟通能力。能主动与小组成员、同学、老师、陌生人接触，通过聆听、交谈、交流等方式获取信息，有效地进行交流沟通。

⑥树立严谨求实的工作态度。能够严格按规范、标准一丝不苟地完成每一项检查工作。

思政目标

①懂农牧业、爱农牧民、爱农村牧区，做农牧人、干农牧事，增强投身“三农”的自豪感。

②教育学生要全面了解当下青贮饲料收获机械的发展状况，使学生树立远大的目标。

任务一　青贮饲料切碎机械

任务导入

在分段收获调制法中，青贮饲料经收割机收割后，需要青贮切碎机切碎后抛送入青贮建筑，压实密封，因此少不了青贮饲料切碎机械。农民王叔叔种植了几十公顷的牧草，现已收割完成，需要对青贮饲料切碎后抛送入青贮建筑，但在切碎过程中机器出现故障，切碎时机器时常出现堵塞。请根据所学知识进行故障的排除和简单的修理。

任务工单

班级:____________　姓名:____________　学号:____________

任务名称	青贮饲料切碎机械
任务描述	根据实际情况，填写本任务的内容、目的、流程和方法。 任务内容:____ ____。

（续表）

<table>
<tr><td>任务描述</td><td colspan="4">任务目的：____________________________________
____________________________________。
任务流程：____________________________________
____________________________________。
任务方法：____________________________________
____________________________________。</td></tr>
<tr><td>获取信息</td><td colspan="4">要完成任务，需要掌握相关的知识。请收集资料，回答以下问题。
1. 青贮饲料收获技术的要求是什么？

2. 阐述青贮饲料收获工艺。

3. 描述青贮饲料加工方法和工艺。

4. 阐述盘刀式饲草切碎机的主要结构有哪些？详细描述工作过程。

5. 阐述秸秆铡切揉搓机的工作原理。</td></tr>
<tr><td>制订计划</td><td colspan="4"></td></tr>
<tr><td rowspan="6">任务实施</td><td colspan="4">按照预先制订的工作计划，完成本任务，并记录任务实施过程。</td></tr>
<tr><td>序号</td><td>完成的任务</td><td>遇到的问题</td><td>解决办法</td></tr>
<tr><td></td><td></td><td></td><td></td></tr>
<tr><td></td><td></td><td></td><td></td></tr>
<tr><td></td><td></td><td></td><td></td></tr>
<tr><td></td><td></td><td></td><td></td></tr>
</table>

任务准备

- **知识准备**

一、饲草切碎机

1. 饲草切碎机的种类

饲草切碎机（或称青贮饲料切碎机）主要以固定作业方式切断茎秆类饲料，如谷草、稻草、麦秸、干草、各种青饲料和青贮玉米等。

饲草切碎机按机型大小可分小型、中型和大型三种。小型饲草切碎机常称为铡草机，在农村应用很广，主要用来铡切谷草、稻草和麦秆。大型饲草切碎机一般可以铡草和铡青贮饲料两用。按切割部分形式又可分为滚刀式和盘刀式两种。大中型饲草切碎机，为了便于抛送青贮饲料一般都为盘刀式，而小型铡草机则两者都有，但以滚刀式居多。按固定方式可分为固定式和移动式。大中型饲草切碎机为了便于青贮作业常为移动式，小型铡草机常为固定式。

2. 滚刀式饲草切碎机

（1）构造和工作过程

滚刀式饲草切碎机（图 10-1）由上喂入辊、下喂入辊、动刀片、定刀片、切碎滚筒等组成，有的切碎机还设有风扇。工作时，上下喂入辊以相反方向转动，草料被拉入两辊之间，并被压紧送入，由滚筒上的动刀片配合定刀片将其切割成碎段，碎段由排出槽排出，或由风扇吹至指定地点。有的滚刀式切碎机在上下喂入辊之前设有链板输送器，使喂入的饲草均匀连续，也提高了安全性。该机的优点是滚筒轴和喂入辊轴相互平行，所以传动机构比较简单，机器结构比较紧凑。

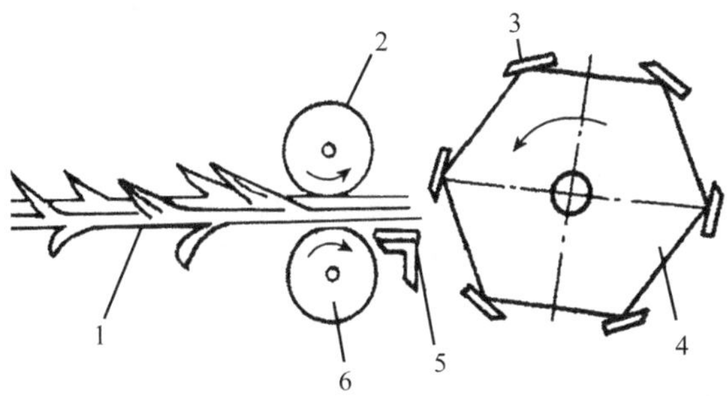

1—饲料；2—上喂入辊；3—动刀片；4—切碎滚筒；5—定刀片；6—下喂入辊。

图 10-1　滚刀式饲草切碎机工作示意图

（2）主要工作部件

①喂入辊。其主要功用是喂入饲料。对喂入辊的要求：为便于切割，要求上下喂入辊有一定的压紧力；为防止饲料被动刀片拉出而形成长草，要求喂入辊表面带齿或沟槽；由于喂入量可能有变化，要求上喂入辊能上下活动。

喂入辊由 HT200 灰铸铁铸造。常用的辊形有棘齿形和沟槽形两种［图 10-2（a）］。棘齿形喂入辊的抓取能力较强，但容易缠草，因此在其后面必须安有与其相配合的梳状齿板，同时齿尖朝向与运动方向相反。沟槽形喂入辊不易缠草，且容易铸造，但其抓取能力较差，为了改善其抓取能力，齿尖朝向运动方向。喂入辊的直径一般为 80～160 mm，辊径过小喂入能力差。

为了适应饲料层厚薄变化及均匀压紧饲料，应采用上喂入辊的压紧机构。常用的压紧机构为弹簧式，如图 10-2（b）所示，上喂入辊轴承与弓形架相连，后者又通过钩子与弹簧相连。对饲料层的压紧力可由钩子上的螺帽调节。

在滚刀式饲草切碎机中，一般是由切割滚筒用齿轮带动下喂入辊，再由后者带动上喂入辊。为了保证上喂入辊能上下移动，对上喂入辊的传动常采用如图 10-3 所示的两种形式。图 10-3（a）所示的是十字沟槽联轴节式，它由齿轮、中间圆盘和联轴节端盘组成，齿轮和联轴节端盘上有凸棱，中间圆盘的两面有互相垂直的沟槽。工作时，下喂入辊轴通过齿轮带动带凸棱的齿轮上下移动而不影响传动。图 10-3（b）表示了利用组式齿轮对上喂入辊的传动。在下喂入辊轴上安有齿轮，通过游动齿轮带动安在上辊轴上的齿轮，游动齿轮的轴固定不动，游动齿轮的轴分别用销连杆与齿轮的轴相销连，这样，当上喂入辊上下移动时，各齿轮可始终保持正常啮合。

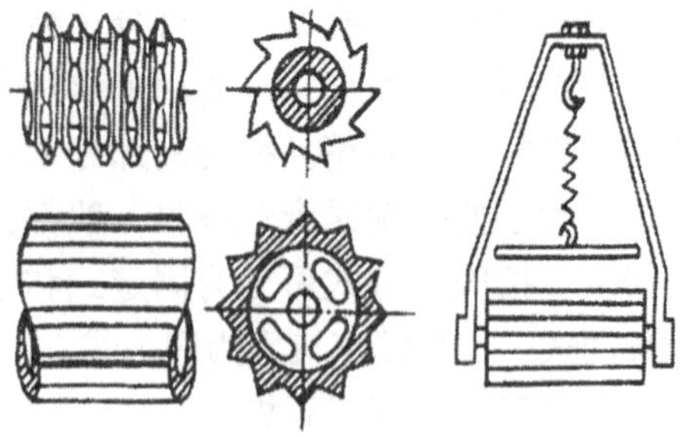

（a）喂入辊形状　（b）上喂入辊压紧机构

图 10-2　喂入辊

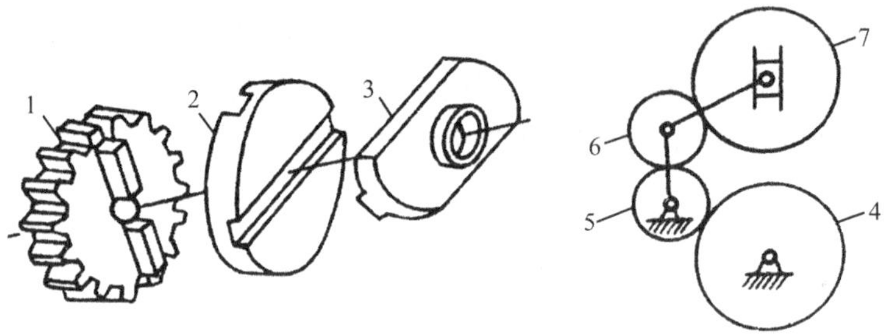

（a）十字沟槽联轴节式传动　（b）组式齿轮传动

1—齿轮；2—中间圆盘；3—联轴节端盘；4—下喂入辊齿轮；

5，6—游动齿轮；7—上喂入辊齿轮。

图 10-3　上喂入辊的传动形式

②切碎器。包括切碎滚筒和定刀片。切碎滚筒用来安装动刀片，刀片数为 2～6 片。滚筒上的刀片分螺旋刃口刀片和直刃斜装刀片两种。

a. 带螺旋刃口刀片的滚刀式切碎器（图 10-4）。该切碎器在轴上固定了两个圆盘，圆盘定了动刀片，构成了切碎滚筒，滚筒转动时动刀片配合定刀片进行切割。刀片每侧各有两个螺钉，远离刀刃的螺钉用来将刀片压紧在圆盘上，靠近刀刃的螺钉用来将刀刃顶离滚筒轴而减小动刀片与定刀片刃口之间隙。动刀片中部由调节螺杆固定在套筒上，可用螺杆来调节动刀片和定刀片之中部间隙。动刀片刃口必须和定刀片刃口有一倾斜角，以进行合理的切割，如图 10-5 所示。

b. 带直刃斜装刀片的滚刀式切碎器。该切碎器是为了简化制造工艺而设计的一种切碎器，常用于小型铡草机上。

ZC-1.0 型铡草机上的直刃斜装滚刀式切碎器如图 10-6 所示。主轴的中部安有刀架，刀架上固定有两把动刀片和两个抛送叶片。动刀刃两端点的回转半径不等，即转子一端大一端小，且动刀刃是倾斜安装，因此刀片的刃线回转时的轨迹面为单叶双曲面。定刀片刃口为直线形，为保持一致的切割间隙及切割负荷较均匀，定刀片刃口一端向前向下，另一端向后向上，即定刀片刃口线与滚筒回转轴线不是平行的。

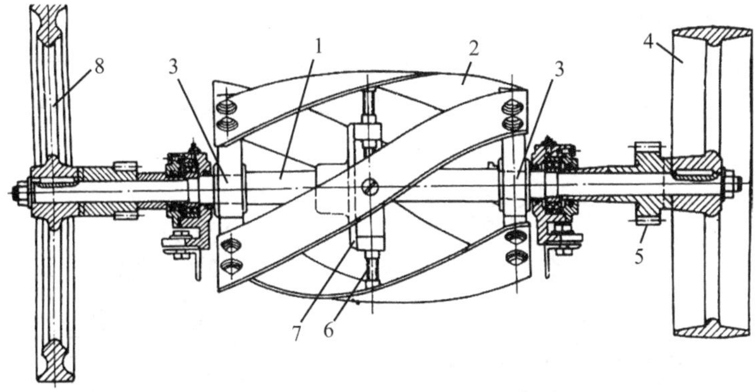

1—主轴；2—动刀片；3—圆盘；4—带轮；5—齿轮；6—调节螺杆；7—套筒；8—飞轮。

图 10-4　带螺旋刃口刀片的滚刀式切碎器

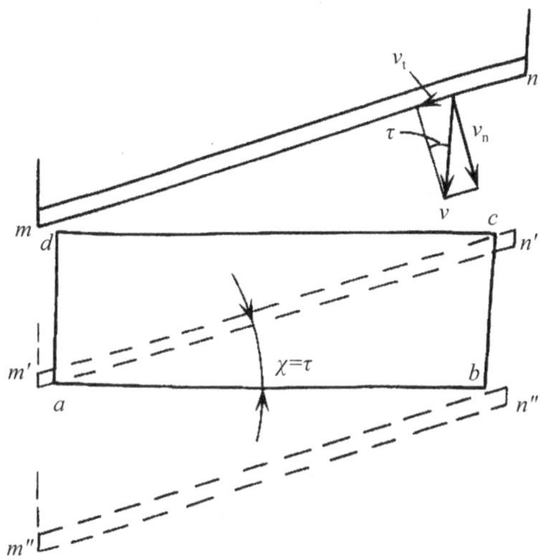

v_n—滚刀片的切割速度；v_t—滚刀片的滑切速度；v—机器前进速度。

图 10-5　滚筒刀片的切割过程

带直刃斜装刀片的滚刀式切碎器（图 10-6）动刀制造简单，磨锐方便，结构也简单紧凑，但刀片间隙的调节比较麻烦，工作时不够平稳，主要用在小型铡草机上。

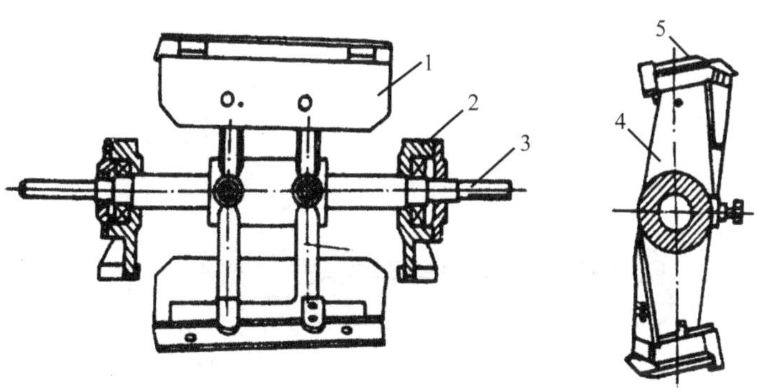

1—抛送叶片；2—轴承座；3—主轴；4—刀架；5—动刀片。

图 10-6　直刃斜装滚刀式切碎器

（3）国产滚刀式铡草机

国产铡草机形式较多，如 ZC-0.95 型铡草机由上下喂入辊、切碎器、风扇、传动机构和机架等组成，如图 10-7 所示，可用来铡切谷草、稻草、玉米秸秆等粗饲料。

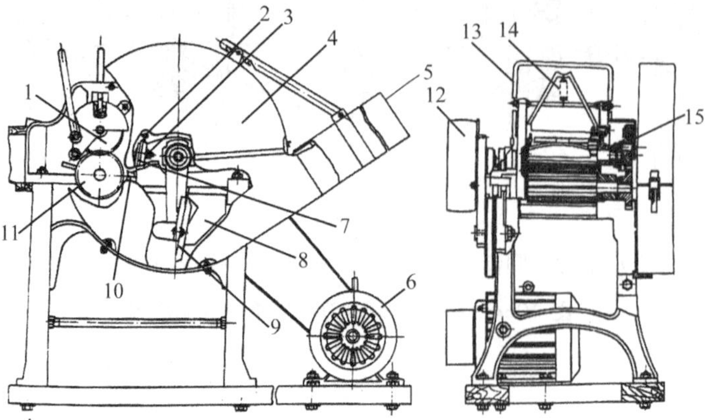

1—上喂入辊；2—刀片顶丝；3—刀片固定螺栓；4—风扇外壳；5—抛送筒；6—电动机；7—切碎器；8—接草斗；9—风扇；10—定刀片；11—下喂入辊；12—皮带轮；13—爪形离合器手柄；14—喂入辊弹簧；15—十字沟槽联轴节。

图 10-7　ZC-0.95 型铡草机

上下喂入辊皆为沟槽式，喂入辊压紧机构为弹簧式，对上喂入辊的传动采用了十字沟槽联轴节。切碎器为直刃斜装刀片滚刀式，由切碎滚筒和定刀片组成。刀片由优质 65Mn 钢制成。动刀片和定刀片之间隙应为 0.2～0.4 mm，可用刀片顶丝调节。

风扇叶片支架固定在主轴的一端，支架上安有两个风扇叶片；风扇外壳为滚筒形，外壳里侧有接草斗，工作时碎草段由此进入风扇进行抛送，抛送距离可达 7～8 m。

3. 盘刀式饲草切碎机

（1）构造和工作过程

盘刀式饲草切碎机（图 10-8）由链板式输送器、上喂入辊、下喂入辊、定刀片、刀盘、刀片、抛送叶板等组成。工作时，放在链板输送器上的草料由输送器送向喂入辊，由后者将其压紧卷入，由动刀片配合定刀片将其切成碎段。切碎后的草料被抛送叶板抛送到贮存地点或青贮建筑物中。

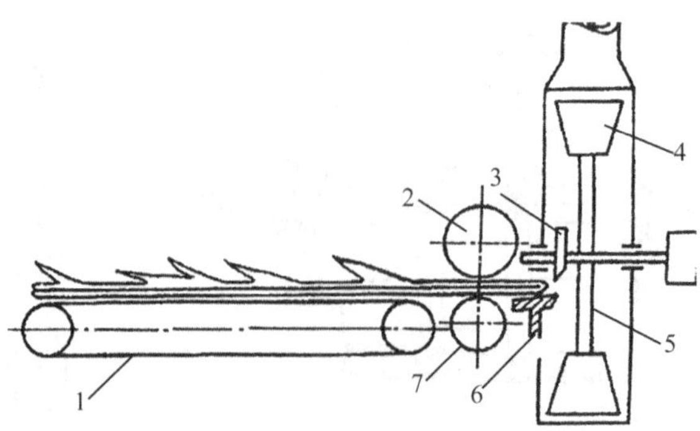

1—链板式输送器；2—上喂入辊；3—刀片；4—抛送叶板；5—刀盘；6—定刀片；7—下喂入辊。

图 10-8　盘刀式饲草切碎机

（2）主要工作部件

盘刀式饲草切碎机的喂入部分与滚刀式类似，只是一般都安有链板式输送器。

盘刀式饲草切碎机的切碎器包括刀盘和定刀片。刀盘是一个圆盘或刀架，上面固定了动刀片 2～3 片，并于外侧安有 2～6 片抛送叶板。根据刃口形状不同，动刀片有凸曲线形、凹曲线形和直线形。装有凸曲线形刀片的盘刀式切碎器如图 10-9 所示，装有凹曲线形刀片的盘刀式切碎器如图 10-10 所示。

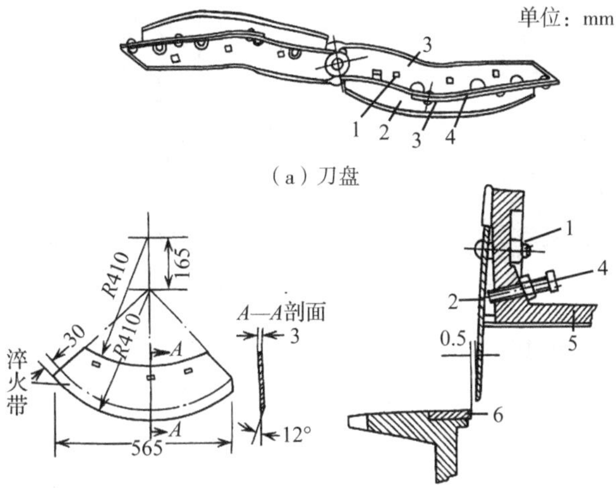

（a）刀盘

（b）动刀片形状和尺寸　　（c）切割间隙的调整

A—A—断面图；R—半径；

1—刀片固定螺栓；2—动刀片；3—抛送叶板；4—间隙调整；5—双翼刀架；6—定刀片。

图 10-9　装有凸曲线形刀片的盘刀式切碎器

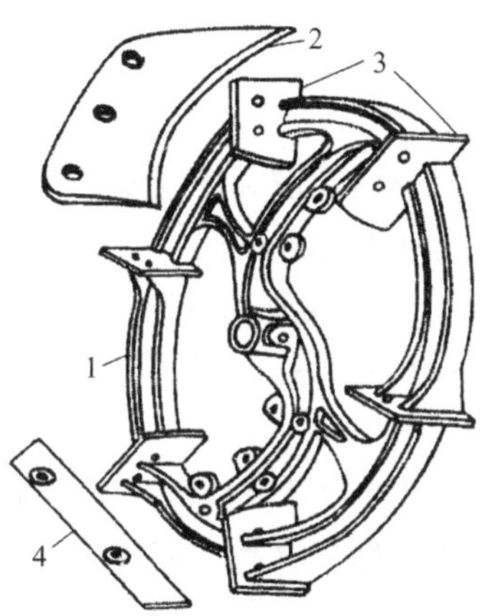

1—刀盘；2—动刀片；3—抛送叶板；4—定刀片。

图 10-10　装有凹曲线形刀片的盘刀式切碎器

（3）国产盘刀式饲草切碎机

现以 ZC-6.0 型青贮饲料切碎机为例。它由喂入、切碎、抛送和传动等部分组成。主要用来切碎青贮玉米，也能切碎干草、秸秆、薯蔓、白菜、甘薯等。喂入部分由链板式输送器和上、下喂入辊组成。上喂入辊直径较大，为沟槽形，下喂入辊直径较小，为棘齿形。喂入辊压紧机构为弹簧式。

国产盘刀式饲草切碎机外形及传动简图如图 10-11 和图 10-12 所示。

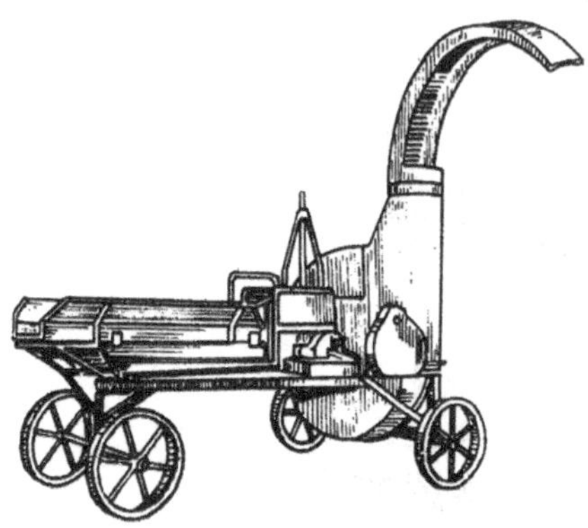

图 10-11　ZC-6.0 型饲草切碎机外形

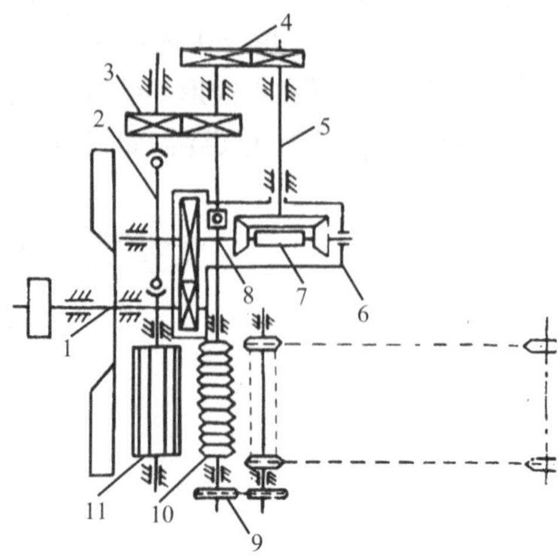

1，2，5，8—轴；3，4—齿轮；6—传动箱；7—离合器；9—链轮；10—下喂入辊；11—上喂入辊。

图 10-12　ZC-6.0 型饲草切碎机的传动简图

4. 饲草切碎机的使用

（1）工作前安装

固定式小型铡草机应固定在地基或长方木上，电动机与铡草机中心距为 1.2～1.4 m。移动式大中型饲草切碎机进行青贮饲料切碎时，应将轮子一半埋入土中，动力机与切碎机中心距 3～6 m。根据青贮建筑物类型，切碎机出口处可安装弯槽，或机器和弯槽间安装若干段风管。

（2）使用前检查和调整

工作前应检查机器的状态、螺栓固定和回转部分润滑等情况。应检查调整切割间隙：一般小型铡草机要求间隙为 0.2～0.4 mm；中型切碎机应为 0.5～1.0 mm；大型切碎机切细软茎秆时为 0.5～1.0 mm，切粗硬茎秆时为 1～2 mm。应根据要求通过更换齿轮来调整切碎段长度。应检查并磨锐刀片，一般要求刃口厚度保持 0.2～0.3 mm。

（3）起动和工作

先用手试转，再将离合器切离，开动电动机，运转正常后接合离合器并进行投料。喂料应均匀，如出现堵塞应使喂入部分反转，并停机打开清理。严禁不停机清理。工作人员应穿紧袖服装。工作结束时，应先停止进料再停机，并进行清理。

（4）维护保养

动刀片和定刀片应定期进行磨锐，并按说明书进行定期润滑。

二、秸秆铡切揉搓机

秸秆铡切揉搓机（图 10-13）主要以固定作业方式加工青饲作物秸秆和牧草。经它铡切揉搓的作物秸秆细碎、柔软，大大地提高了适口性，克服了传统铡草机破节率低的缺点。

图 10-13　秸秆铡切揉搓机

1. 主要构造

本机由喂入机构、切揉转子、传动机构、机体、机架、防护罩等部分组成。

①喂入机构主要由喂入槽、喂入安全防护罩、上下喂入辊、传动部分等组成。

②切揉转子主要由动刀片、刀盘、锤片、抛送叶片等组成。

③传动机构主要由三角带、皮带轮、齿轮等部分组成。

2. 工作原理

由人工将作物秸秆放入喂入口中，作物秸秆通过上下喂入辊挤压而被推向切碎室的动定刀片，再由动定刀片切碎后排入揉碎抛送室，在揉碎抛送室内通过锤片和齿条的击搓并经抛送叶片由出料管抛出，实现对秸秆的铡切揉搓加工。

- **材料准备**

实训辅助手册、行业规范与技术标准、切碎机、拖拉机、联轴器。

- **工具准备**

现代农业装备实训室、切碎机、拖拉机、联轴器、工具箱、实训服、手套、毛巾、清洁剂。

- **人员准备**

人员分组，每组 6 人，明确职责分工（表 10-1）。

表 10-1　任务分工

任务角色	任务内容
组长：	任务：
组员 1：	任务：
组员 2：	任务：
组员 3：	任务：
组员 4：	任务：
组员 5：	任务：

任务实施

滚刀式饲草切碎机操作与维护。借助行业规范与技术标准，以及饲草切碎机、拖拉机、联轴器，完成饲草切碎作业。在作业过程中正确使用工具箱中的各种工具。

一、饲料切碎机的安装、调整

机组的安装。对于固定式小型切碎机应固定在地上或长木方上。用电机为动力带动其工作时，两者的传动轴中心距应为 1.2～1.4 m，不应过小。对于移动式大中型切碎机进行青贮切碎时，应将轮子的 1/2 埋入土中，动力机与切碎中心距 3～6 m。切碎机出口处可安装弯槽或安装若干段通风管和弯槽。

刀片与底刀之间间隙的调整。刀片调整时，先松开刀片上 3 个螺栓，转动刀片的调整螺钉顶送销子，使刀片向前移动；当刀片刃与刀刃调整到理想位置时，将松开的 3 个螺栓紧固好。滚刀式饲草切碎机的刀片与底刀间隙一般为 0.2～0.4 mm。底刀的 4 个刃都可以用。换刃时，先将底刀两端螺钉松开，由侧面将底刀抽出，换刃后再安装固定好。

调整刀片和底刀换刃时，应将主轴皮带卸下。注意操作安全，防止伤手。

切碎长度的调整。以滚刀式饲草切碎机为例。据其工作过程可知，饲草切碎段的长度与喂入速度有关。当刀盘转速、动刀片数目一定时，加大喂入速度将使切碎段变大；反之，则变短。所以通过改变喂入棍与切碎刀盘主轴的速比，就可以改变碎段的长度。几乎所有的饲草切碎机都是利用此原理，即当刀片数量不变的情况下，通过调换切碎刀盘主轴与喂入之间的传动齿轮的方法，来调整切碎段长度。

饲草切碎机的试运转，开机前应做如下检查：一是仔细检查各紧固件是否松动，特别是动刀片和定刀片处，如有松动应立即紧固；二是在各润滑处加注润滑油；三是检查操作手柄是否灵活可靠；四是检查喂入槽与工作室内是否有工具或其他异物，如有则应立即清除；五是转动主轴是否灵活，不得有相碰处。以上检查均符合要求后，空载起动运转 3～5 min。运转正常后即可投料使用。

二、饲草切碎机的使用与维护

1. 使用

（1）开机前的准备

①用具的准备。在工作场地设 1 个与喂入槽相接的工作台面，以便打开草捆和堆放草料，保证连续喂入，提高工效。另外，还应备有清理草料的工具（镰刀等）。

②人员的配备。可根据切碎机工作现场情况确定，一般为 2～3 人，其中应有 1 专人使用、保养机器，其余人员做辅助工作。

③切碎机的检查、试运行。开机前应按前面介绍过的饲草切碎机试运前检查内容逐项进行，并将所有安全防护罩装好，确认一切正常后方可开机。

（2）开机后的操作与安全

①注意安全操作，工作人员应穿紧袖服装。在机器工作时，不准检查、润滑和调整设备，更不准用手、脚接触各运转部分，以防事故。

②喂草要均匀，不宜过多，更不允许将草条喂人。喂入的同时，应注意清除草中的坚硬杂物，以免其进入机内发生故障。

③若发现主轴转速下降，草不能往前走或喂入辊缠草时，应立即将手柄扳到反转

位置，使草辊反转将草倒出一些。运转正常后，再放到正转位置进行正常作业。

④作业完了，让饲草切碎机继续空转几分钟，将抛送风筒中的残留碎草排净。

2. 维护

每班工作结束后，应将机器上的杂质清除干净，并将手柄放在中间位置。及时检查各紧固部位，刀片磨钝后要及时修理磨刃。一般情况下，钝刀片每铡 10 t 草就应磨刃 1 次。定刀片也应定期磨锐，及时进行润滑。轴承部位要每班加 1 次润滑油，其他润滑部位要每工作 4 h 加 1 次润滑油，并应定期清洗主轴。

任务检测

请扫描二维码答题。

项目十任务一
任务检测

任务评价

根据学生对饲草切碎机学习了解的认真程度及任务报告的完成情况进行考核评价（表 10-2）。

表 10-2　饲草切碎机考核评价细则

<table>
<tr><td colspan="2">姓名：</td><td colspan="2">班级：</td><td colspan="2">组别：</td><td rowspan="3">教师
签字：</td></tr>
<tr><td colspan="2">自评：
□合格　□不合格</td><td colspan="2">互评：
□合格　□不合格</td><td colspan="2">师评：
□合格　□不合格</td></tr>
<tr><td colspan="2">日期：</td><td colspan="2">日期：</td><td colspan="2">日期：</td></tr>
<tr><td colspan="7">考核评分细则</td></tr>
<tr><td>序号</td><td>考核项目</td><td>考核标准</td><td>考核方式</td><td>分值</td><td>评分要求</td><td>得分</td></tr>
<tr><td>1</td><td>饲料切碎机的安装、调整</td><td>□机组的安装
□刀片与底刀间隙的调整
□切碎长度的调整</td><td>现场考核、问答考核</td><td>10</td><td>根据情况酌情扣分</td><td></td></tr>
<tr><td>2</td><td>饲草切碎机开机前的准备</td><td>□用具的准备
□人员的配备
□切碎机的检查、试运行</td><td>现场考核、问答考核</td><td>10</td><td>根据情况酌情扣分</td><td></td></tr>
<tr><td>3</td><td>饲草切碎机开机后的操作与安全</td><td>□注意安全操作
□喂草要均匀
□故障的处理</td><td>现场考核、问答考核</td><td>20</td><td>根据情况酌情扣分</td><td></td></tr>
<tr><td>4</td><td>饲草切碎机的维护</td><td>□杂质清除干净
□检查各紧固部位
□刀片磨钝后要及时修理磨刃</td><td>现场考核、问答考核</td><td>30</td><td>未完成一项扣 10 分</td><td></td></tr>
<tr><td>5</td><td>任务报告</td><td>□完成认真，内容正确
□饲草切碎机操作与维护
□各部位标注正确</td><td>评阅考核</td><td>20</td><td>根据情况酌情扣分</td><td></td></tr>
</table>

（续表）

序号	考核项目	考核标准	考核方式	分值	评分要求	得分
6	学习态度	□具有团队协作精神 □具备科学严谨的态度 □观察认真，发言积极 □遵纪守时，爱护公物	自评、互评和师评相结合	10	根据情况酌情扣分	
合计				100		
自我评价与总结						
教师点评						

任务二　青贮饲料收获机

任务导入

青贮饲料含有丰富的营养，是家畜饲料中的重要组成部分，发展青饲料生产对提高畜群的生产能力具有很大的作用。农民王叔叔种植了几十公顷的牧草，现需要进行青贮饲料的收获，但在收获过程中机器出现了故障，常出现青贮饲料堵死机器的现象，不能正常工作。请根据所学知识进行故障的排除和简单的处理。

任务工单

班级：____________　　姓名：____________　　学号：____________

任务名称	青贮饲料收获机
任务描述	根据实际情况，填写本任务的内容、目的、流程和方法。 任务内容：____。 任务目的：____。 任务流程：____。 任务方法：____。

（续表）

<table>
<tr><td rowspan="1">获取信息</td><td colspan="4">要完成任务，需要掌握相关的知识。请收集资料，回答以下问题。
1. 阐述青贮饲料收获机的构造。

2. 阐述青贮饲料收获机割台的类型。

3. 青贮饲料收获机的主要结构有哪些？

4. 阐述金属异物探测装置的工作原理。

5. 阐述籽粒破碎装置的工作原理。</td></tr>
<tr><td>制订计划</td><td colspan="4"></td></tr>
<tr><td rowspan="6">任务实施</td><td colspan="4">按照预先制订的工作计划，完成本任务，并记录任务实施过程。</td></tr>
<tr><td>序号</td><td>完成的任务</td><td>遇到的问题</td><td>解决办法</td></tr>
<tr><td></td><td></td><td></td><td></td></tr>
<tr><td></td><td></td><td></td><td></td></tr>
<tr><td></td><td></td><td></td><td></td></tr>
<tr><td></td><td></td><td></td><td></td></tr>
</table>

任务准备

- **知识准备**

青贮饲料收获机用来在田间进行青贮饲料的切割和切碎，并将其吹送到拖车上。按照切碎方式的不同，青贮饲料收获机有甩刀型和通用型两种。甩刀型青贮饲料收获机适用范围窄、切碎质量差、损失较大，因此应用少；通用型青贮饲料收获机通用性强、切碎质量好、清洁度高，而且切碎长度可进行调整，因此应用十分广泛。通用型青贮饲料收获机按动力配置形式可分为牵引式［图 10-14（a）］、悬挂式（半悬挂式）和自走式［图 10-14（b）］三种，其中自走式用于大型青贮饲料收获机，目前已得到快速发展。

一、青贮饲料收获机的构造

通用型青贮饲料收获机可用来收获各种青贮饲料，主要由割台（切割部分）及主机（以切碎部分为主）组成。

（a）牵引式青贮饲料收获机　　（b）自走式青贮饲料收获机

图 10-14　青贮饲料收获机

1. 割台

割台主要有捡拾台、全幅割台、玉米割台、高秆不对行割台四种，如图 10-15 所示。

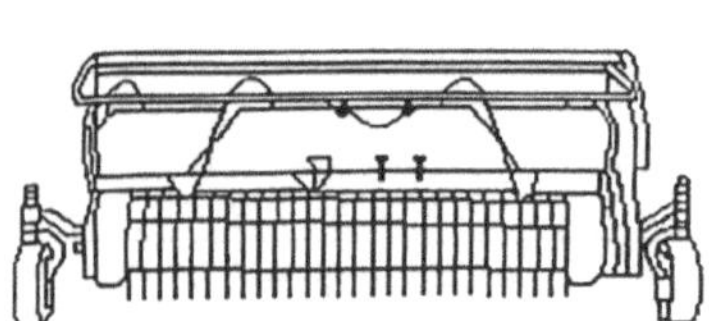

（a）检拾台

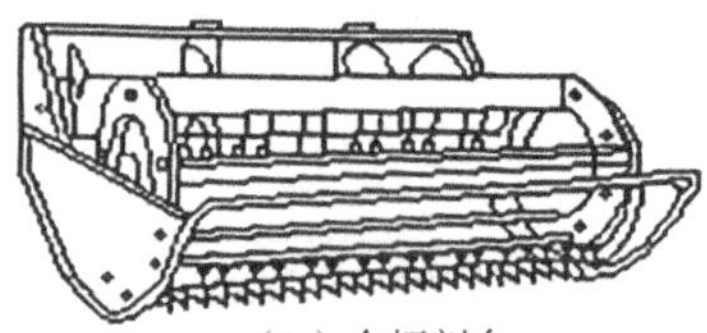

（b）全幅割台

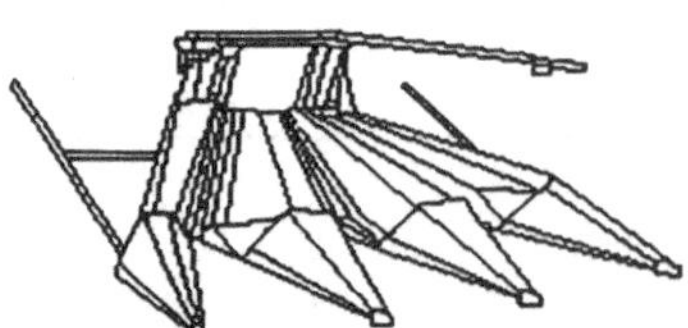

（c）玉米割台

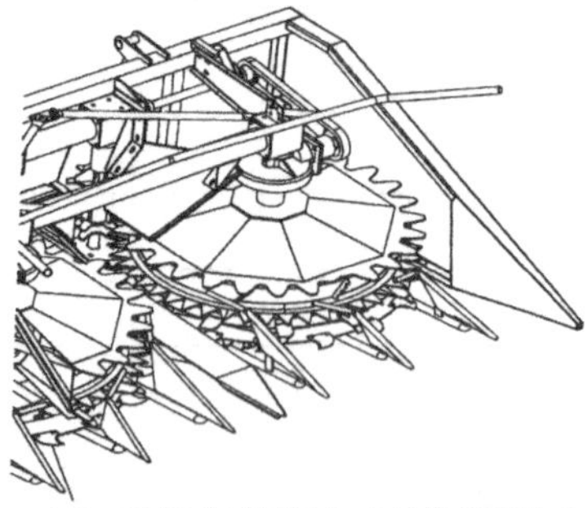

（d）高秆不对行割台（低拨轮割台）

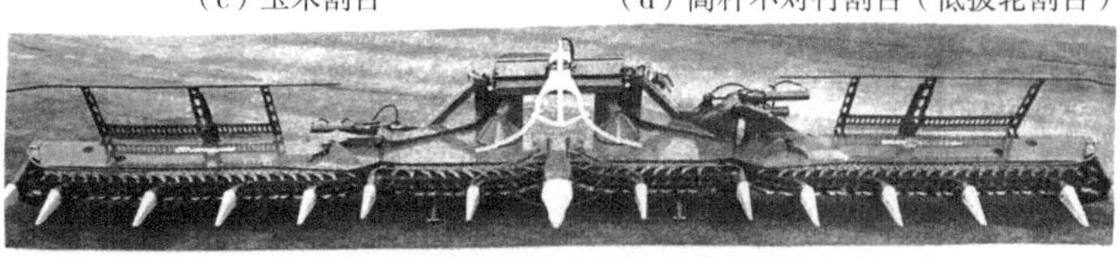

（e）高秆不对行割台（低拨禾宽幅割台）

图 10-15　青贮饲料收获机的割台

（1）捡拾台

捡拾台用于草条捡拾青贮饲料或低水分青贮饲料，由捡拾器、双向搅龙组成。

（2）全幅割台

全幅割台用于收获矮秆作物青贮饲料，由往复式切割器、拨草轮、搅龙（向中央汇集）等组成。

（3）玉米割台

玉米割台也称高秆对行割台，用于收割高秆青贮作物（如青贮玉米），通常可收

2～4 行。玉米割台由夹持机构、切割器、挡禾秆等组成。切割器有摆动刀式、双圆盘刀式和单圆盘刀式三种。夹持机构主要有链条拨齿式和链条波形皮带式。

（4）高秆不对行割台

高秆不对行割台包括拨轮（圆盘式）割台和回转链板式割台，用于切割和输送高秆青贮作物（如青贮玉米），可不对行作业。拨轮（圆盘式）割台主要由分禾器、切割刀盘、拨禾盘、挡禾盘等组成。根据青贮收获对象选择一种匹配的割台。

目前，随着自走式青贮饲料收获机的快速发展，玉米等高秆青贮作物不对行收获割台得到普遍应用。此类割台具有不对行、地面仿形、速度快、割茬低等特点。大型青贮饲料收获机的割台通过液压控制可实现割台折叠，提高机具适宜性、作业效率和收获质量，且割台在堵塞时可反转。其中，德国 KRONE 公司生产的低拨禾宽幅青贮饲料收获割台［图 10-15（e）］具有宽幅、顺畅切割、不堵刀、顺向喂入、适应收割倒伏青贮玉米的特点，并有三种自动的仿形功能，配置自动驾驶功能、高精度遇金属物自动停车功能。

2. 主机

主机用于喂入、切碎、抛送青贮饲料。主要包括喂入装置、切碎装置（包括自磨刀）、籽粒破碎装置和抛送装置等，如图 10-16 所示。主机和上述的任一割台相组合即可将喂入的各种青贮饲料切成碎段，然后抛送入运输车内。

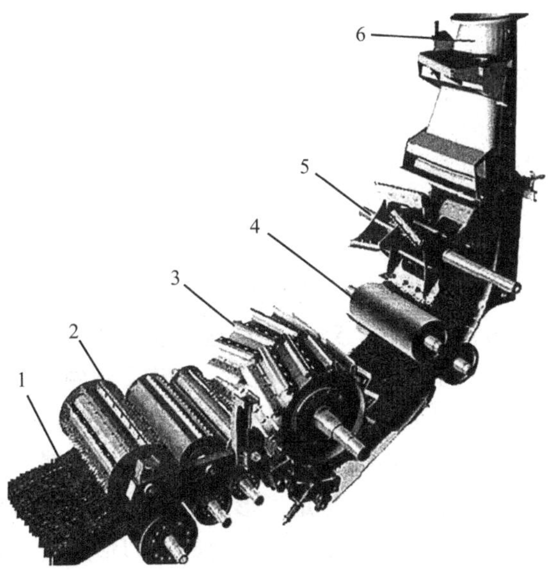

1—青贮饲料；2—喂入装置；3—切碎装置；4—籽粒破碎装置；5—抛送装置；6—卸料管。

图 10-16　青贮饲料收获机主机结构示意图

主机除了这些装置以外还有金属异物探测装置、机架、行走轮和传动部分。自走式收获机上还安装有发动机和操纵部分。

现以配备对行割台的牵引式青贮饲料收获机收获青贮玉米为例（图 10-17）说明其工作过程。青贮玉米首先由割台切割器切割，同时被夹持机构夹住并向后输送。夹持机构是由前到后逐渐向中央和向上倾斜，因此青贮玉米在向后输送时，数行青贮玉米被向中央和向上提升，且使根部向后而平卧，再被喂入装置压紧和喂入，由切碎装置切碎器切成碎段，再由其上配置的抛送装置抛向青贮饲料运输车。

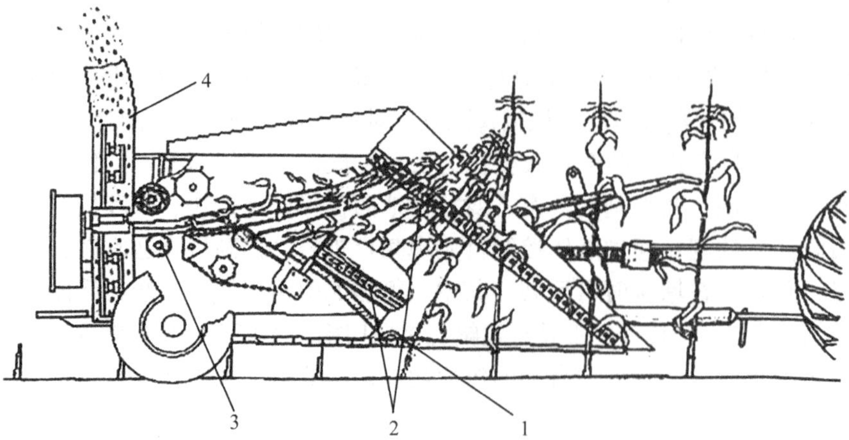

1—切割器；2—夹持机构；3—喂入装置；4—切碎抛送装置。

图 10-17 牵引式青贮饲料收获机工作过程

二、青贮饲料收获机的主要结构

青贮饲料收获机主要由玉米割台切割器、夹持机构、喂入装置、金属异物探测装置、切碎装置、籽粒破碎装置、抛送装置等主要工作机构或装置组成。

1. 切割器

切割器用于从根部切割青贮饲料。玉米割台所用的切割器有三种形式，如图 10-18（a）、图 10-18（b）、图 10-18（c）所示。回转链板式割台常用的切割器如图 10-18（d）所示。图 10-18（a）为双圆盘式，由固定底刃（定刀）和两个刀盘（动刀）组成，两盘相对回转和定刀片构成切割副；这是一种有支承切割的回转式切割器，线速度较低，为 6～16 m/s，刀刃有 5～6 片；这种切割器结构稍复杂，但割幅较宽，切割时茎秆弯斜少。图 10-18（b）为单圆盘式，每转切割两次，结构简单，但切割幅度较窄。图 10-18（c）为摆动式，动刀由曲柄连杆带动，可用一个曲柄轴来带动两行切割器，结构较简单。图 10-18（d）为斜切式，动刀由链板带动，链板绕主、被动轮回转；在工作端动刀直线向前运动，与定刀形成切割副。如在低拨禾宽幅割台上配置的随驱动链板循环运动的切刀，与固定在割台上的定刀形成滑切，实现青贮饲料的高效切割。

2. 夹持机构

玉米割台用夹持机构来定向输送茎秆，常用的有链板式和链条波形皮带式。波形皮带固定在节距为 19.05 mm 的链子上，带子为厚 8 mm、宽 63 mm 的夹线橡胶带，皮带呈波形，两条皮带的波峰和波谷正好相配合，以便夹持并输送被切割的玉米茎秆。链条波形皮带式夹持机构的结构简单紧凑、夹持牢固、输送平稳，所以目前应用较广。

在玉米割台或高秆不对行割台与喂入装置之间常设有立式对辊来导送高秆青贮作物。

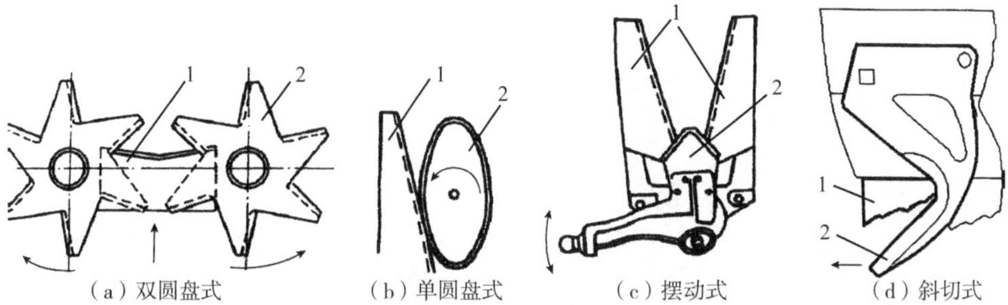

1—定刀；2—动刀。

图 10-18　几种切割器

3. 喂入装置

喂入装置用来将青贮饲料均匀地喂入切碎装置，并对饲料有一定的压紧作用，以便能更好地保证切碎质量。喂入装置（图 10-19）通常由两对或三对上下喂入辊组成。自走式青贮饲料收获机多采用多级喂入、速度可调的卧式夹持喂入装置，解决了立式喂入装置喂料不均匀、预压力不足造成切碎质量不高的技术难题。喂入装置通过液压驱动可调速的变速箱，确保物料切碎长度无级可调并实现物料堵塞时可反转。为使喂入装置工作可靠，增强对青贮饲料的抓取和喂入能力，其喂入辊常为星状轮或光滑轮。一般前上喂入辊直径较大，以增加其喂入能力；为了适应喂入量的变化和对作物有一定的压紧力的要求，上喂入辊多通过两侧的摆臂和拉伸弹簧使其呈浮动状态；下喂入辊的直径较小；后下喂入辊为光滑辊，以防止刮带和缠绕饲料而造成喂入口的堵塞。

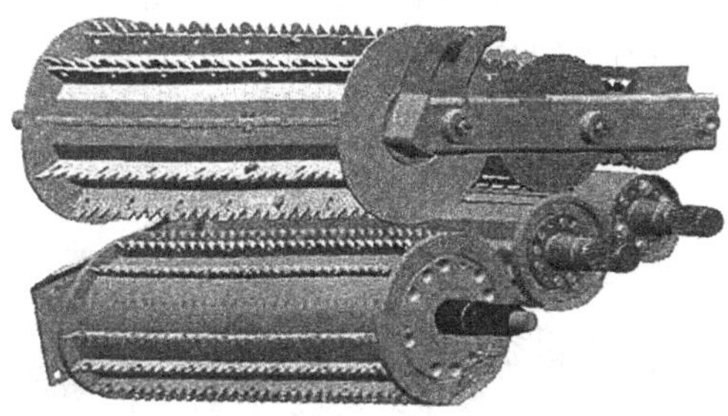

图 10-19　青贮饲料收获机的喂入装置

4. 金属异物探测装置

金属异物探测装置用于青贮饲料收获作业时，探测喂入的青贮饲料中是否有金属。金属异物探测器通常设在喂入装置的前端下部滚筒中［图 10-20（a）］，滚筒内磁铁槽中嵌设电磁线圈［图 10-20（b）］，线圈组在喂入系统前方产生磁场。当发现青贮饲料（如青贮玉米秸秆）中掺杂有金属时，磁场会产生变化，由探测器起动制动装置，即起动喂入系统急停功能，立即切断动力。国外先进的青贮饲料收获机基本能够实现 0.05 s 内使喂入装置（系统）及切碎装置（系统）自动停止转动，同时前挂传动也被终止，以防止金属损坏高速旋转的切碎滚筒刀片，并防止金属进入青贮饲料中。

5. 切碎装置

用于切碎青贮饲料的切碎装置，主要有滚刀式和盘刀式两种。滚刀式切碎装置体积小、效率高、切碎质量好且能够更准确地控制青贮饲料的切碎长度，因此大型青贮饲料收获机主要采用滚刀式切碎装置。滚刀式切碎装置又有切碎型和切碎抛送型两种。切碎型仅用于切碎青贮饲料。切碎抛送型是在切碎同时进行碎段的抛送，需通过附设的饲料抛送装置来进行。

（a）喂入装置的前端滚筒

（b）滚筒内磁铁槽的设置

图 10-20 青贮饲料收获机的金属异物探测装置

滚刀式切碎器（图 10-21）由安有至少 2 个圆盘的管轴，以及固定在圆盘上的刀座和切刀等组成。滚筒上的切刀与固定在喂入口处的定刀构成切割副。切刀和定刀的刃口上常焊有碳化钨硬质合金，以提高其耐磨性。

（a）切碎型 （b）切碎抛送型（平板形切刀） （c）切碎抛送型（凹面形切刀） （d）切碎型

图 10-21 滚刀式切碎器

切碎型滚刀式切碎器的切刀为切向配置，刀刃为螺旋形［图 10-21（a）、图 10-21（d）］。其滚筒直径一般为 400～460 mm，转速为 720～1 000 r/min，切刀在滚筒上的倾角为 8°～20°，切刀刃角一般为 30°～45°。切刀与定刀之间的间隙可用调节螺钉调节。切刀刃口可由装在切割滚筒机壳上的磨锐器磨锐，磨刀时可使滚筒反向回转，并用手慢慢移动磨石，切刀即可被磨锐。切碎型滚刀式切碎器需配以抛送器，以便将切碎的饲料抛入运输车内。

切碎抛送型滚刀式切碎器有两种。一种平板形切刀安有一仰角（切刀平面向径后偏一角度），使切刀同时具有抛送性能，如图 10-21（b）所示。另一种是利用凹面形切刀代替平板形，如图 10-21（c）所示，也可在切碎的同时进行抛送。此型切碎器不需另配抛送器。为实现良好抛送，其切刀刃口的圆周速度较大，达 35.0～38.5 m/s，同时切碎器切刀与外壳的间隙也较小，为 0.5～0.8 mm。

目前，我国多采用双排直刃斜装滚刀式切碎器，其结构特点为在切碎滚筒上沿宽度配置两排、沿圆周错落均布多把切刀，且切刀刃线与滚筒轴心线具有一定角度，可以用滑切方式对收获茎秆进行切碎。国外大型自走式青贮饲料收获机普遍采用多排刀滚刀式切碎器。其切碎滚筒直径超过 600 mm，转速达 1 000 r/min；切刀采用分离式刀片［图 10-21（d）］，每把切刀独立安装在切碎滚筒上，以确保对青贮饲料（如青贮玉米）的垂切；切刀数量通常达 40 或 48 把，使切割更流畅、均匀，降低功率消耗及切刀使用成本；配合切刀自磨刃装置，确保切刀始终处于最佳工作状态，提高切碎质量。

切刀自磨刃装置用于自走式青贮饲料收获机切碎装置切刀的磨刃作业。切刀自磨刃装置磨石固定在滑动轴上，切刀的磨刃程序起动时，磨石在滑动轴上往复滑动，完成切刀的磨刃作业。装置上安装有两个传感器以确定磨石行程末端并记录往复磨刃次数，当达到一定往复磨刃次数，磨石需要更换或反转。

6. 籽粒破碎装置

籽粒破碎装置主要在自走式青贮饲料收获机上应用。青贮玉米经切碎装置切碎后进行玉米籽粒的破碎。籽粒破碎装置通常由一对破碎齿辊组成。破碎齿辊主要有直齿式破碎齿辊和齿盘式破碎齿辊两种结构，如图 10-22 所示。其中，齿盘式破碎齿辊上安装有锥形刀盘，其锥面上装有切削刃；两个破碎齿辊上的锥形齿盘交错安装[图 10-22（b）]，碾压摩擦工作表面积得到增大，同时两个破碎齿辊相对差速旋转，可形成更大的喂入量和非常好的碾压揉搓效果；其功率消耗少，但齿盘结构复杂、加工难度大，不仅要有一定的加工设备，还要有精度较高的加工工装。

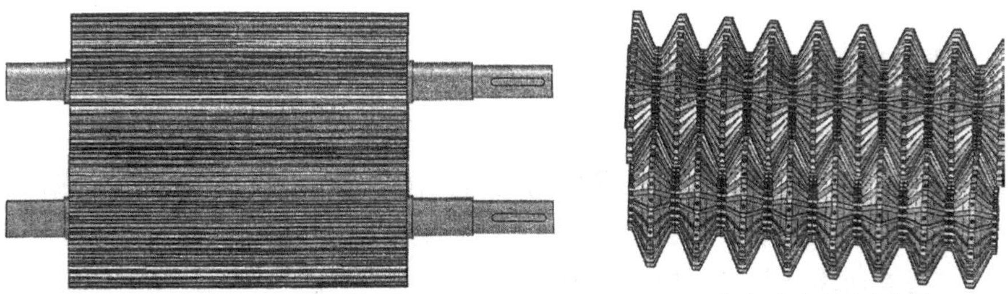

（a）直齿式破碎齿辊　　（b）齿盘式破碎齿辊

图 10-22　籽粒破碎装置

7. 抛送装置

用于将切碎（包括籽粒破碎）的青贮饲料抛送入运输车，主要由抛送滚筒、卸料喷筒等组成。其中卸料喷筒通常能够在一定角度范围内旋转，喷筒上的导流罩可控制喷出方向及流量，用于完成青贮饲料的抛送作业。

- **材料准备**

实训辅助手册、行业规范与技术标准、青贮饲料收获机、拖拉机、联轴器。

- **工具准备**

现代农业装备实训室、青贮饲料收获机、拖拉机、联轴器、工具箱、实训服、手套、毛巾、清洁剂。

- **人员准备**

人员分组，每组 6 人，明确职责分工（表 10-3）。

表 10-3 任务分工

任务角色	任务内容
组长：	任务：
组员 1：	任务：
组员 2：	任务：
组员 3：	任务：
组员 4：	任务：
组员 5：	任务：

任务实施

新型 4QS-1250 型悬挂式青贮饲料收获机操作与维护。借助行业规范与技术标准，以及青贮饲料收获机、拖拉机、联轴器，完成青贮饲料收获作业。在作业过程中正确使用工具箱中的各种工具。

一、使用和调整

1. 运输状态和工作状态调整

机器出厂时为运输状态，工作前要切换为工作状态。首先，将机器与拖拉机挂接；其次，拔下转轴固定插板，将工作部件绕 3 点悬挂架的转轴转动，直到和悬挂架呈直线；最后，将抛送筒升起，用把手固定。

2. 磨刀装置的设置

调速圆盘切碎装置的运转速度为 400 r/min。根据动刀相应地移动磨刀石，当磨刀石和动刀相碰触时，将调节手柄转动 14 周，用锁紧手柄锁住进给轴；当动刀需要磨削时，磨刀石转轴必须旋转，必要时可以改变拖拉机动力输出轴转速。磨刀石对振动十分敏感，安装和排列磨刀石时，不要用铁锤敲打。

3. 调速圆盘切碎装置的调整

每天要将调速圆盘切碎装置动刀磨几次，以节省能耗，保证切碎效果。在动刀被磨损后，沿动刀相反方向调整调速圆盘切碎装置，补偿动刀的磨损。即使动刀没有被磨钝，调速圆盘切碎装置也需一天调整 2 次，并且每天检查 2 次动刀与刀座的平行度。

如果没有按照要求调整，磨削量会急剧增加，必须及时通过移动切碎圆盘来调整切割间隙。割草防护装置的折叠情况也需检查。对调速圆盘切碎装置做进一步调整，松开弹簧的固定螺母，保证螺杆仍能将其固定；用手顺时针方向旋转调速圆盘切碎装置，直到动刀和定刀相碰触；向后移动调速圆盘切碎装置，将螺母转动 18 周。

4. 动刀和定刀间隙的调整

动刀和定刀之间的最大切割间隙为 0.5 mm。调整时，首先，将动刀的切割面磨成平面；其次，将定刀的切边和动刀的长度齐平；再次，将刮刀和压平辊的最大间隙调整为 0.5 mm；最后，用 70 N · m 的扭矩紧固螺栓，从刮刀接近压平辊的边界处进行修剪，并打磨。

5. 切割长度调整

切割长度可以从 5 mm 改变到 7.5 mm，通过更换“V”形带轮实现。进一步的切割长度调整可以按统一间隔拆除动刀实现。

6. 悬挂方式调整

4QS-1250 型悬挂式青贮饲料收获机的悬挂方式有 3 种：前悬挂、后悬挂和侧悬挂。用户可以根据作业环境和实际情况进行选择。机器进行田间收获时，行驶方向也有几种不同的方式，在作业环境恶劣的情况下（如倒伏作物），可以尝试不同的前进方向，以达到最佳作业效果。根据发动机动力需求，选择和作物种类、密度匹配的前进速度。当机器在公路上行驶时，保护装置必须和分禾器顶部相匹配；机器侧悬挂配置时，一定不要进行运输行走。

二、故障与解决措施

4QS-1250 型悬挂式青贮饲料收获机的主要故障与解决措施如表 10-4 所示。

表 10-4　4QS-1250 型悬挂式青贮饲料收获机的主要故障与解决措施

故障现象	故障原因	解决措施
动力需求过大	喂入机构下部动刀变钝	磨刀
	清洁器损坏	更换新的清洁器
	定刀变钝	更换定刀
切碎装置不能平稳作业，作物喂入量太小	喂入滚筒下部的堆积物被剩下	每天多检查机器
	喂入滚筒泥土太多	每天清理喂入滚筒
	动刀泥土太多（前面的喂入机构）	每天清理动刀表面
	清洁装置损坏	更换清洁装置，成对更换，避免两侧不平衡
振动	动刀损坏（喂入机构）	更换动刀
	清洁装置损坏	更换清洁装置
	果壳、杂草和脏物等引起机器不平衡	清理并进行适当调整
喂入通道后部，果壳积聚在刮土区域	果壳不能被尖头清理	将尖头轻微弯曲一端到上部，一端到下部
	尖头不能和胶带距离太近	尖头尽可能越过胶带附近，必要时将两个尖头焊接
玉米茎秆在切碎前向前弯曲（切割长度太长，并且不均匀）	分割器周围杂物堆积	清洁分割器
	动刀下部的清理装置损坏	更换清洁装置
喂入滚筒停止转动	外部物体超载	移走外部物体
	超过安全负荷	检查安全负荷
	喂入滚筒带打滑	调整张紧弹簧

（续表）

故障现象	故障原因	解决措施
不能均匀切碎茎秆	动刀太钝或磨损（喂入机构）	安装新的动刀
	前进速度太高	降低前进速度
玉米不能被均匀切碎或切碎长度太长	动刀和定刀之间的间隙过大	磨刀，重新对切碎圆盘进行调心
喂入滚筒和切碎圆盘停止转动	摩擦离合损坏	放开摩擦离合（如果不能操作，授权操作将无效）
	操作前，摩擦离合没有放开	检查安全负荷
动力输出轴损坏	保养不足	按照说明书对动力输出轴进行保养和维修
	摩擦离合没放开	放开摩擦离合
喂入滚筒输送带打滑	弹簧张力不足	张紧弹簧长度为 270 mm
主驱动带打滑	弹簧损坏	更换弹簧
	胶带张紧力小	重新拉紧胶带，距离 83 mm 左右
磨刀装置振动	切碎圆盘速度过高	降低切碎圆盘的速度
	磨刀石距离动刀太近	将磨刀石和动刀之间的距离移开一些

任务检测

请扫描二维码答题。

项目十任务二
任务检测

任务评价

根据学生对青贮饲料收获机学习了解的认真程度及任务报告的完成情况进行考核评价（表 10-5）。

表 10-5 青贮饲料收获机考核评价细则

<table>
<tr><td colspan="2">姓名：</td><td colspan="2">班级：</td><td colspan="2">组别：</td><td rowspan="3">教师签字：</td></tr>
<tr><td colspan="2">自评：
□合格 □不合格</td><td colspan="2">互评：
□合格 □不合格</td><td colspan="2">师评：
□合格 □不合格</td></tr>
<tr><td colspan="2">日期：</td><td colspan="2">日期：</td><td colspan="2">日期：</td></tr>
<tr><td colspan="7">考核评分细则</td></tr>
<tr><td>序号</td><td>考核项目</td><td>考核标准</td><td>考核方式</td><td>分值</td><td>评分要求</td><td>得分</td></tr>
<tr><td>1</td><td>新型 4QS-1250 型悬挂式青贮饲料收获机</td><td>□整体结构
□工作原理
□主要参数</td><td>现场考核、问答考核</td><td>25</td><td>根据情况酌情扣分</td><td></td></tr>
</table>

（续表）

<table>
<tr><th>序号</th><th>考核项目</th><th>考核标准</th><th>考核方式</th><th>分值</th><th>评分要求</th><th>得分</th></tr>
<tr><td>2</td><td>使用和调整</td><td>□运输状态和工作状态调整
□磨刀装置的设置
□调速圆盘切碎装置的调整
□动刀和定刀间隙的调整
□切割长度调整
□悬挂方式调整</td><td>现场考核、问答考核</td><td>25</td><td>根据情况酌情扣分</td><td></td></tr>
<tr><td>3</td><td>故障与解决措施</td><td>□故障现象
□故障原因
□采取措施</td><td>现场考核、问答考核</td><td>20</td><td>根据情况酌情扣分</td><td></td></tr>
<tr><td>4</td><td>任务报告</td><td>□完成认真，内容正确
□饲草切碎机操作与维护
□各部位标注正确</td><td>评阅考核</td><td>20</td><td>根据情况酌情扣分</td><td></td></tr>
<tr><td>5</td><td>学习态度</td><td>□具有团队协作精神
□具备科学严谨的态度
□观察认真，发言积极
□遵纪守时，爱护公物</td><td>自评、互评和师评相结合</td><td>10</td><td>根据情况酌情扣分</td><td></td></tr>
<tr><td colspan="4">合计</td><td>100</td><td></td><td></td></tr>
<tr><td>自我评价与总结</td><td colspan="6"></td></tr>
<tr><td>教师点评</td><td colspan="6"></td></tr>
</table>

参考文献

程秀花，周骥平，2017. 草业机械与设备 [M]. 北京：中国农业出版社.

董爱君，2023. 玉米免耕播种机的使用与维护技术研究 [J]. 农业开发与装备（5）：26-28.

冯雪，2023. 中国农机推广田间日：智能化成直播亮点，罗锡文院士解读未来发展 [J]. 农业机械（7）：21.

冯雪，2023. 专家论道，构建高质量农机化生态：2023 中国农机高端论坛在台山成功举办 [J] 农业机械（10）：28-29.

耿闻轩，赵俊晔，阮继伟，等，2022. 人工智能辅助种植策略对温室草莓生产调控效果对比研究 [J]. 智慧农业（中英文），4（2）：183-193.

胡炼，殷延勃，杜攀，等，2020. 水稻田激光平地技术研究与展望 [J]. 中国稻米，26（5）：16-18.

黄涛，2008. 畜牧机械 [M]. 北京：中国农业出版社.

贾晶霞，2017. 4QS-1250 型悬挂式青贮饲料收获机使用与维护 [J]. 农业工程，7（1）：32-34.

蒋恩臣，2011. 畜牧业机械化 [M]. 4 版. 北京：中国农业出版社.

李宝筏，2003. 农业机械学 [M]. 北京：中国农业出版社.

廖娟，陶婉琰，臧英，等，2023. 农作物病虫害遥感监测关键技术研究进展与展望 [J]. 农业机械学报，54（11）：1-19.

林宏明，2005. 农业机械 [M]. 北京：高等教育出版社.

罗锡文，2019. 农业人工智能的应用和思考 [J]. 中国农村科技（5）：16-19.

罗锡文，2021. 无人农场是数字农业的实现途径之一 [J]. 大数据时代（10）：13-19.

罗锡文，胡炼，何杰，等，2024. 中国大田无人农场关键技术研究与建设实践 [J]. 农业工程学报，40（1）：1-16.

罗锡文，廖娟，胡炼，等，2021. 我国智能农机的研究进展与无人农场的实践 [J]. 华南农业大学学报，42（6）：8-17，5.

罗锡文，廖娟，臧英，等，2022. 我国农业生产的发展方向：从机械化到智慧化 [J]. 中国工程科学，24（1）：46-54.

满忠贤，何杰，刘善琪，等，2024. 智能农机多机协同收获作业控制方法与试验 [J]. 农业工程学报，40（1）：17-26.

王德福，2020. 畜牧业机械化 [M]. 5 版. 北京：中国农业出版社.

许晓丹，2023. 玉米播种机的正确使用与维修注意事项 [J]. 新农业（6）：23.

杨波，张莉，白秀秀，2019. 汽车发动机构造与维修 [M]. 2 版. 北京：北京理工大学出版社.

张智刚，王进，朱金光，等，2018. 我国农业机械自动驾驶系统研究进展 [J]. 农业工程技术, 38(18): 23-27.

赵春花, 2010. 草业机械选型与使用 [M]. 北京: 金盾出版社.

知谷客, 2018. 罗锡文院士: “3-2-3” 战略助推中国农机实现 4.0[J]. 农业机械(8): 41-42.

周馨曌, 吴烽云, 邹湘军, 等, 2023. 基于多目标识别的葡萄果串采摘点定位方法 [J]. 农业工程学报, 39(22): 166-177.